土木工程结构检测鉴定与加固

柳帅军　葛盼盼　姬　爽　著

吉林科学技术出版社

图书在版编目（CIP）数据

土木工程结构检测鉴定与加固 / 柳帅军，葛盼盼，姬爽著．-- 长春：吉林科学技术出版社，2024. 8.

ISBN 978-7-5744-1434-1

Ⅰ．TU317

中国国家版本馆 CIP 数据核字第 2024KL9590 号

土木工程结构检测鉴定与加固

著　　　柳帅军　葛盼盼　姬　爽
出 版 人　宛　霞
责任编辑　靳雅帅
封面设计　树人教育
制　　版　树人教育
幅面尺寸　185mm×260mm
开　　本　16
字　　数　330 千字
印　　张　15
印　　数　1~1500 册
版　　次　2024年8月第1版
印　　次　2024年12月第1次印刷

出　　版　吉林科学技术出版社
发　　行　吉林科学技术出版社
地　　址　长春市福祉大路5788号出版大厦A座
邮　　编　130118
发行部电话/传真　0431-81629529 81629530 81629531
　　　　　　　　　81629532 81629533 81629534
储运部电话　0431-86059116
编辑部电话　0431-81629510
印　　刷　三河市嵩川印刷有限公司

书　　号　ISBN 978-7-5744-1434-1
定　　价　87.00元

前　言

近年来，建筑业发展十分迅速，已进入了空前繁荣时期，人们对建筑的使用性能等提出了越来越多的要求，一方面各种新型材料以及新工艺不断涌现；另一方面，在不断进行新建、发展新技术的同时，如何对已有的建筑结构进行维护和改造加固的问题已日益受到大众关注。木工程结构需要鉴定加固改造的原因多种多样，主要包括：自然灾害；房屋使用功能改变；设计施工和管理的失误；环境侵蚀和损伤积累；老房屋达到设计基准期．不论是对新建建筑物工程事故的处理，还是对已用建筑物是不是危房的判断；不论是为抗御灾害所需进行的加固，还是为灾后所需进行的修复；不论是为适应新的使用要求而对建筑物实施的改造，还是对建筑物进入中老年期进行的正常诊断处理，都需要再对建筑物进行检测和鉴定，对结构可靠性作出科学的评估的基础上，对建筑物实施准确的管理维护和改造、加固，以保证建筑物的安全和正常使用。

由于时间紧迫，书中不妥与疏漏之处在所难免，敬请读者拨冗指正，必以空杯之心，虚怀以纳之。

项目编号：242102320019 名称：高延性混凝土提升村镇砌体房屋抗震性能关键技术研究 2024 年河南省科技攻关项目

目　录

绪 论

第一节 土木工程及土木工程专业

建造各类工程设施的科学技术统称为土木工程。土木工程不但包括所应用的材料、设备和所进行的勘测、设计、施工、保养和维修等技术活动，还包括工程建设的对象，即建造在地上或地下、陆地或水中，以及直接或间接为人类生活、生产、军事和科学服务的各种工程设施，如房屋、地铁、铁路、道路、运输管道、隧道、涵洞、桥梁、运河、港口、给水排水及防护工程等。

英文中土木工程为 Civil Engineering，其字面意思为"民用工程"。它的原意与"军事工程"（Military Engineering）相对应。在英语中，历史上土木工程、电气工程、机械工程和化工工程因具有民用性，都属于 Civil Engineering。后来，随着工程技术的发展，电气、机械和化工逐渐形成独立的学科，Civil Engineering 就成了土木工程的专用名词。

土木工程伴随着人类文明产生和发展，是人类赖以生存的基础产业。土木工程学科体系产生于 18 世纪的英法等国，现已发展为现代科学技术的一个独立分支。新中国成立后相当长的时间内，中国高等教育学科专业设置都过于狭窄。土木工程学科在过去划分为铁道工程、桥梁与隧道工程、水利水电建筑工程、公路与城市道路工程、港口与海湾建筑工程、工业与民用建筑工程、环境工程和矿山建筑工程等 10 多个方向狭窄的专业。1998 年教育部颁布了新的《普通高等学校本科专业目录》，使中国高等教育专业设置更有利于人才培养和社会发展需要。

目前，我国有 200 多所本科院校设置了土木工程专业。土木工程专业力求培养适应社会主义现代化建设需要，德、智、体、美全面发展，具有相应多种工作岗位适应能力及一定研究、创新及开发能力且受过工程师基本训练的高级人才。目前我国本科教育正向综合素质教育过渡，要求学生强基础、宽知识，以适应科技发展和知识更新的需要。

我国已逐步对土木工程行业从业人员实行注册认证制度，目前已建立了注册结构工程师、注册土木工程师、注册建造师、注册岩土工程师、注册监理工程师和注册造价工程师等多种认证制度，并制定了相应的认证程序和执业规范。

第二节 土木工程的性质和特点

人们的日常生活和各种工业建设都与土木工程息息相关。土木工程为人类活动提供了功能良好、舒适美观的空间和通道，可以抵御自然或人为的各种作用力。土木工程建设是社会化大生产，其产品体积庞大，建设场所固定，建设周期长，投资数额大，占据资源多。土木工程有下面四个基本性质。

1. 综合性

土木工程是一门涵盖范围广泛的综合性学科，一般要经过勘测、设计和施工阶段，需要运用工程地质勘测、水文地质勘测、工程测量、土力学、工程力学、工程设备、建筑设备、建筑材料、工程机械和建筑经济等学科和施工技术、施工组织等领域的知识以及电子计算机和力学测试等技术。

随着科学技术的进步和工程实践的发展，土木工程已经发展为内涵广泛、门类众多、结构复杂的综合体系。人类活动有生息居住、生产活动、陆海空交通运输、信息传输、能源传输等需求，这就要求土木工程综合运用各种物质条件，以满足各种各样的要求。

土木工程已发展出许多分支，如建筑工程、铁路工程、道路工程、飞机场工程、桥梁工程、隧道及地下工程、特种工结构、给水排水工程、城市供热供燃气工程、港口工程和水利工程等学科。

2. 社会性

土木工程伴随着人类社会进步而发展，工程设施可以反映出各个历史时期的社会、经济、文化、科学和技术发展的面貌，成为社会历史发展的见证之一。远古时代，人们就开始修建简陋的房舍、道路、桥梁和水渠，以满足简单的生活和生产需要。后来，人们为了适应战争、生产和生活及宗教传播的需要，兴建了城池、运河、宫殿、寺庙及其他建筑物。许多闻名的工程设施，如我国的万里长城、都江堰、京杭大运河、赵州桥、应县木塔，埃及的金字塔，希腊的巴台农神庙，罗马的给水工程等，显示出人类在那个历史时期的创造力。

进入 20 世纪后，钢筋和水泥实现了工业化生产，机械制造、能源技术和设计理论实现了突破，使土木工程得到了突飞猛进的发展，在世界各地出现了现代化规模宏大的工业厂房、核电站、高速公路、摩天大厦、铁路、大跨度桥梁、大直径运输管道、长大隧道、大运河、大堤坝、大型飞机场等工程。现在土木工程不断为人类社会创造崭新的物质环境，成为人类社会现代文明的重要组成部分。

3. 实践性

土木工程具有很强的实践性，在土木工程发展过程中，工程实践经验常先于理论，工程事故常显示出未能预见的新因素，从而引发新理论的研究和发展。自17世纪开始，近代力学同土木工程实践结合起来，逐渐形成材料力学、结构力学、流体力学、土力学和岩体力学，作为土木工程的基础理论学科，这样土木工程才逐渐从经验发展为科学。

然而，目前不少工程问题依然靠实践经验进行处理。其原因在于客观情况过于复杂，难以如实进行室内试验、现场测试和理论分析。例如，由于岩土体材料的复杂性，地基基础、隧道及地下工程的受力和变形状态及随时间的变化特征，仍需要参考工程经验进行分析判断。另外，只有进行新的工程实践，才能揭示新的问题。例如，建造高层建筑、高耸塔桅和大跨度桥梁等，只有工程的抗风和抗震问题突出了，才能发展这方面的新理论和新技术。

4.技术、经济和艺术上的统一性

人们力求经济地建造一项工程设施，用以满足使用者的预定需要。而工程经济性则与各项技术活动密切相关。工程经济性首先表现在工程选址和总体规划上，其次表现在设计和施工技术上。工程建设总投资、工程建设后的经济效益和使用期间维修费用等，都是衡量工程经济性的重要方面。这些技术问题联系密切，需要综合考虑。

符合功能要求的土木工程设施作为一种空间艺术，首先通过总体布局、本身体形、各部分尺寸比例、色彩、线条、明暗阴影与周围环境，同自然事物的协调和谐表现出来。其次通过附加于工程设施的局部装饰反映出来。工程设施造型和装饰还能够反映出民族风格、时代风格以及地方风格。一个成功的工程设施可使周围景物和城镇容貌增色，给人以美的感受；反之，则会破坏周围环境。

在土木工程长期实践中，人们注重房屋建筑艺术，选用不同建筑材料配合自然景观，建造了诸多艺术优美、功能良好的工程，如我国古代的万里长城、现代的杭州湾跨海大桥、中央电视台（总部大楼）和国家体育馆（鸟巢）等，都是个性鲜明的工程实例。

第三节　土木工程发展简史

土木工程主要围绕材料、施工技术、力学与结构理论的演变而不断发展，其发展史大致可以划分为古代、近代和现代三个历史时期。

1.古代土木工程

古代土木工程时间跨度从旧石器时代到17世纪中叶，所使用的材料最早为当地的泥土、石块、树枝、竹、茅草和芦苇等，后来开发出土坯、石材、木材、砖、瓦、青铜和铁等材料。古代土木工程所用的工具，最早只是石斧、石刀等简单工具，后来开发出斧、凿、锤、钻、铲等青铜和铁质工具，并研制了打桩机、桅杆起重机等简单施工机械。古代土木工程建设主要依靠实践生产经验，缺乏设计理论指导。

人类文明初始时期，掘地为穴，搭木为桥。在中国黄河流域的仰韶文化遗址中，遗存着浅穴和地面建筑，建筑平面有圆形、方形和多室联排的矩形。洛阳王湾有一座面积 200m² 的房屋，墙下挖有基槽，槽内有卵石，是墙基的雏形。在西安半坡遗址中，有很多圆形房屋，直径 5~6m，室内竖有木柱来支撑上部屋顶，四周密排一圈小木桩，用以承托屋檐结构。

英格兰的索尔兹伯里石环，距今已有 4300 年的历史，采用巨型青石近百块，每块重达 10t，石环直径约 32m，单块巨石高达 6m，石环间平放厚重石梁，此梁柱结构至今仍为建筑基本结构体系之一。公元前 3 世纪左右出现了烧制的砖瓦，开始出现木构架和石梁柱等结构，并建造了许多大型的土木工程。

随着社会文明的进步，古代的埃及、印度和罗马等先后建造了许多大型建筑、桥梁和输水道等建筑物，如埃及金字塔，造型简单，计算准确，施工精细，规模宏大，是人类伟大的文化遗产。

在我国公元前 3 世纪中期，李冰父子在现今四川都江堰市主持修建了都江堰，解决了围堰、防洪、灌溉以及水陆交通问题，是世界上最早的综合性大型水利工程。我国利用黄土高原的黄土创造了夯土技术，河南省偃师市二里头早商的宫殿群采用夯筑式浅基础，安阳殷墟遗存有夯土台基，都说明当时的夯土技术已经成熟。万里长城从公元前 7 世纪开始修建，秦统一六国后，为防御北方匈奴的侵犯，在魏、赵、燕三国土长城的基础上进行了修缮和扩建。明朝又对长城进行了大规模整修，东起鸭绿江，西至嘉峪关，全长达 7000km 以上。万里长城主要为砖石结构，有些地段采用夯土结构，在沙漠中则采用红柳、芦苇与沙粒层层铺筑的结构。

作为欧洲文化的摇篮，古希腊在公元前 5 世纪建成了以巴台农神庙为主体的雅典卫城，采用白色大理石砌筑，造型典雅庄丽，庙宇宏大，石质梁柱造型精美，是典型的列柱围廊式结构，在建筑和雕刻上都具有很高的成就。

古罗马建筑对世界建筑产生了巨大影响。古罗马大斗兽场建筑平面为椭圆形，长轴 188m，短轴 156m，立面为 4 层，总高为 48.5m，场内有 60 排座位，可容纳 4.8 万 ~ 8 万名观众，在功能、形式和结构上做到了和谐统一。

我国古代建筑主要以木结构为主，现存高层木结构建筑，当以山西应县佛宫寺释迦塔（应县木塔，1056 年建）为代表，塔身外观 5 层，内有 4 个暗层，共 9 层，高 67.31m，平面为八角形，是世界上现存最高的木结构之一。

我国古代不但在建筑上取得了辉煌成就，在其他方面也取得了巨大成绩。秦朝统一中国后，修建了以咸阳为中心的通向全国的驰道，形成了辐射全国的交通网。道路的发展推动了桥梁结构的发展，桥梁结构最早为行人的石板桥和木梁桥，后来发展为石拱桥。秦朝咸阳修建的渭河桥，为 68 跨木构梁式桥。公元前 60 年就有了铁链悬索桥，四川泸定县大渡河的铁索桥建于 1706 年，桥跨 100m，桥宽约 2.8m。现存最完好的石拱桥为河北赵县的安济桥,又名赵州桥。该桥建于公元595—605年,全部采用石灰石建成,全长50.83m,净跨37.02m,矢高7.23m,矢跨比小于1/5,桥面宽9m。在材料使用、结构受力、艺术造型和经济上该桥都达到了极高的成就。

在水利工程方面也有新的成就。公元前3世纪秦朝在广西开凿灵渠,总长34km,落差32m,沟通湘江、漓江,联系长江和珠江水系。京杭大运河是世界上建造最早、长度最长的人工河道,开凿于春秋战国时期,隋朝时期全部完工,迄今已有2400多年历史。京杭大运河由北京到杭州,流经河北、山东、江苏和浙江四省,沟通海河、黄河、长江、淮河和钱塘江五大水系,全长1794km,至今京杭大运河的江苏段和浙江段仍是重要的水运通道。

欧洲以石拱建筑为主的古典建筑也达到了很高的水平。公元前4世纪,罗马采用拱券技术砌筑下水道、隧道渡槽等。罗马的万神庙(120—124年),采用圆形正殿屋顶,直径43m多,是古代最大的圆顶庙。意大利的比萨大教堂和法国巴黎圣母院大教堂,均为拱券结构。圣保罗主教堂中央穹顶直径34m,顶端距地面110m多,是英国最大的教堂,为英国古典主义建筑的代表。

人们在建造大量土木工程的同时,注意总结经验,撰写了诸多优秀的土木工程著作,涌现了出众的工匠和技术人才,如我国喻皓的《木经》、李诫的《营造法式》和意大利阿尔贝蒂的《论建筑》等。

2. 近代土木工程

从17世纪中期到第二次世界大战前后,土木工程有了革命性进展,逐渐形成了一门独立学科。铸铁、钢材和钢筋混凝土等材料日益广泛使用。材料力学、理论力学、结构力学、土力学和工程结构设计理论等学科逐步形成,确保了工程结构的安全性和经济性。新的施工工艺和施工机械不断涌现,建造规模扩大,建设速度加快,可以建设房屋、桥梁、道路、铁路、隧道、港口、市政等设施。

伽利略的梁设计理论阐述了建筑材料的力学性质和梁的强度,是弹性力学的开端,欧拉的压屈理论给出了柱临界压屈荷载的计算公式,与牛顿力学三大定律为土木工程奠定了力学分析的基础。复形理论、振动理论和弹性稳定理论等在18世纪相继产生,使土木工程作为一门学科逐步建立起来。

18世纪末期,瓦特发明了蒸汽机,为土木工程提供了多种施工机具。1824年英国人J.阿斯普丁发明了波兰特水泥,1856年转炉炼钢法取得成功,为钢筋混凝土的产生奠定了基础。1875年法国人J.莫尼埃主持修建了第一座钢筋混凝土桥。1886年,美国芝加哥建成了9层家庭保险公司大厦,首次按照独立框架设计,并采用钢梁,被认为是现代高层建筑的开端。法国巴黎建成了高300m的埃菲尔铁塔,使用熟铁近8000t。土木工程的施工方法在这个时期实现了机械化和电气化,打桩机、压路机、挖土机、掘进机、起重机和吊装机等施工机械纷纷出现,可以高效快速地建设各种设施。1825年,英国首次使用盾构法开凿了泰晤士河隧道。1906 年，瑞士修筑了通向意大利的辛普朗隧道，长 19.8km，使用了大量黄色炸药和凿岩机等先进设备。1869 年，美国建成了横贯北美大陆的铁路，20 世纪初俄国建成了西伯利亚铁路。1863 年，英国伦敦建成了世界上第一条地铁。

桥梁工程方面，1779 年英国用铸铁建成了 30.5m 的拱桥，1826 年，英国建成了梅奈铁链悬索桥，跨度达 177m。1890 年，英国福斯湾建成了两孔悬臂式桁架梁桥，主跨达 521m。1918 年，加拿大建成了魁北克悬臂桥，跨度为 548.6m。1932 年，澳大利亚建成了悉尼港桥，为双铰钢拱结构，跨度 503m，用钢量 38 万吨。1937 年，美国旧金山建成了金门悬索桥，跨度 1280m，全长 2825m，塔高 227m，每根钢索重 64120kN，由 27000 根钢丝绞成。

由于工业发展和城市人口增多，大跨度高层建筑相继出现。1931 年，美国纽约帝国大厦竣工，共 102 层，高 381m，有效面积 16 万 m^2 用钢量 5 万余吨，内设 67 部电梯，配备有复杂管网系统，集当时技术成就之大成。帝国大厦从动工到交付只用了 19 个月时间，平均每 5 天搭建一层楼。

在引进西方的先进技术后，我国也先后建造了一些大型土木工程。1889 年，唐山设立水泥厂。1909 年，由詹天佑主持的京张铁路建成，全长 200km，达到当时世界先进水平。1934 年，上海国际饭店建成，高达 24 层。1937 年，已有近代公路 11 万 km。我国的土木工程教育事业开始于 1895 年的北洋公学（今天津大学）和 1896 年的北洋铁路官学堂（今西南交通大学）。1912 年，中国土木工程学会成立。

3. 现代土木工程

在现代科学技术推动下，现代土木工程迅猛发展。以第二次世界大战结束为起点，由于经济复苏，科学技术得到飞速发展，土木工程也进入了新时代。从世界范围看，现代土木工程为了适应社会经济发展的需求，显示出以下特征。

（1）功能多样化

现代公用建筑和住宅建筑要求结构具有良好的采光、通风、保温、隔音、减噪、防火、抗震及生态等功能。工业建筑物往往要求恒温、恒湿、防微尘、防腐蚀、防辐射、防火、防爆、防磁、除尘、耐高温及耐高湿等特点，并向大跨度、超重型、灵活空间方向发展。发展高科技和新技术也对土木工程提出高标准要求，如核反应堆、核电站等核工业建筑需要极高的安全度，海洋采炼、储油事业需要多功能的海洋工程建筑物。现代土木工程的使用功能多样化程度不但反映了现代社会的科学技术水平，也折射出土木工程学科的发展水平。

（2）城市立体化

随着经济发展和人口增长，城市用地更加紧张，交通更加拥挤，迫使房屋建筑和道路交通向高空和地下发展。高层建筑成了现代化城市的象征，如美国芝加哥的西尔斯大厦，高422m，超过了纽约帝国大厦的高度。由于设计理论的进步和材料的改进，现代高层建筑出现了新的结构体系，如剪力墙和筒中筒结构。台北101大厦位于中国台湾台北市信义区，2004年建成，高508m，地上101层，地下5层，为了减少强风对建筑物的影响，台北101大厦在87~92楼安装了一个730t重的钢球风阻尼器。防震措施方面，台北101大厦采用新式的巨型结构，在大楼的四个外侧分别各有两支巨柱，共八支巨柱，每支截面长3m、宽2.4m，自地下5楼贯通至地上90楼，柱内灌入高密度混凝土，外以钢板包覆。阿联酋迪拜摩天大楼高828m，是世界第一高楼。上海金茂大厦位于陆家嘴金融贸易区，1998年建成，高421m，地上88层，地下3层。同时，城市高架公路和立交桥不断涌现，城市地下空间开发也如火如荼。地下铁道与建筑物连接，形成地下商业街。

城市道路下面密布着电缆、给水、排水、供热、供燃气管道，构成城市脉络。现代城市已经发展成了一个立体有机的系统，对土木工程各个分支及协作提出了更高的要求。

（3）交通高速化

第二次世界大战后，各国大规模修建高速公路。目前全世界已有80多个国家和地区拥有高速公路，通车总里程超过了25万km。我国第一条高速公路——沪嘉高速公路于1988年建成，全长20.5km。目前我国高速公路通车里程已达400万km，位居全球第二。铁路也出现了电气化和高速化的趋势。日本的新干线：铁路行车时速210km/h以上，法国巴黎至里昂的高速铁路运行时速为260km/h。我国的京沪高速铁路，正线全长大约1318km，设计时速为350km/h，全线铺设无缝线路和无砟轨道，采取多种减振、降噪、低能耗、少电磁干扰的环保措施，全线实行防灾安全实时监控。2009年12月，武广高速铁路正式投入运营，最高时速394km/h，创造了当时世界高速铁路的最高运营速度。我国青藏铁路于2006年7月正式通车，全长1956km，是世界上海拔最高、线路最长、穿越冻土里程最长的高原铁路。连接英国和法国的英吉利海峡海底隧道于1994年5月正式运营，该隧道全长50.5km，是当时世界上最长的隧道。20全年4月，我国最长海底隧道——胶州湾海底隧道全线贯通，隧道全长7.8km，设计时速80km/h。航空业也得到迅速发展，航空港遍布世界各地。世界上国际贸易港口超过了2200个，并出现了大型集装箱码头。

（4）材料轻质高强化

普通混凝土向轻骨料混凝土、加气混凝土和高性能混凝土方向发展，钢材的发展趋势是采用低合金钢。高强钢丝、钢绞线和粗钢筋大量生产，使得预应力混凝土结构在桥梁、房屋等工程中得以推广。强度级为500~600号的水泥在工程中普遍应用。例如，美国休斯顿的贝壳广场大楼，如采用普通混凝土则只能建35层，改用陶粒混凝土后，自重大为减轻，用同样的造价可以建造52层。高强钢材和高强混凝土结合使预应力结构得到较大发展，如我国重庆长江大桥的预应力T构桥，跨度达174m。铝合金、镀膜玻璃、建筑塑料、石膏板和玻璃钢等工程材料发展迅速。

（5）施工过程工业化

大规模现代化建设使中国、俄罗斯和东欧的建筑标准达到了很高程度。人们积极推行工业化生产方式，在工厂中成批地生产房屋、桥梁的各种配件和组合体等。多种现场机械化施工方法也发展迅猛，高耸结构施工广泛采用同步液压千斤顶滑升模板。此外，钢制大型模板、大型吊装设备与混凝土自动化搅拌楼、混凝土自动化搅拌输送车和泵送混凝土技术等相结合，形成了一套现场机械化施工方法。

现代化技术使得许多复杂工程成为现实，我国宝成铁路有 80% 的线路穿越山岭地带，桥隧相连；成昆铁路桥隧总长占全长的 40%；我国的川藏公路、青藏公路和青藏铁路直通世界屋脊。现代化的盾构施工使得隧道施工进度加快，精度提高。在土石方工程中广泛采用定向爆破，解决了大量土石方施工难题。

（6）理论研究精密化

计算力学、动态规划法、结构动力学、网络理论、随机过程论和滤波理论等理论及方法不断涌现，并随着计算机的普及进入土木工程各个领域。静态的、确定的、线性的、单个的分析逐渐被动态的、随机的、非线性的、系统与空间的分析代替。电子计算机使高次超静定分析成为可能，也可以进行大跨度桥梁分析与设计。如我国的中央电视台总部大楼和鸟巢体育馆，就采用了大型计算机进行计算和分析。材料特性、结构分析、结构抗力计算和极限状态理论在土木工程各个分支中充分发展，基于作用效应和结构抗力概率分析的可靠性理论进入土木工程，工程地质、岩土力学也蓬勃发展，为开发地下和水下工程建设进行理论指导。

第一章　土木工程结构的类型

随着人类社会的进步，土木工程已经演变成大型综合性学科，衍生出许多分支，如建筑工程、铁路工程、道路工程、桥梁工程、特种工程结构、给水排水工程、港口工程、水利工程、城市供热供燃气工程、环境工程等学科。每个工程都有结构设计和施工建设两个部分，同时要综合考虑安全和经济问题。

第一节　建筑工程

建筑工程是土木工程学科中最具有代表性的分支，主要为人类活动提供所需的功能良好和舒适美观的空间。建筑物按使用功能分为民用建筑、工业建筑、农业建筑、特种建筑与智能建筑。典型的建筑工程是房屋工程，是通过房屋、附属设施、线路、管道和设备构成的工程实体。

民用建筑主要分为居住建筑和公共建筑两类。居住建筑主要指住宅、宿舍、公寓等。公共建筑主要有文教建筑、医疗卫生建筑、观演性建筑、体育建筑、展览建筑、旅馆建筑、商业建筑、广播电视建筑、交通建筑、行政办公建筑、金融建筑、饮食建筑、园林建筑和纪念建筑等。

1.房屋的基本构造

一幢建筑一般由基础、墙或柱、楼板层、饰面装修、楼梯、屋顶和门窗七大部分组成。

基础位于建筑物下部，承受建筑物的全部荷载，并将这些荷载传递给地基。基础必须有足够的强度，并能抵御地下各种有害因素的侵蚀。常见的基础形式有刚性基础（砖基础、块石基础、毛石基础、素混凝土基础）、钢筋混凝土条形基础、筏板基础、箱型基础、壳体基础、桩基础、沉井基础等。

墙或柱是建筑物的承重和围护构件。外墙起承重作用，可以抵御自然界各种因素对室内的侵袭。内墙主要是分隔空间和提供舒适环境的作用。框架或排架结构中，柱起承重作用，墙仅起围护作用。墙体应具有足够的强度、稳定性、保温、隔热、防水、耐久性和经济性。

楼板将整幢房屋沿水平方向分为若干层，是水平方向的承重构件。楼板承受家具、设备、人体荷载和本身重量，并将这些荷载传递给墙或柱，并对墙体起水平支撑作用。因此，楼板应有足够的抗弯强度和刚度，并有隔音、防潮、防水的性能。楼板主要有木楼板、砖拱楼板、钢筋混凝土楼板和钢楼板四种类型，工程中最常用的是钢筋混凝土楼板。钢筋混凝土楼板有现浇式、装配式、装配整体式三种形式。

当肋梁楼板两个方向的梁不分主次，高度相等，同位相交，呈井字形时，称为井式楼板，也叫双向板肋梁楼板。这种梁板布置图案美观，两个方向的梁相互支撑，创造出较大的空间，常用于公共建筑的门厅或宴会厅建筑，跨度有时超过 20m，梁高有时超过2m。例如，北京政协礼堂和北京西苑饭店接待大厅等均采用了井式楼板，其跨度达到了 30~40m，梁间距一般为 3m 左右。

地坪是底层房间与地基相接的部分，可以承受底层房间的荷载，地坪应具有耐磨防潮、防水、防尘和保温的性能。

楼层间借助楼梯直接联系，楼梯有板式、梁式、剪刀式及螺旋式四种形式。板式楼梯直接支承在楼层梁和平台梁上，板厚较大，但施工方便。梁式楼梯的板横向支承在两边的梁上，有时候板插入一边墙内，板很薄，利用梁支承在楼层梁和平台梁上。但在某些情况下，如在室外楼梯或公共建筑大厅内，若将楼梯设计成平台梁形式，则必须加柱进行支撑，影响建筑效果，此时可设计成剪刀式楼梯。此外在公共建筑或在立交桥上，可以设置螺旋式楼梯，可将踏步板以螺旋线形浇注在柱内构成，如北京西直门立交桥的上桥楼梯就是采用这种螺旋式楼梯。

饰面装饰是指内外墙面、楼地面、屋面等装修。

屋顶是建筑物顶部的围护和承重构件，用以抵抗风、雨、雪、冰雹等侵袭和太阳辐射热的影响，承受风雪荷载及施工检修等屋顶荷载，并将这些荷载传递给墙或柱。屋顶的外形主要有平屋顶和坡屋顶两种形式。

门和窗属于非承重构件，门主要供人们出入，分隔房间，窗主要起通风、采光、分隔、眺望等作用。对于不同使用功能的建筑物，还有其他特有的构件和配件，如阳台、雨篷、台阶和排烟道等。

2. 房屋结构类型

按结构体系，房屋结构可以分为承重墙结构、框架结构、框架 - 剪力墙结构、筒体结构、网架结构、桁架结构、薄壳结构、悬索结构和薄膜结构等。

承重墙结构利用房屋墙体作为竖向承重和抵御水平荷载的结构，墙体同时作为维护和房间分隔构件，在高层建筑中也称为剪力墙结构。

框架结构利用梁和柱组成的框架为主体，以承受竖向和水平荷载。框架结构平面布置灵活，可以提供较大的建筑空间，也可以形成丰富多变的立面造型。框架结构的刚度主要取决于梁柱的界面尺寸，建筑高度一般不超过 60m。

框架 - 剪力墙结构将框架结构和剪力墙结构的优点结合起来，在框架结构中布置一定数量的剪力墙，构成灵活自由的使用空间，满足不同建筑功能的要求，同样又有足够的剪力墙，有相当大的刚度。

筒体结构是利用四周墙形成的封闭筒体，和框架一起构成的结构，适合高层建筑。当单筒结构高度较大时，很难承受较大的水平荷载，因此一般筒式体系为组合体系。按照不同组合方式，筒体结构可以分为框筒体系、筒中筒体系、成束筒结构。

网架结构是利用多根杆件通过节点连接起来的空间结构，多采用钢管或角钢制作，节点多采用空心球结点或钢板焊接结点。即使在个别杆件受损的情况下，也能自动调节杆件内力，保持结构安全。网架结构重量轻，刚度大，抗震性能好，可以构成大跨度空间，尤其适用于形状复杂的大型公共建筑和工业厂房屋盖中。例如，位于我国乌鲁木齐市永丰乡包家槽子村的亚洲国家地理中心，其大门采用钢网架结构，高20m多，如雄鹰展翅，气势雄伟。

桁架结构是由杆件在端部相互连接组成的格子式结构，杆件大部分情况下只受轴线拉力或压力，结构自重小。桁架结构易于构成各种外形，如简支桁架、拱架、框架和塔架形式等，因此在会展中心、体育场馆或大型公共建筑中得到广泛应用。与网架结构相比，桁架结构杆件数量少，节点美观，可以搭建出各种体态轻盈的大跨度结构。

薄壳结构利用曲面形板与梁、拱、柱等组成空间结构，以空间薄壳为主体，形成承载力高、刚度大的承重结构，可以覆盖较大的空间而中间无须支柱，主要形式有筒壳、圆顶薄壳、双曲扁壳和双曲抛物面壳等。天津博物馆就采用了薄壳结构。

悬索结构是利用一系列受拉索为主要承重构件，楼面荷载通过吊索传递到支撑柱上去。悬索结构除用于大跨度桥梁外，还可用于体育馆、飞机场、展览馆、仓库等屋盖结构中。吉林省速滑馆就是采用的悬索结构。

薄膜结构是利用高强度柔性薄膜材料与支撑体系相结合形成具有一定刚度的稳定曲面，可以承受一定的外荷载作用，是建筑与结构完美结合的体系。薄膜结构体型轻巧，制作简易，安装快捷，特别适用于大型体育馆、人行廊道、公众休闲娱乐广场、展览会场、购物中心等领域。从结构方式上，薄膜结构可以分为骨架式、张拉式和充气式三种形式。

3. 特种构筑物

特种构筑物是指具有特殊用途的构筑物，主要有电视塔、烟囱、储液池、筒仓、水塔、挡土墙、深基坑支护结构和纪念性构筑物。

电视塔由塔体、桅杆、塔楼和基础组成，为筒体悬臂结构或空间框架结构。目前世界上最高的电视塔为我国的广州电视塔，塔身主体高450m，天线桅杆高150m。河南广播电视塔高388m，为世界最高的钢结构观光塔。

烟囱是利用砖、钢筋混凝土或型钢制成的高耸构筑物，由筒身、内衬、隔热层、基础组成。烟囱的形式有单筒、多筒和筒中筒等。山西神头二电厂270m高的烟囱是我国最高的单筒烟囱，辽宁绥中电厂270m高的钢筋混凝土内管双管烟囱是我国最高的双管烟囱。

水塔是给水工程中常用的一种构筑物，可以调节和稳定水压，储存和配给用水。水塔主要由水箱、塔身、基础和附属设施组成。搭建水塔的材料主要有钢、砖、石和钢筋混凝土，塔身分支架式和筒壁式两种。

水池主要由顶盖、池壁和底板组成，常利用钢、钢筋混凝土、钢丝网水泥或砖、石等材料构成，多建于地面和地下，用于储存液体。按平面形状，水池分为矩形水池和圆形水池。

筒仓是储存谷物、面粉、水泥、石灰、碎煤等粒状和粉状松散物体的立式容器。筒仓一般由仓上建筑物、仓顶、仓壁、仓底、仓下支撑结构和基础六部分构成，平面形状多为方形、圆形、矩形和多边形等。

纪念性构筑物用于纪念重大历史事件或重要历史人物，也可作为城市标志性建筑，如美国的罗斯福纪念公园，莫斯科列宁墓，我国北京的毛主席纪念堂和人民英雄纪念碑，南京大屠杀纪念馆等。人民英雄纪念碑位于北京天安门广场中心，呈方形，建筑面积为 $3000m^2$，分台座、须弥座和碑身三部分，总高37.94m。台座分两层，四周环绕汉白玉栏杆，四面均有台阶。

4. 高层建筑结构体系

我国规定超过10层的住宅建筑和超过24m高的其他民用建筑为高层建筑，高层建筑物的结构形式主要有框架体系、剪力墙体系、框架-剪力墙体系、筒式体系和混合体系。如北京的国贸大厦，高达330m，采用了外围为巨型桁架筒与内部为钢筋混凝土的筒中筒结构。武汉民生银行大厦，建筑总高度333.3m，六层以下为钢骨混凝土结构，6层以上采用钢结构，气势雄伟。

第二节 道路工程

道路是带状的陆上运输构筑物，包括路基、路面、桥梁、涵洞和隧道等工程实体。

1. 道路的分类

按使用特点，道路可以分为公路、城市道路、专用道路和乡村道路等。

公路可以划分为国家干线公路，省级干线公路，县级干线公路和乡级公路。按公路交通量、任务和性质，根据公路不同地形条件，我国《公路工程技术标准》（JTGBOl—2003）将公路划分为高速公路、一级公路、二级公路、三级公路和四级公路，共5个等级。例如，京津高速公路为国家干线公路，全长约34km，路面为双向八车道，设计速度100~120km/h。

城市道路是指在城市范围内，供车辆及行人通行的道路。按地位、交通功能和对沿线建筑物服务功能的不同，城市道路可以分为快速路、主干路、次干路和支路四类。

专用道路是由农林、工矿等部门投资修建，主要供该部门使用的道路。

乡村道路是指建在乡村和农场，供行人和各种农业运输工具通行的道路。

2.道路的组成

道路包括线形组成和结构组成两大部分，线形是道路中线在空间的几何形状和尺寸。

道路的线形组成方面，道路中线在水平面上的投影叫路线平面，沿着道路中线竖直剖切展开的平面称为路线纵断面，沿道路中线上任意一点所作的法向切面叫横断面。

道路的结构组成包括路基、路面、桥涵、排水系统、隧道、防护工程、沿线设施和特殊构造物等。其中路基和路面是主要工程结构物。

路基是行车部分的基础，由土和石按一定尺寸与结构要求建筑成的带状土工构筑物。路基的横断面由行车道、中间带、路肩、边沟、边坡、截水沟、碎落台和护坡道等组成。

路基必须有一定的强度和稳定性，且经济合理，公路路基的横断面形式有路堤、路堑和半挖半填三种。

为保持路基强度和稳定性，需要在路基范围内设置地面和地下排水设施。排水系统按排水方向可以分为纵向排水系统和横向排水系统。常见的纵向排水系统有边沟、排水沟和截水沟等；常见的横向排水系统有路拱、桥涵、透水路堤、过水路面、渡槽以及地下排水系统的横向排水管等。

路面是在路基顶面的行车部分用各种混合材料铺筑的层状结构物。路面按材料组成、使用品质、结构强度和稳定性分为高级、次高级、中级和低级四个等级；按力学性能可分为柔性路面、刚性路面及半刚性路面；根据路面所用的材料可以分为改善土路面、工业废渣路面、块石铺筑路面、碎石路面、沥青类路面、水泥混凝土路面等。

路面结构层可以分为面层、基层和垫层。

路面面层直接接触车轮和大气，承受行车荷载、雨水、气温变化等不利影响，因此，面层材料应具备较高的力学强度和稳定性，且应耐磨、不透水，表面有良好的抗滑性和平整度。

路面的基层是主要承重层，承受由面层传递来的轮荷垂直压力，并把它扩散分布到下面层次内。基层材料应有足够的强度和扩散能力，有足够的水稳性，必须碾压密实。基层表面应平整，且和面层结合牢固，以提高路面整体强度。

面层位于基层下面，适用于排水不畅或地基冻胀情况，可以减轻地基的不均匀冻胀，隔断地下毛细水上升或地表水下渗，存储基层或地基中多余水分，阻止路基土挤入上面土质基层，保证路面结构稳定。垫层材料应有良好的水稳性、隔热性和吸水性，常用材料有砂、砾石、炉渣、圆石、石灰土和炉渣灰土等。

公路特殊构筑物有隧道、防石廊、悬出路台、挡土墙和防护工程等。防石廊是在山区或地质复杂地带，为保证公路行车安全所修建的防石廊。悬出路台是在山岭地带修筑公路时，为保证公路连续、路基稳定和行车所需而修建的悬臂式路台。

除基本结构外，为保证行车安全、迅速、舒适和美观，还需要设置一些沿线附属结构，如交通管理设施、交通安全设施、服务设施和环境美化设施等。交通管理设施有指示标志、警告标志、禁令标志和路面标志线等；交通安全设施有护栏和护柱等；服务设施有渡口码头、汽车站、加油站、修理站、停车场、餐厅和旅馆等；环境美化设施有道路两侧和中间分隔带等地的绿化等，原则上以不影响司机视线和视距为宜。

3. 道路工程的设计方法

在道路设计中，指标不要轻易取极限值，应从道路建设和运营管理、养护方法等方面综合考虑，以达到系统最佳水平。

由于受到地形、地物、地质等条件限制，道路在平面上不可能是一条直线，而是由许多直线段和曲线段组成。道路平面设计应首先研究汽车行驶规律，在满足行车安全、舒适、经济的前提下，综合实际自然条件，正确合理地确定道路平面位置。

道路平面线形通常采用直线、圆曲线、缓和曲线以及三者组合。另外，车辆在曲线段行驶时要受到离心力作用，为抵消离心力，在曲线段横断面上需设置外侧高于内侧的单向横坡，称为超高。汽车在曲线上行驶时，后轮偏向内侧，为了使其转弯顺利，需要在弯道内侧相应增加路面和路基宽度，叫作弯道加宽。为了保证行车安全，司机应看到前方行驶路线上一段距离，以便及时发现障碍物或对面来车，或发生意外情况时可以采取停车、避让、错车或超车等措施，完成这些操作所需要的距离称之为行车视距，主要包括停车视距、会车视距、超车视距和错车视距。

地形起伏导致道路中心线在垂直方向上形成一系列上坡、下坡和圆滑转折处的竖曲线组成的空间曲线。纵断面设计线根据汽车性能、水文地质条件、气候、工程经济、视觉美观等因素来确定。设计线一般由匀坡直线和竖曲线组成。竖曲线可以分为凸型和凹型两种。对于凸型竖曲线，如果半径较小，就会阻挡司机的视线，因此要选择适当的半径以保证安全行车的需要。

第三节　铁路工程

铁路有单线、双线和多线之分，按轨距可以分为轨距铁路、宽轨铁路和窄轨铁路。铁路主要由铁路线路和车站组成，铁路线路由轨道、路基、桥涵、隧道和挡土墙等组合而成。

1. 轨道

轨道由钢轨、轨枕、道床、联结零件、防爬器及道岔组成。

钢轨是轨道的主要部件，用以引导机车车辆行驶，并将承受的荷载传递给轨枕、道床及路基，同时为车轮滚动提供阻力最小的接触面。为了节约成本且不降低承载力，钢轨一般做成工字形断面。

轨枕一般横向铺设在钢轨下的道床上，承受钢轨传来的压力，并散布于道床，同时利用扣件保持两股钢轨的相对位置，主要有木枕和混凝土枕两类。

联结零件用以联结钢轨和轨枕，有效地保证钢轨和轨枕间的可靠联结，尽量保持钢轨的连续性和整体性，阻止钢轨和轨枕间的相对移动，充分发挥缓冲减振性能，延缓铁路残余变形的积累。

防爬器可以有效防止钢轨和轨枕之间发生纵向相对移动，制止钢轨爬行。道床是轨枕的基础，可以增加轨道的弹性和纵横向移动阻力，便于排水，主要材料有碎石和筛选卵石等。

道岔是把两条或两条以上轨道在平面上进行相互连接或交叉的设备，可以使机车车辆从一股轨道转入或越过另一股轨道。

2. 轨道加宽和超高

轨距是钢轨头部踏面下 16mm 范围内两股钢轨工作面之间的最小距离，我国和多数国家主要采用 1435mm 的标准轨距。

具有固定轴距的机车车辆行驶在曲线上时，转向架的纵向中心线与曲线轨道中心线不一致，引起转向架前轮对的外侧轮缘和后轮对的内侧轮缘挤压钢轨，从而增加行驶阻力。因此，需要对小半径曲线的轨距适当加宽。

另外，当机车车辆行驶在曲线上时，由于离心力作用，外轨需要承受较大的挤压力，不仅加速外轨磨损，而且使旅客感觉不舒适，严重时会翻车，因此有必要抬高外轨以平衡离心力，外轨比内轨高出的部分称之为超高。

3. 铁路路基

路基用以承受铁路轨道的重量及传递来的机车动力荷载，路基应坚实、耐久、稳定，具有良好的排水设施。路基断面形式主要有路堤、路堑、不挖不填、半挖半填、半路堑和半路堑等。

4. 路基排水

水对土体的浸湿、饱和、冲蚀作用，是路基病害发生的重要原因之一，因此，做好路基范围内的排水对路基整体稳定和防止基床病害影响非常大。

铁路线路两侧必须设置侧沟，将线路上的降水顺利排走，同时阻止路基范围外的地面水流入路基。在路堑坡顶应设置侧沟，以截止山坡地面水流入路堑。如果地形陡峭，天沟或截水沟的沟顶和沟底高差太大时，可以用跌水或急流槽连接。

如果路堑所在地区地下水丰富，则应根据地下水含水层埋藏条件和地层渗透性质，在路堑范围内或范围外设置明沟、暗沟、渗水隧洞或其他排水设施将地下水拦截排走，使其不流入路基范围内，或降低地下水位以保证路基基床的稳定性。

5. 高速铁路

根据国际铁路联盟（UIC）的定义，高速铁路是指通过改造原有线路，使营运速度达到 200km/h 以上，或专门修建新的高速路线，使营运速度达到 250km/h 以上的铁路系统。

高速铁路可以实现城市之间的快速交通，为旅客出行提供了极大方便。同时，高速铁路也对铁路选线与设计等提出了更高要求，如铁路机车减震和隔声要求，铁路沿线信号和通信自动化管理，改善轨道平顺性和养护技术等。为使高速列车能在常规轨道上高速行驶，且减少轨道磨损，车辆通常用玻璃纤维强化的塑料和轻质耐疲劳的材料制造。

高速铁路线路应能保证列车平稳、安全、连续地运行，铁路曲线、轨道平顺性和列车牵引动力是影响行车速度的重要因素。高速铁路的轨道目前已经实现了长轨，这样减少了列车在行驶中由于轨道接口导致的冲击和振动，提高了列车行驶的平顺性和舒适性。

高速铁路的信号与控制系统是高速列车安全、高密度运行的基本保证，其集微机控制和数据传输于一体，包括列车自动防护系统、卫星定位系统、车载智能控制系统、列车调度决策支持系统、列车微机自动监测与诊断系统等。

6. 地下铁道与轻轨

城市轨道交通分为地铁和轻轨两种制式，地铁和轻轨都可以建在地下、地面或高架上。为了增强轨道稳定性，减少养护和维修工作量，增大回流断面和减少杂散电流，地铁和轻轨都选用轨距为 1435mm 的国际标准双轨作为列车轨道，与铁路列车选用的轨道规格相同。按照国际标准，城市轨道交通列车可分为 A、B、C 三种型号，分别对应 3m、2.8m、2.6m 的列车宽度。凡是选用 A 型或 B 型列车的轨道交通线路称为地铁；选用 C 型列车的轨道交通线路称为轻轨。

地铁是在地下运行的城市铁路系统，1863 年建成的伦敦地铁是世界上第一条地铁。目前我国的香港地区、北京、天津、上海、台北、广州、深圳、南京等十多个城市已经有通车的地铁，武汉、郑州等城市的地铁正在建设之中。

城市轻轨一般有较大比例的专用道，大多采用浅埋隧道或高架桥的方式，采用专门的车辆和通信信号设备，克服了有轨电车运行速度慢、噪声大、正点率低的缺点。轻轨比公共汽车速度快、效率高、节约能源、污染轻，比地铁造价低。

第四节　桥梁工程

桥梁是供人和车通行的跨越江河、山谷等障碍的人工构造物，在功能上是交通工程的咽喉。桥梁的设计应做到技术先进、安全可靠、适用耐久、经济合理、外形美观，并有利于环保。

1. 桥梁的基本组成

常见的桥梁由桥跨结构、支座系统、桥墩、桥台、墩台基础、桥面铺装、排水防水系统、栏杆、伸缩缝和灯光照明组成。

桥跨结构是跨越江河、山谷等障碍的结构物,其主要承受车辆荷载,并将荷载传递给桥梁墩台。

支座系统用以支承上部结构并传递荷载给桥梁墩台,满足上部结构在荷载、温度变化或其他因素作用下产生的位移大小。

桥墩是河中或岸上支承两侧桥跨上部结构的建筑物。桥台设置在桥梁的两端,一端与路堤相接,防止路堤滑塌;另一端支承在桥跨上部结构的端部。为了保护桥台和路堤填土,桥台两侧常做一些防护工程。

墩台基础是保证桥梁墩台安全并将荷载传递给地基的结构物。基础工程在整个桥梁工程施工中是比较困难的部分,常常需要在水中施工,遇到的问题比较复杂。

桥面铺装的平整、耐磨、防水是保证行车舒适的关键,特别是在钢箱梁上铺设沥青路面的技术上要求更为严格。

排水防水系统应迅速排除桥面积水,并使渗水可能性降到最低限度,城市桥梁排水系统应确保桥下无滴水和结构上无滴水现象。

栏杆可以保证车辆和行人的安全,同时也是观赏装饰部件。

伸缩缝位于桥跨上部结构之间,或位于桥跨上部结构和桥台端墙之间,用以保证结构在各种因素下的变形和位移。为了使桥面行车舒适,桥面上应设置伸缩缝构造。大桥或城市桥梁的伸缩缝,不仅要结构坚固,外观光洁,而且要经常扫除掉入伸缩缝中的垃圾泥土,保证伸缩缝的正常使用。

灯光照明便于车辆和行人夜间通行,构成了美轮美奂的城市夜景。

2. 桥梁的术语名称

水位:河流水位随着季节变化,洪峰季节河流中的最高水位称为高水位,枯水季节的最低水位称为低水位。桥梁设计中按规定的设计洪水频率计算所得的最高水位称为设计洪水位。在各级航道中,能保持航船正常航行的水位称为通航水位,包括设计最高通航水位和设计最低通航水位。

净跨距:对于梁式桥是指设计洪水位线上相邻两个桥墩或墩台之间的净距;对于拱桥是指每个孔拱跨两个拱脚截面最低点之间的水平距离。

总跨径:是指多孔桥梁中各孔净跨距的总和,其反映了桥下宣泄洪水的能力。

计算跨径:对于设置支座的桥梁,是指相邻支座中心的水平距离。对于不设置支座的桥梁,如拱桥、钢构桥等,是指上部结构和下部结构相交面的中心间的水平距离,用 l 表示。桥梁结构中的力学计算以计算跨径为标准。

标准跨径:对于梁式桥是指相邻两个桥墩中线之间的距离或桥墩中心至桥台台背前

缘之间的距离。对于拱桥指净跨距。

桥梁全长：对于有桥台的桥梁，是指两岸桥台翼墙尾端之间的距离。对于无桥台的桥梁，是指桥面行车道的长度，用 L 表示，也简称桥长。

桥梁高度：是指桥面与低水位之间的距离，或指桥面与桥下线路路面之间的距离，简称桥高，在某种程度上反映了桥梁施工的难易程度。

桥下净空高度：是指桥跨结构最下缘至设计洪水位或计算通航水位之间的距离，其应保证能安全排洪。

建筑高度：是指桥下行车路面或轨顶标高至桥跨结构最下缘之间的距离。容许建筑高度是指公路或铁路定线中桥面或轨顶标高对通航净空顶部标高之差。

矢跨比：是指拱桥中拱圈的计算矢高与计算跨径的比值是反映拱桥受力特性的一个重要指标。

桥面净空：是指桥梁行车道和人行道上方应保持的空间界限。

3. 桥梁的分类

根据桥梁的结构形式和受力特点，可以分为梁式桥、拱式桥、刚架桥、悬索桥、斜拉桥等。

梁式桥在竖向荷载作用下，支承处仅产生垂直反力，而无水平反力。由于外力作用方向与梁式桥承重结构轴线接近垂直，与同样跨径的其他结构相比，梁式桥内产生的弯矩最大，通常需要用抗弯和抗拉强度高的钢、钢筋混凝土等材料来建造。梁式桥分为简支梁、悬臂梁、固端梁和连续梁等。简支梁桥的计算跨径小于 25m 时，通常采用钢筋混凝土材料。而计算跨距大于 25m 时，多采用预应力混凝土材料，预应力混凝土简支梁桥的经济跨距为 40~50m。连续梁桥和悬臂梁桥跨间支座上的负弯矩减小了各跨跨中的弯矩，从而提高了跨越能力。

拱式桥在竖向荷载作用下，桥墩和桥台将承受水平推力作用。拱圈或拱肋是拱式桥的主要承重结构。由于水平反力作用，极大抵消了拱圈或拱肋内由荷载引起的弯矩。与同跨径的梁相比，拱的弯矩、剪力和变形都小得多。由于拱式桥的承重结构以受压为主，通常可采用抗压强度高的材料如砖、石、混凝土和钢筋混凝土等来建造。由于拱式桥受力合理，其跨径可以做得很大，承载力高，外形美观，在条件许可的情况下，修建拱式桥较为经济合理，跨径在 500m 以内都可以作为设计方案比选。但是由于拱是有推力的结构，对地基要求较高，一般需要建于地基良好的地区。

刚架桥是指梁与墩柱刚性连接的桥梁。立柱具有相当的抗弯刚度，可以分担梁跨中正弯矩，从而可以降低梁高，增加桥下净空。在竖向荷载作用下，主梁与墩柱的连接处会产生负弯矩，主梁和墩柱承受弯矩、轴力和剪力作用。柱底既有竖直反力也有水平反力。根据刚架桥受力特点，常采用钢筋混凝土或预应力混凝土材料建造。实践表明，普通钢筋混凝土刚架桥在梁柱交接处容易产生裂缝，因此设计时要多配钢筋避免产生裂缝。

刚架桥施工复杂，一般用于跨径不大的城市桥、公路高架桥或立交桥。当跨越陡峭河岸和深谷时，修建斜腿式刚架桥往往经济合理，且造型轻巧美观。

悬索桥指主缆索受拉为主要承重构件的桥梁。缆索是主要的承重结构，在桥面竖向荷载作用下，通过吊索便缆索承受非常大的拉力，将缆索锚固在悬索桥两端的锚锭结构中。为了承受巨大的缆索拉力，锚锭结构需要做得很大，或者依靠天然完整的岩体来承受水平拉力。现代悬索桥广泛采用高强度钢缆，由多股钢丝编织而成，以充分发挥其优良的抗拉性能。悬索桥受力性能好，跨越能力大，造型轻巧美观，抗震能力好，因此成为跨越大江大河和海峡港湾的首选桥型。然而，悬索桥自重轻，刚度较小，在车辆动荷载作用下会产生较大的变形。

斜拉桥由塔柱、主梁和斜拉索等组成。斜拉索将主要承重构件主梁吊住，使主梁变成多点弹性支承的连续梁，从而减少了主梁截面尺寸，增加了桥跨跨径。与悬索桥相比，斜拉桥是一种锚体系，不需要昂贵的地锚基础，防腐技术要求比悬索桥低，刚度比悬索桥好，抗风能力比悬索桥好，可以用悬臂法施工，且施工不妨碍通航，钢束用量比悬索桥少。因此，从经济上看，可以做悬索桥也可以做斜拉桥时，做斜拉桥比较经济。例如，苏通长江公路大桥就采用斜拉桥技术，主孔跨度 1088m，主塔高度 300.4m，斜拉索长度 577m，均为世界第一，气势伟岸，线条流畅，造型优美，色彩亮丽。

第五节　隧道工程

隧道是一种地下工程结构物，是修筑在地下或山体内部，两端有出入口，供车辆、行人、水流及管线等通过的通道。

1. 隧道的分类

隧道有多种分类方法，从地质条件上可以分为岩石隧道和土质隧道，从所处的环境可以分为山岭隧道、城市隧道、水底隧道、海底隧道、矿山隧道等，按埋置深度可以分为浅埋隧道和深埋隧道，按段面形式可以分为圆形隧道、马蹄形隧道和矩形隧道等。

一般认为按用途分类比较明确，可分为交通隧道、水工隧道、市政隧道和矿山隧道。交通隧道包括公路隧道、铁路隧道、水底隧道、地下隧道、航运隧道和人行隧道；水工隧道包括引水隧道、尾水隧道、导流隧道和排沙隧道；市政隧道包括给水隧道、污水隧道、管路隧道、线路隧道和人防隧道；矿山隧道包括运输巷道、给水巷道和通风巷道。

陕西秦岭终南山公路隧道全长 18.4km，隧道横断面高 5m、宽 10.5m，上下行双洞双车道设计，设计行车速度 60~80km/h，为我国最长公路隧道。从地质条件看，其为岩石隧道；从所处环境看，其为山岭隧道；按埋置深度看，其为深埋隧道；按断面形式看，其为圆形隧道。

2. 隧道的几何设计

隧道的几何设计主要研究车辆行驶与隧道各个几何元素的关系，在设计速度、预计交通量、通风、照明、安全设施等条件下，确保行驶安全、经济、旅客舒适以及隧道美观等。因此，隧道几何设计把隧道中心线剖分为隧道平面、纵断面和净空断面来分别研究处理。

隧道平面线形除应满足有关规范要求外，还应考虑到隧道运营和养护条件比洞外明线差的特点。隧道平面线形原则上采用直线，避免曲线。当必须设置曲线时，其半径不宜小于不设超高的平面曲线半径。如果采用小半径曲线，则会产生视距问题，为确保视距，势必要加宽断面，从而增加工程费用。断面加宽，断面不统一，导致施工困难。设置超高时，也会导致断面加宽。一般在隧道内禁止超车，所以只能采用停车视距，根据停车视距可以计算出设置曲线时不加宽的最小处曲线半径。

即使曲线隧道不加宽，测量、衬砌、内装饰、吊顶等工作也很复杂。另外，曲线隧道对通风很不利。从上述方面考虑一般不推荐采用曲线隧道。不过，是否采用曲线隧道，应根据隧道洞口地形地质条件和引道线形等综合考虑。比如，原设计为直线的隧道，施工中如遇到溶洞，不得不改线绕行时也会出现部分曲线隧道。由隧道和前后引道组成的路段应线形平顺、连续，行车安全舒适，并与环境景观协调一致。

隧道纵断面是隧道中心线展直后在垂直面上的投影。隧道内线路坡度可设置为单面坡或人字坡两种。一般单向坡设置在越岭线路的展线及沿河线隧道中，单向坡隧道在运行时通风和排水较好，但施工时存在一些困难；人字坡常出现在越岭隧道中，施工时有利于从两端出渣和排水，但对运营通风不利。

隧道控制坡度的主要因素是通风问题。随着纵坡增大，汽车排出的有害物质也急剧增多，一般把纵坡控制在2%以下较好。采用人字坡从两个洞口开挖隧道时，容易排出施工涌水，但通风条件稍差，为便于控制和排放有害气体，纵坡控制在1%以下为宜。考虑到隧道施工和建成后洞内排水需要，隧道内的纵坡也不应小于0.3%。高寒地区，为减少冬季排水沟产生冻害，应适当加大纵坡，增加水流动能，从而有利于排水。

隧道纵坡会影响施工作业安全和工程费用。纵坡变更处应根据视距要求设置竖曲线，其半径和竖曲线最小长度应符合工程设计标准的规定。为了提高视线的诱导作用，在隧道中只能选择较大的竖曲线长度。

高速公路和一级公路的特长隧道和长隧道，发生事故时，为了应急抢险，疏导车辆，迅速消除交通拥挤，减少损失，应设置紧急停车带。根据国际道路常设委员会隧道委员会的建议，长度超过2km以上的隧道必须设置宽2.5m、长25~40m的紧急停车带，间距为750m。1km以上的特长隧道应设置供大型车辆使用的U形回车场。单车道隧道，为保证运输安全，除在两端洞外设置错车道外，洞内根据隧道长度也应设置间距不大于200m的错车道。隧道内排水边沟设计应根据人行道、检修道或余宽等因素考虑。

隧道净空是隧道衬砌内轮廓线所包围的空间，包括建筑界限、通风、照明、防灾设备、监控设备、运行管理设备及其他方面所需要的断面积。应根据围岩压力求得断面形状和尺寸的最佳经济值。隧道建筑界限是为保证隧道内各种交通正常运行与安全，规定在一定宽度和高度范围内不得有任何障碍物的空间界限，包括车道、路肩、路缘带、人行道等宽度和车道、人行道的净高。在设计中，应充分研究各种车道与公路设施之间的空间关系。任何部件均不得侵入隧道建筑界限之内。

为了消除或减少隧道边墙对驾驶员造成恐慌心理，保证一定车速的安全通行，应在行车道两侧设置一定宽度的路缘带、人行道，以满足侧向净空的需要。隧道的净空除应符合隧道建筑界限规定外，还应考虑洞内排水、通风、照明、防火、监控、营运管理等附属设施所需要的空间，并考虑土压力及施工等影响，使确定的断面形式和尺寸安全、经济、合理。应尽量选择净断面利用率高、结构受力合理的衬砌形式。

受地质条件影响，隧道宽度过大不经济，也增加了施工难度，因此高速公路和一级公路一般设计为上下行分离的两个独立隧道。两个相邻隧道的最小净距根据围岩类别、断面尺寸、施工方法、爆破震动影响等因素确定。从理论上说，两个相邻隧道应分别设置在围岩压力相互影响和施工影响范围之外，或者说其间岩柱应具有足够的强度和稳定性，不至于危及相邻隧道的施工和结构的安全，保证车辆安全运行。但是由于影响两个相邻隧道间距的因素较多，且这些因素难以定量确定，因此一般根据经验和工程类比分析方法确定。

隧道洞口连接线的平面和纵断面线形应于隧道线形相配合，应有足够视距和行驶安全。尤其在进口一侧，需要在足够距离外能够识别隧道洞口处。为了使车辆顺利驶入隧道，驾驶员应提前知道前方有隧道。通常当车辆驶进隧道但还有一段距离时，驾驶员为了集中精力观察洞口附近情况，及时察觉障碍物，采取适当措施，保证行车安全，就需要有足够的安全视距。把开始注视的点成为注视点，从注视点到安全视距点所需要的时间成为注视时间，从注视点到洞口采用通视线形极为重要。在洞口附近设置平面曲线或竖曲线的变更点时，应以不妨碍观察隧道且有足够的注视时间为最低限度。

为设置竖曲线，保证各级公路停车，确保有一定的会车视距，隧道两端的接线纵坡应有一段距离与隧道纵坡保持一致。如果洞口前为陡坡，车速会降低，进入隧道后车辆加速行驶，必然增加排气量，所需要的通风设备也相应增加。另外，设计接线时还应考虑洞口附近的桥梁和路堤等。

3. 隧道的结构构造

道路隧道结构构造包括主体构造物和附属构造物两大类。主体构造物通常指洞身衬砌和洞门构造，洞身衬砌的形状由道路隧道的几何设计确定，厚度由计算确定。在山体坡面可能发生崩塌和落石时，通常接长洞身或修筑明洞。洞门构造型式由岩体稳定性、通风方式、照明状况、地形地貌和环境条件等因素决定。附属构造物是为了运营管理、维修养护、给水排水、供蓄发电、通风、照明、通信、安全等修建的构造物。

（1）洞身衬砌

隧道衬砌结构形式主要根据地质地形条件、受力情况、施工方法等因素确定，主要结构形式有直墙整体式衬砌、曲墙整体式衬砌、装配式衬砌、锚喷支护、复合式衬砌。由于衬砌需要承受较大的围岩压力、地下水压力、化学物质的侵蚀、高寒地区的冻害等，因此要求衬砌材料应有足够的强度、耐久性、抗渗性、耐腐蚀性和抗冻性等。常用的衬砌材料有混凝土、钢筋混凝土、喷射混凝土、锚杆和石料等。

直墙式衬砌适用于地质条件较好，以垂直围岩压力为主的情况。衬砌由上部拱圈、两侧竖直边墙和下部铺底三部分组成。上部拱圈轴线采用半圆、圆弧或三心拱形。两侧边墙和拱圈是等厚的，洞内一侧设置排水沟，这一侧的边墙基础要深一些。

曲墙式衬砌适用于地质条件较差，岩体破碎松散，强度低，存在地下水，且侧向水平压力较大的情况。它由顶部拱圈、侧边曲边墙和底部仰拱组成。对于Ⅲ类围岩，无地下水，基础不产生沉陷时，可以不设置仰拱，只作平铺。仰拱虽然是圆弧形，但洞内一侧需要设置排水沟，因此其结构不是对称的。

随着隧道施工机械化的发展，出现了装配式衬砌。构件在工厂或者现场预制好，然后运入隧道内，由机械拼装而成，装配好后可以承受岩土压力。

锚喷支护是喷射混凝土、锚杆、钢筋网喷射混凝土等结构组合起来的支护形式，可以根据围岩的稳定性，采用锚喷支护的一种或几种结构的组合。锚喷支护是一种积极主动的支护方法，可以充分发挥围岩自身的自承能力，把以前视为外荷载的围岩，变成整个支护系统的组成部分，共同担负支护任务。

复合式衬砌由外衬和内衬两层组成，一般外衬为喷锚支护，内衬为整体混凝土衬砌，采用新奥法施工。施工时先在洞壁表面上喷射混凝土，安装锚杆，形成柔性支护。柔性支护和围岩共同变形，释放围岩变形压力，使外衬和围岩共同组成的初步支护体系处于暂时平衡状态，保证施工安全。内衬整体混凝土是刚性的，在施工中根据围岩变形和施工工艺，在时间和空间上与外衬相隔一段时间和一段距离施工。为了防止地下水深入隧道内，在外衬和内衬之间铺设一层塑料防水板、土工布或土工复合膜作防排水层。

（2）洞门

隧道洞门是隧道两端的外露部分，是联系洞内衬砌和洞外路堑的支护部分。洞门用以保证洞口边坡的安全和仰坡的稳定，引离地表流水，减少洞门土石方开挖量。应根据隧道洞门的地形、地质条件、隧道照明等因素确定洞口形式，适当对洞口环境进行美化。道路隧道对照明要求高，为了处理好司机通过隧道时一系列视觉变化，有时应在入门一侧设置减光棚等，为洞外环境做减光处理。这样洞门位置就不再设置洞门建筑，而是用明洞和减光建筑将衬砌接长，直至减光建筑物的端部，构成新的入口。当岩土体可能滚落碎石时，一般应接长明洞，减少对仰坡和边坡的扰动，使洞门离开仰坡底部一段距离，确保落石不滚落在行车道上。

洞门还须具备拦截、汇集、排除地表水的功能，使地表水沿着排水沟有序离开洞门，防止地表水沿着洞门流入洞内。洞门上方女儿墙应有一定高度，并有排水沟渠。常见的洞门形式主要有端墙式、翼墙式、柱式、斜交式、喇叭口式、台阶式和环框式等。

当隧道埋深较浅，上覆岩土体较薄，难以采用暗挖时，应采用明挖法修建隧道，用明挖法修筑的隧道结构，称为明洞，多用于隧道洞口或有落石、塌方等地段，在隧道洞口或线路上起防护作用。明洞结构形式根据地形、地质和危害程度确定，采用最多的拱式明洞和棚式明洞。

拱式明洞由拱圈、边墙和仰拱组成，其内轮廓和隧道一致。由于其周围为回填的土石，无可靠围岩抗力支持，故其结构截面尺寸要略大一些。

有些傍山隧道，地形自然横坡比较陡，外侧没有足够的场地设置外墙及基础来确保隧道稳定性，这时可以采用棚式明洞。棚洞是一种框架结构，其顶上不是拱圈而是平板梁，内墙一般为重力式墩分结构，以抵抗山体的侧向压力。棚洞的基础必须设置在稳定基岩上，若是侧坡较陡，地表水不大，坡面稳定坚实，采用重力式内墙开挖量太大时，也可以采用钢筋混凝土锚杆挡墙的形式。棚洞常见的结构形式有盖板式、刚架式和悬臂式三种。

（4）附属建筑物

为了保持隧道正常运营，除上述主体建筑物外，还需要一些附属建筑物，包括防水、排水、电力、通信、通讯等设施。不同用途的隧道在附属设施上有一定差异，如铁路隧道为保障洞内行人、维修人员和维修设备的安全，需要修建避车洞。

公路隧道为了保障行车安全，其环境需要保持在合适的水平上。可以通过内装修提高隧道内的环境，增强能见度，吸收噪声。内装修材料应表面光洁，可以吸收噪声，具有抗污染和抗腐蚀的性能。顶棚可以提高照明效果，通过顶棚的发光使路面产生二次反射，增加路面亮度。顶棚采用漫反射材料可以避免眩光。顶棚在变坡点附近可以令司机觉察障碍和隧道内的异常现象，另外也可以起到美化作用。

第六节　地下工程

地下工程主要指在地面以下土层或岩体中修建的各类地下构筑物。地下结构在环境、力学作用机理等方面与地面结构存在较大的差异。地下结构体系由地层和支护结构组成，一般承受来自地层本身产生的荷载，即地层压力。

地下工程的利用形态多种多样，按使用功能可以分为地下交通工程、市政管道工程、地下军事工程、地下仓储工程、地下娱乐体育设施等。本节所指的地下工程，不包括隧道和矿井。下面主要介绍几种常见的地下工程。

1. 地下街和地下商场

地下街最初是在日本出现的，发展初期是在一条地下步行街道的两侧设置一些商店而成，由于与地面街道类似，因此称为"地下街"。目前地下街已经发展为融商业、交通、文化娱乐及其他功能为一体的综合性地下建筑。地下街可以有效利用地下空间，改善城市交通，也可以与商业开发结合，繁荣城市经济，丰富人民物质和文化生活。

商业是现代城市的重要功能之一。改革开放以来，我国经济发展迅猛，很多城市建成了一批大中型地下商场，节约了城市地面空间，取得了良好的经济效益。

2. 地下停车场

由于人口向大中城市集中，汽车数量与日俱增，对城市停车场的需求量也相应增加。由于一辆小汽车约占地 $25m^2$，因此停车场的占地面积很大。在城市用地日趋紧张的情况下，将停车场放在地面以下，是解决城市中心地区停车难的途径之一。

停车场的停车形式按车型、停车场构造和形态等可以分为平行停车、垂直停车、斜角停车和圆形停车几种方式。

3. 地下管道

地下管道主要用以输送液体、气体、松散固体，或收容干线电缆，一般埋设在道路路面之下。现代的地下管道种类繁多，有圆形、椭圆形、半椭圆形、多圆心形、卵形、矩形、马蹄形等各种断面形式，采用钢、铸铁、混凝土、钢筋混凝土、预应力混凝土、砖、石、石棉水泥、陶土、塑料、玻璃钢等材料建造。城市地下管道主要有供水管道、排水管道、供气管道、供电管道和通信电缆管道等。

由于各单位无规划地占用地下空间，建设检修时多次开挖道路，不仅削弱了道路构造，而且影响交通通行和沿线居民生活。为了防止反复开挖路面，可以把一些埋设物集中设置在一条共同的管道内，称为"共同沟"。

我国的西气东输一线工程，东西横贯 9 个省区，全长 4200km，其管道大部分铺设地下，是我国自行设计建设的第一条世界级天然气管道工程，是西部大开发的标志性工程。

4. 地下生产工厂

将某些工厂设置在地下，可以达到选址经济、防止噪声、恒温恒湿、防灾防震、保护景观的效果。如报社的地下印刷厂，为缩短发行时间，应让印刷厂靠近编辑部，而编辑部为了收集信息和发行的方便，通常选在城市中心地带，受制于城市中心高昂的低价，印刷厂进入地下设置比较经济。由于地下 3~5m 温度和适度基本恒定，非常适合于修建冷冻工厂、葡萄酒厂、食用菌厂等。有时为了保护城市景观，也需要将某些工厂移入地下。

5. 核电站

核电站是利用核分裂或核融合反应所释放的能量产生电能的发电厂。核电站有半地下式和完全地下式两类。

半地下式核电站，关键设备进入地下。地下核电站在海岸和山区均可修建，选址容易；抗震和防护性能好；岩体对地下放射物质有良好的遮蔽效果。地下核电站除了要开凿地下厂房外，还需要修建一系列隧道供人员通行和物资运输。

6. 地下仓库

地下环境具有良好的热稳定性、密封性和防护性能，适用于存储能源、粮食和水等。可以利用新建碉室、岩盐溶淋洞室、废旧矿坑等作为地下燃料贮存库。油库主要从开挖行车地下空间进行存储为主，可以用钢材、混凝土、合成树脂等作为衬砌。也有不用衬砌，而是利用地下水防止贮藏物泄漏的水封油库。

7. 废弃物地下处理设施

城市高度发展，导致废弃物大量增加，废弃物的种类也变得多样化，加上城市生活空间高度密集，如果采用车辆收集运送则效率低下，可以把废弃物处理设施埋入地下来解决这个问题。废弃物处理设施把排除场所的废弃物，通过地下埋设的管路，以水或空气为媒介，输送到处理场，可以对废弃物进行排除、收集、运输、处理和处置。

8. 地下军事工程

现代战争，常是海陆空联合作战。战争时，要保护自己，消灭敌人，就需要隐蔽，士兵要隐身在掩体和巷道内，飞机要隐蔽在机库内，军舰要隐蔽在军港内，自由出入，便于战斗，可以利用岩体洞室作为飞机库和军舰库。

9. 地下人防工程

人防工程，人民防空工程也叫人防工事，是指为保障战时人员与物资掩蔽、人民防空指挥、医疗救护而单独修建的地下防护建筑，以及结合地面建筑修建的战时可用于防空的地下室。人防工程是一种有防护要求的特殊地下建筑，按战时用途划分，可分为指挥通信、人员掩蔽、医院、救护站、仓库、车库等；按平时用途可分为商场、游乐场、旅馆、影剧院等。

第七节　水利水电工程

水利工程是指采取工程措施，在河流等水资源地带修建各种水工建筑物，控制和支配水资源的生产活动和工程技术。水电工程是指在河流合适位置修建挡水建筑物，抬高水头，利用水能进行发电的生产活动和工程技术。按功能可以分为防洪工程、农田水利工程、水力发电工程、航运工程和环境水利工程。按主要作用可以分为取水工程、输水工程、挡水工程、泄水工程等。

1. 取水工程

取水工程主要是将河水引入渠道，满足农田灌溉、水力发电、工业及生活供水需要。按有无拦河坝挡水分为无坝取水和有坝取水；按水流流过取水建筑物有无自由表面分为开敞式取水和封闭式取水；按水源位置高低分为自流取水和提升取水。

河流水源充足，无明显枯水期，全年水位和流量均能满足用水要求，可以直接从河中取水，这种取水方式即为无坝取水。无坝取水的主要建筑物是进水闸，为了便于引水，防止泥沙进入渠道，进水闸一般设置在河道的凹岸。引水渠道轴线与河流流向的夹角应小于90°。无坝取水经济、方便、容易，但没有调节河流水位和流量的能力。

对于有些用水量大，河道水位较低，河水不能自流入渠，或河流含沙量较大，不能直接取用的情况，需要在河道上修建拦河坝，以抬高水位，改善取水条件，这种取水方式称为有坝取水。有坝引水可以避免河流水位变化影响，并能稳定引水流量，但修建闸坝费用大，河床要有合适的地质条件，还可能引起上下游河床的变化。

2. 输水工程

把河水或库水由取水进水口引送到各单位去，需要途径许多输水建筑物，主要建筑物有渠道、隧洞、渡槽、倒虹吸管、跌水、陡坡和水闸等。

（1）渠道

渠道广泛用于灌溉、航运、发电、给水等工程，必须满足流量、流速等要求，具有一定的防渗漏性能，力求一渠多用、一水多用。渠道的断面形式取决于水流、地形、地质及施工等条件，最常用的是梯形断面。在坚硬岩石中，为减少挖方，常采用矩形断面；平原地区断面大的渠道常采用半挖半填断面，可以减少土方开挖、利用弃土。

渠道的水量损失，首先是渗透，其次为蒸发。水量渗透不仅造成水量消耗，还会抬升地下水位，导致附近农田盐碱化。防止渗透的方法一般有两种，一种是提高渠床土壤的不透水性，另一种是衬砌渠床。需要护面的渠道，一般采用黏土、三合土、砌石、混凝土或钢筋混凝土层材料进行护面。

（2）渡槽

当渠道需要跨越河流、深谷、道路或其他渠道时，可以架设桥梁，在桥上修筑引水渠道，这种渡水的桥梁就称为渡槽。

（3）倒虹吸管

除渡槽可以使渠水跨越河流、深谷、道路或其他渠道外，还可以采用埋设在地下的倒虹吸管渡水。倒虹吸管就像一个U形管埋设在地下，管的两端连接引水渠，渠水通过U形管绕过河流等障碍物。

（4）涵洞、跌水和渡槽

当水渠遇到不深的山谷或溪沟时，不做渡槽或倒虹吸管，而采用填方渠道。为了排除山谷或溪沟中的雨水，应在渠道下方埋设涵管或设置涵洞。涵管分为压涵管和无压涵管，有压涵管通常采用钢筋混凝土管或钢管，无压涵管常为砌筑或混凝土浇筑的箱形或拱形断面。

当渠道垂直于地面等高线布置时，往往会遇到地面坡度大于渠道纵坡的情况。如果保持渠道纵坡不变，渠道会高出地面；如果加大渠道纵坡，又会冲刷渠道。这时，可以将渠道分段，使相邻段之间形成集中落差。使渠水铅直下落的建筑物，称为跌水。当渠道经过地形急剧变化的地段时，可以利用地形变陡处修建连接建筑物，称为陡坡。

（5）水闸

水闸设置有能开闭的闸门，即可挡水，又可泄水。根据水闸的用途可以分为进水闸、分洪闸、节制闸、冲沙闸等；按工作特性可以分为开敞式闸门和深孔式闸门，开敞式闸门的门顶高于上游水位，而深孔式闸门的门顶低于上游水位。开敞式水闸主要由闸室、消能防冲设备、防渗排水设备及两岸连接建筑物组成。

水闸的上下游存在一定水位差，过闸水流具有较大的动能，如不采取措施，可能会严重冲刷下游河床，因此需要在紧接闸室的地方设置防冲护坦。经过护坦后，水流仍有较大的剩余能量，流速大，脉动剧烈，还会冲刷河床及两岸。因此，紧接护坦后设置海漫，以粗糙的表面减小水底流速，消除水流剩余动能，保护河床。

3. 挡水工程

挡水工程主要包括堤和坝。按照受力情况和结构特点，坝可以分为重力坝、土石坝、拱坝和支墩坝等。

（1）堤

堤是沿着河、渠、湖、海岸边或行洪区、分洪区、围垦区边缘修筑的挡水建筑物。堤可以抵御洪水泛滥，保护居民、田地和各种设施，抵抗风浪和海潮，约束河道水流，控制流势，利于泄洪排沙。堤可单独使用，也可配合其他工程。

世界各国堤防以土堤为主。为加强土堤的抗冲刷性能，通常在土堤临水坡砌石或用其他材料护坡。石堤以块石砌筑，断面比土堤小。在大城市及重要工厂周边，为减少占地，有时采用浆砌块石或钢筋混凝土堤，堤身断面小，占地少，但造价较高。

（2）重力坝

依靠自身重量产生的抗滑力维持稳定性的大坝称为重力坝。重力坝用混凝土或浆砌石筑成，坝轴线一般为直线，横剖面基本呈三角形。为了适应地基变形、温度变化和混凝土的浇筑，用横缝将坝体分隔成若干个独立工作的坝段。若岸边岩基较陡，再将横缝灌浆连成整体，以防侧向滑动破坏。

重力坝是一种古老而重要的坝型，其结构简单，施工方便，运行可靠，在国内外高坝中占有较大比重。重力坝按坝体结构可分为实体重力坝、宽缝重力坝和空腹重力坝。

我国大部分重力坝修建在岩基上，可承受较大的压应力，还可以利用坝体混凝土和岩基表面之间的凝聚力，提高坝体的抗滑稳定安全度。和其他形式的坝体相比，重力坝有以下几个优点。

1）对地形和地质条件适应性强，一般可以修建在弱风化岩基上。

2）重力坝可以做成溢流式坝，也可以在坝体内不同高程设置泄水孔，而无须另设溢洪道或泄水隧洞，枢纽布置紧凑。

3）在施工期间可以利用坝体导流，一般无须另设导流隧洞。

4）重力坝剖面尺寸大，抵抗洪水漫顶、渗漏、地震和战争破坏的能力比土石坝强。据统计，在各种坝型中，重力坝的失事概率是较低的。

5）重力坝可以采用机械化施工，在放样、立模和混凝土浇筑方面施工简便，且补强、修复、维护或扩建也较方便。

6）重力坝沿着坝轴线用横缝分成若干段，各坝段独立工作，结构作用明确，稳定和应力计算都比其他坝型简单。

7）若块石来源丰富，可以做中小型浆砌石重力坝，也可以在混凝土重力坝中埋置适量块石，从而减少水泥用量和水化热温升，降低造价。

如我国黄河万家寨水利枢纽拦河大坝，坝高90m，坝长438m，采用的是直线半整体式实体混凝土重力坝。

但重力坝也有缺点，其剖面尺寸大，材料用量多，坝底扬压力大。坝体体积大，施工期间混凝土水化热温升较高，后期的温降和收缩量很大，从而产生不利的温度应力。因此，混凝土浇筑时，需要严格控制温度。

（3）土石坝

土石坝是用土、砂石料等当地材料建成的坝。土石坝按施工方法可以分为碾轧式土石坝、冲填式土石坝、水中填土坝和定向爆破堆石坝等。按照土石料在坝身内的配置、防渗体材料及位置，碾轧式土石坝又可以分为均质坝、土质心墙坝、土质斜墙坝、土质斜心墙坝、人工材料心墙坝和人工材料面板坝。

土石坝坝顶的宽度应根据坝体构造、施工、运行、交通、抗震和人防等方面要求综合研究后确定。坝顶宽度必须考虑心墙或斜墙顶部及反滤层布置的需要。在寒冷地区，坝顶还须有足够的厚度来保护黏性土料防渗体免受冻害。

如黄河小浪底水利枢纽工程的拦河大坝，最大坝高160m，坝顶长度1667m，坝顶宽度15m，坝底最大宽度864m，采用黏土斜心墙堆石坝。

（4）拱坝

拱坝是固接在基岩上的空间壳体结构，在平面上呈凸向上游的拱形，坝体结构既有拱作用，又起到竖直悬臂梁的作用，所承受的水平荷载一部分通过拱的作用压向两岸岩体，另一部分通过竖直悬臂梁作用传递到岩基。拱坝主要依靠两岸岩体而非坝体自重来维持稳定。由于拱圈主要承受轴向压力，拱内弯矩较小，应力分布比较均匀，有利于发挥材料抗压强度高的特性，从而可以减薄坝体厚度，节省工程量。拱坝体积比同一高度的重力坝大约可节省 20%~70%。

拱坝按曲率可以分为单曲拱坝和双曲拱坝。例如，我国四川省的二滩水电站，采用双 IIh 拱坝，最大约高为 240m，坝顶弧长 774.69m。

拱坝需要水平拱圈起整体作用，坝身不设置永久伸缩缝，因此对温度变化、混凝土干缩和地基变形很敏感。拱坝属于高次超静定体结构，当外荷载增加或坝体某一部分发生局部开裂时，变形量较大的拱会把荷载部分转移到变形量小的拱上去，实现坝体应力重新分配和自我调整。坝体轻韧而富有弹性，依靠岩体吸收地震能量，坝体应力自行调整，因此拱坝具有较强的抗震能力。

拱坝坝身较薄，坝体几何形状复杂，对施工质量、材料强度、施工技术等方面要求比较高。坝身施工需要分段浇筑，施工时设置施工缝，蓄水之前必须对各种施工缝进行封拱灌浆处理，使坝身成为一个整体，因此施工程序和工艺很复杂。

地形条件是决定拱坝结构形式、工程布置和经济性的主要因素。理想的地形是河谷较窄，左右岸大致对称，岸坡平顺无突变，在平面上向下游收缩，坝端下游侧要有足够的岩体支承，以保证坝体的稳定性。

然而，河谷即使具有同一宽高比，其断面形状也可能相差很大。V 形河谷靠近底部拱跨短，虽然水压力大但拱可以做得较薄；U 形河谷底部拱跨很大，大部分荷载由梁来承担，故坝需要做得较厚。

地质条件对拱坝设计也有影响。河谷两岸基岩必须能承受由拱端传递来的推力，要在任何情况下都保持稳定。理想的地质条件是基岩比较均匀、坚硬完整，有足够的强度，透水性小，耐侵蚀，耐风化，岸坡稳定，没有大的断裂等。实际上很难找到满足这些要求的天然坝址，必要时应采用合适的地基处理措施。当地质条件复杂，难以处理，或处理工作量太大且费用过高时，则应该选用其他坝型。

（5）支墩坝

支墩坝由上游面的倾斜挡水盖板和位于下游有一定间距的支墩组成，水压力由挡水盖板传给支墩，再由支墩传递给地基。按照挡水盖板形式，支墩坝可以分为平板坝、连拱坝和大头坝。

由于支墩间留有间隙，坝与地基接触面积小，所受压力很小，还可以借助上游面板倾斜挡水盖板上的水重帮助坝体稳定，因此比重力坝节约材料和投资。坝体构件单薄，有利于充分发挥材料强度。混凝土施工散热也容易，但是防渗及抗冻性较差。支墩坝侧向刚度小，稳定性差，施工技术要求高，模板复杂，耗钢量多，对地基要求也比重力坝严格。

4. 泄水工程

在水利工程中，岸边溢洪道、泄水孔、泄水隧洞和溢流坝等是经常采用的泄水方式。修建泄水建筑物，关键是要解决好消能防冲和防空蚀、抗磨损。对于较轻型建筑物或结构，还应防止泄水时的振动。

（1）岸边溢洪道

对于土石坝和某些轻型坝，常在坝体以外的岸边或天然垭口布置溢洪道，称为岸边溢洪道。溢洪道除应具有足够的泄洪能力外，还应保证在运营期间自身安全及下泄水流与原河道水流有良好的衔接。

岸边溢洪道的主要形式有正槽溢洪道、侧槽溢洪道、井式溢洪道和虹吸式溢洪道，一般根据两岸地形和地质条件选用。其中正槽溢洪道适用于各种水头和流量，并且水流条件好，运用管理方便，被大多数土石坝采用。

正槽溢洪道通常由引水渠、溢流堰、泄槽、出口消能段及尾水渠等组成，其中溢流堰、泄槽、出口消能段是溢洪道的主体。由于堰上水流顺着泄槽纵向下泄，故称正槽溢洪道。

正槽溢洪道的引水渠可以使库水顺畅流向溢洪道坎，一般呈直线形，横断面多为梯形。溢洪道坎为咽喉部位，设置在溢洪道最高处，起控制溢流水位的作用，大中型水库宜采用闸门。泄水渠用于引导水流进入河床，多采用陡槽形式，如果采用陡槽有困难，可采用多级跌水或水平渠道来解决。陡槽出口末端应采取消力池或挑流鼻坎等设施进行消能。

（2）泄水孔

此处所说的泄水孔主要位于水面以下一定深度的中孔或底孔。泄水孔可以设置在坝身内，如混凝土坝或钢筋混凝土坝的坝身泄水孔；也可以设置在坝体外，如在坝基内或在两岸。泄水孔的进水口一般位于水库深水处，其深度与施工导流、宣泄洪水、放空水库、灌溉或发电取水等因素有关，同时还应考虑水库泥沙淤积等。

由于水下压力较大，泄水孔的闸门要求比溢洪道的闸门更坚固可靠，孔壁标准要求非常高。泄水孔通常由进水口、管道（或隧洞）、出口和下游消能系统等构成。

拱坝泄水孔一般布置在河床中部的坝段内，以利于其消能防冲处理。泄水孔中孔身一般做成水平、近乎水平、上翘和下弯几种形式。例如，我国的二滩双曲拱坝，坝身设置了 6 个上翘型中孔，出口断面宽 6m，高 5m，出口孔底的最大工作水头为 80m，总泄流量为 6600m³/s，单宽流量为 183.3m³/（s·m）。

拱坝坝身泄水孔的工作水头较高，流速大，边界条件复杂，容易产生空蚀、磨蚀、振动等。拱坝坝体空口可能会使坝体产生应力集中，但一般只限于孔口附近，不至于危及坝体的整体安全。只要采取孔口周边布置钢筋或局部加厚孔口周围坝体等措施，就可以妥善处理开孔对坝体的影响。

（3）泄水隧洞

泄水隧洞是在山体内开凿泄水建筑物，主要用于宣泄洪水、引水发电、供水、航运输水、放空水库、排放水库泥沙和施工期导流等。按工作时洞内的水流状态，泄水隧洞可以分为有压隧洞和无压隧洞。在隧洞的同一段内，如果水流流速较高，应严禁出现时而有压时而无压的明满交替的流态，以免引起震动与空蚀。

洞身断面形式和尺寸的因素有很多，如水流条件、地质条件、地应力情况、施工及运营要求条件等。无压隧洞常采用圆拱直墙式断面、马蹄形断面和圆形断面，而有压隧洞一般均采用圆形断面。

泄水隧洞是一种地下结构，开挖后会改变岩体原来的平衡状态，引起孔洞附近的应力重分布，岩体产生变形，严重时甚至发生崩塌。因此，隧洞的线路应尽量避开不利的地质构造、围岩可能不稳定、地下水位高、渗水量丰富的地段，以减小作用在衬砌上的围岩压力和外水压力。洞线要与岩层、构造断裂面及主要软弱带走向有较大的交角。在高应力地区，应使洞线与最大地应力方面尽量一致，以减小隧洞的侧向围岩压力。

泄水隧洞常设置临时性支护和永久性衬砌，以确保隧洞施工期和运营期的安全。在修建泄水隧洞时，应根据实际情况，尽可能的一洞多用，降低工程造价。

5. 水力发电工程

水力发电以水为能源，水可以周而复始地循环供应，且水力发电不会污染环境，成本也比火力发电低。我国西南地区的水能蕴藏量最多，主要分布在长江上游、金沙江、通天河、长江支流嘉陵江、岷江和乌江等，西藏的雅鲁藏布江、云南的怒江和澜沧江等。水力发电主要有坝式开发和引水式开发两种形式。

（1）坝式水电站

坝式水电站利用筑坝拦河来抬高上游水位，以获得水力集中落差。按照厂房布置，可以分为坝后式水电站和河床式水电站。

坝后式水电站厂房修建在坝的下游，与大坝相邻，发电用水通过坝体内的压力水管引入厂房。厂房紧挨下游坝址而不破坏坝址的基本剖面，厂房与坝体用纵向永久缝分开，在纵缝处的钢管段上设置伸缩节，允许厂房和大坝有相对位移，厂房和大坝各自保持自己的稳定，相互之间无制约作用。

坝后式水电站一般较适用于混凝土坝。对于土石坝，因发电引水管道穿过坝体，万一管道漏水，将危及土石坝的安全和整个电站的安全。我国的坝后式电站主要有三峡水电站、新安江水电站、丹江口水电站、向家坝水电站、龚咀水电站、新丰江水电站、宝珠寺水电站、五强溪水电站、东江水电站和乌江渡水电站等。

河床式水电站的厂房和坝体并列为一条线，厂房起到发电和挡水的双重作用，厂房的高度受到水头的限制。由于厂房起到拦河坝作用，因此承受着很大的水压力，故此厂房需要有足够的强度、稳定性和防渗能力。

一般坝式水电站在水利枢纽中只起发电作用，而高坝大库型的水利枢纽不但可以发电，还可以防洪、发电、扩大灌溉面积、改善航运、发展渔业、向下游城市供水、有利于漂木等。如三峡工程，仅防洪一项，就可以使中游堤防防洪水平由 10 年一遇提高到 100 年一遇，若遇到千年一遇洪水，配合其他分洪工程，可降低下游超过 12 万 km²

的 7000 多万人口的洪水淹没损失；另外可年发电 800 多亿 kW·h，改善宜昌到重庆段 650km 的航道，有利于南水北调。

但高坝大库型的坝式水电站工程量大，投资巨大，工期较长，形成的淹没损失大，库区移民多，且对环境产生一定影响。如水库泥沙淤积不但影响水库寿命，而且影响上游城市，黄河三门峡水库泥沙淤积，抬高潼关水位，影响渭河两岸就是一个教训。水位抬高还会加剧两岸滑坡，改变上下游水文条件及生态环境，甚至对地下水和气候有所影响，如处理不当，将会造成水污染和水质恶化。

（2）引水式水电站

河流上游，坡降较陡，曲折蜿蜒，如能利用合适地形，修建低坝引水或无坝引水，通过人工修建的引水道如明渠、隧洞或管道把水引入水位较低的下游厂房发电，这种用引水道集中水头的电站称为引水式水电站。

按照引水方式，可以分为有压引水和无压引水。无压引水一般用明渠或无压隧洞，在渠道末端接陡坡水管形成集中落差用来发电，它要求取水口处的水位固定。

有压引水必须用压力管道或压力隧洞，适用于地形、地质和水文条件复杂，且取水口处水位有一定变化范围的情况。

如果发电厂房位于开挖的洞室内，则称为地下厂房引水式水电站，地下水电站可以充分利用地形地势，尤其在高山峡谷地带，在地下布置发电机组，十分经济有效。电站建于地下，可以获得更大水力压力，并且在枯水季节，水位较低时也能发电。一般水电站的压力隧道，选建于坚硬完整的岩体中，可以简化衬砌结构。

地下厂房水电站主要包括主厂房、副厂房、变配电间和开关站等。根据地下厂房在引水线路上的位置，可以分为首部式、尾部式和中部式。

地下厂房位于上游水库附近，称为首部式布置，其特点是地表向下游倾斜，无法布置埋深较为合适的引水道，地下厂房埋深不大，水头不高。这种布置方式的优点是高压管道短，造价相对小的尾水道较长，省去上游调压井、进出交通洞和排风洞，出线洞较短。缺点是渗漏、防潮问题大，一定要做好排水设施，有时还要论证渗透对围岩稳定的影响，当尾水位变化较大时，尾水调压井的尺寸可能较大。

地下厂房位于水道端部，称为尾部式布置，其特点是山高坡陡，水头较高，这种情况下，只有采用尾部布置才有利于解决交通、出线、通风、施工、运营等方面的问题，且要修建上游调压井。尾部式布置地下厂房的工程实例最多。

地下厂房位于水道中部称为中部式布置，其特点是引水道前半段地形高，难以首部布置，中部刚好有利于布置调压井和高水头电站的厂房，且可以利用山沟修建进厂交通。厂房上下游的水道很长，有时需要设置上下游调压室。这种布置的工程实例很少。

地下厂房枢纽由主厂房、母线洞、主变室、尾水调压室、尾水闸门室、引水洞、出线井、排风井、交通洞等建筑物组成。其主要洞室是主厂房、主变室、尾水调压室和尾水闸门室，它们通常称为"洞室群"。对于具体工程而言，也可能只有 2~3 个主洞室。地下厂房枢纽应布置紧凑，以方便管理和运营工作，并节省造价。为了这些目的和洞室围岩的稳定，应尽量使一个洞室兼有两种功能，如使主变室和尾水闸门室相结合，使尾水调压室和临时施工洞相结合，使出线洞与排风洞相结合，排风洞和排水洞相结合，将主变室设置在地面等。

（3）抽水蓄能式水电站

抽水蓄能式电站是用来调节电力系统负荷的。夜间，用户用电量减少，可以利用电力系统多余的电能，通过抽水机将下水库的水抽至上水库；白天，电力系统高负荷时，将上水库的蓄水，通过水轮机放至下水库，用放水所发电力满足电力系统峰荷要求。没有天然流量的上下库之间，只有抽水蓄能发电机组的，称为纯抽水蓄能电站；利用一般水电站的水库，加装抽水蓄能发电机组的，称为混合式抽水蓄能电站。

地下抽水蓄能水电站通常设置在千米左右的地下深处，具有地上、地下两个水库。供电时，水由地上水库，经水轮发电机发电后流入地下水库；供电低峰时，用多余电力将地下水库的水抽回地面水库，进行循环使用。该电站施工比较困难，但可以解决电网负荷不均匀问题，耗水量少，生产平稳，不占土地，不污染环境，在水力资源丰富且工业发达的国家得到应用和发展。

我国的抽水蓄能水电站主要有十三陵抽水蓄能水电站、天荒坪抽水蓄能电站、蒲石河抽水蓄能电站、张河湾抽水蓄能电站、佛子岭抽水蓄能水电站等。随着我国经济建设和电力事业的发展，水力资源紧缺的东北、华北和华东地区，将会建设较大的抽水蓄能电站。

第八节　港口工程

港口工程是兴建港口所需工程设施的总称，是供船舶安全进出和停泊的运输枢纽。港口工程有一定面积的水域和陆域供船舶出入和停泊，可以为船舶提供补给和修理等技术服务和生活服务。

港口工程按所在的位置可以分为海岸港、河口港和河港；按成因可以分为天然港和人工港；按用途可以分为商港、军港、渔港、工业港和避风港；按潮汐关系和潮差大小，是否修建船闸控制进港，可以分为闭口港和开口港；按水域在寒冷季节是否冻结可以分为冻港和不冻港；按对进口的外国货物是否办理报关手续可以分为报关港和自由港。

港口的选址是一项复杂重要的工作，一个优良的港址应满足下列条件：

（1）有广阔的经济腹地，适合经济运输。

（2）与腹地交通运输联系方便。

（3）与城市发展协调，形成港口和城市发展互不干扰的城市用地布局。

（4）我国是一个发展中国家，港口选址要对未来发展留有较大余地。

（5）满足船舶航行与停泊要求，有足够的岸线长度和陆域面积来布置库场、铁路、道路及生产辅助设施，且便于船舰快速调动。

（6）尽量利用荒地劣地，避免大量拆迁，尽可能不影响生态环境。

港口由水域和陆域两大部分组成。水域主要有进港航道、港池和锚池，对天然掩护条件较差的海港还需要修建防波堤和护岸建筑。港口陆域建设有码头、港口仓库、堆场、港区铁路、港区道路、装卸运输机械及其他辅助设施。

1. 码头

码头是供船舶系靠、装卸货物、上下旅客的建筑物。按平面布置，码头可以分为顺岸式码头、突堤式码头和墩式码头等；按断面形式，码头可以分为直立式码头、斜坡式码头、半斜坡式码头、半直立式码头等；按结构形式，码头可以分为重力式码头、板桩码头、高桩码头和混合式码头等；按用途可以分为货运码头、客运码头、工作船码头、渔码头、军用码头、修船码头等。

直立式码头岸边有较大的水深，便于大船系泊和作业，不仅在海港中广泛采用，在水位差不大的河港中也常采用。斜坡式码头适用于水位变化较大的情况，如天然河流的上游和中游港口。半直立式码头适合于高水时间较长而低水时间较短的情况，如水库港。半斜坡式码头适用于枯水时间较长而高水时间较短的情况，如天然河流上游的港口。

重力式码头靠结构重量和结构范围内的填料重量来抵抗滑动和倾覆。从这个角度看，自重越大，码头稳定，但是此时地基将会受到非常大的压力，可能导致地基丧失稳定性或产生过大的沉降。为此，重力式码头通常需要设置基础，通过基础将外力传递给较大面积的地基上或下卧硬土层上，重力式码头一般适用于地质条件较好的地基。

板桩码头依靠板桩入土部分的侧向土抗力和安设在码头上部的锚结构来维持整体稳定，除特别坚硬或过于软弱的地基外，一般均可采用板桩码头。板桩码头结构简单，施工方便，材料用量少，主要构件可以在预制厂内制作。但是，板桩码头结构耐久性不如重力式码头，施工过程中一般不能承受较大波浪作用。

高桩码头通过桩台将作用在码头上的荷载传递给地基，适合于做成透空结构。高桩码头结构轻，沙石用量省，减弱波浪的效果好，特别适用于软土地基。在岩基上，如果有合适厚度的覆盖层，也可以采用桩基础，覆盖层较薄时可以采用嵌岩桩。但是，高桩码头对地面超载和装卸工艺维护的适应性差，耐久性不如重力式码头和板桩码头，构件易破坏且难以修复。

2. 防波堤

防波堤的主要功能是为港口提供掩护条件，阻止波浪和漂沙进入港内，保持港内水面的平稳和所需要的水深，还可以起到防沙和防冰的作用。

防波堤的平面布置根据地形、风浪、港口规模等因素确定，一般可以分为单突堤、双突堤、岛堤和混合堤四种类型。

防波堤按其断面形状及对波浪的影响，可以分为斜坡式、直立式、混合式、透空式、浮式、喷气消波设备和喷水消波设备等多种类型。

3. 护岸建筑

在波浪、潮汐、水流等冲刷作用下，天然海岸或河岸会产生侵蚀现象，因此要修建护岸建筑物来防护海岸或河岸免遭波浪冲刷。港口的护岸主要用来保护其码头岸线和陆域边界。护岸方法可以分为直接护岸和间接护岸两大类，直接护岸利用护坡和护岸墙等加固天然岸堤，抵抗侵蚀；间接护岸利用沿岸建筑的丁坝或潜坝，促使岸滩前发生淤积，形成新的稳定岸坡。

直接护岸方法主要有斜坡式护岸和直立式护岸墙两种类型。

若波浪经常作用方向与岸线正交或接近正交，对于较平坦的岸坡，应护坡。对于较陡的岸坡，则应该采用护岸墙。此外，也可以在坡岸的下部做护坡，在上部做成垂直的墙，形成混合式护岸，既可以减少护坡总面积，也可以保护墙脚。

4. 仓库与货场

港口是货物集散和车船换装的地方，而仓库和货场是港口的储存场地，可以加速车船周转，提高港口吞吐能力。出口货物通常是分批陆续到港，需要在港口聚集成批，等待装船；进口货物种类繁多，收货人和收发地点各不相同，一般需要在港口检查和分类，因此港口必须建设足够数量的仓库和货场。通常而言，仓库和货场的容积要与运输能力相匹配，应处于最佳物流位置，方便货物运输和收发，并满足防火、防潮、防淹和通风的要求。

港口仓库可以分为普通仓库和特种仓库（如筒仓、油罐等），普通仓库可以分为单层库和多层库。货场可以分为杂货堆场和散货堆场。

第九节　飞机场工程

飞机场是航空运输的基础设施。根据运输规模和起落飞机的型号，飞机场可以分为国际机场、干线机场和支线机场。

国际机场供国际航线使用，并设置海关、卫生检疫、动植物检疫和商品检验等联检机构的机场，如我国的北京首都国际机场、天津滨海国际机场、上海虹桥国际机场、上海浦东国际机场和广州新白云国际机场。

干线机场指省会、自治区首府及重要旅游、经济开发城市的机场。如我国的义乌机场、四川攀枝花保安营机场、泉州晋江机场等。

支线机场又称地方航线机场，指各省、自治区内地面交通不便的地方修建的机场，其规模通常很小，如我国的伊春机场、内蒙古乌海机场等。

民航机场主要有飞行区、旅客航站区、货运区、机务维修设施、供油设施、空中交通管制设施、安全保卫设施、救援和消防设施、生活区、行政办公区、辅助设施、后勤保障设施、地面交通设施和机场空域等组成。

1. 机场跑道

机场跑道是直接供飞机起飞滑跑和着陆滑跑的建筑设施。飞机起飞时，必须先在跑道上进行起飞滑跑，边跑边加速，一直加速到机翼的上升力大于飞机的重量，飞机才可逐渐离开地面。飞机降落时速度很大，必须在跑道上边滑跑边减速才可以逐渐停下来。因此，飞机对跑道的依赖性非常强。如果没有跑道，飞机就无法飞行和降落，跑道是机场上最重要的工程设施。

我国的民航机场跑道通常利用水泥混凝土或沥青混凝土筑成。一般民航机场只有一条跑道，个别运输量大的机场设置两条或更多的跑道。跑道按其作用可以分为主要跑道、辅助跑道和起飞跑道三种。主要跑道在条件许可时比其他跑道优先使用，按机场最大机型要求修建，长度较长，承载力较高；当受侧风影响，飞机无法在主要跑道上起飞和着陆时，可以利用辅助跑道进行飞机起降，辅助跑道长度比主要跑道要短一些；起飞跑道只供飞机起飞用。

跑道道面分为刚性和非刚性道面。刚性道面由混凝土筑成，能把飞机的载荷承担在较大面积上，承载能力强，在一般中型以上空港都使用刚性道面，国内几乎所有民用机场跑道均属此类。跑道道面要求有一定的摩擦力，以保持飞机在跑道积水时不会打滑，也可加铺高性能多孔摩擦系数高的沥青，即可减少飞机在落地时的震动，又能保证有一定的摩擦力。非刚性道面有草坪、碎石、沥青等道面，道面只能抗压不能抗弯，承载能力小，只用于中小型飞机起降。

飞机场除了跑道外，还有一些道路辅助设施，如跑道道肩、停止道、机场升降带土质地区、跑道端的安全区、净空道和滑行道等。

2. 机坪和机场净空区

飞机场机坪主要有客机坪、货机坪、停机坪、等待坪和掉头坪。等待坪供飞机等待起飞用，通常设置在跑道端附近的平行滑行道旁边；掉头坪供飞机掉头用，当飞行区不设置平行滑行道时，应在跑道端部设置掉头坪。

机场净空区是指飞机起飞、着陆所涉及的范围，沿着机场周围要有一个不影响飞行安全的区域，根据飞机起落性能、气象条件、导航设备、飞行程序等因素确定。

3. 航站楼

航站楼帮助旅客完成从地面到空中或空中到地面的转换，是机场的主要建筑。航站楼主要由车边道、候机室、登机设施、餐厅和商店等组成。航站楼的位置通常设置在飞行区的中部。为了减少飞机的滑行距离，航站楼应靠近平行滑行道。

当飞行区只有一条跑道时，为便于旅客与城市联系，航站楼应设置在靠近城市的跑道一侧；当飞行区只有一条跑道且风向又较集中时，航站楼宜设置在靠近跑道主起飞的一端；当飞行区有两条跑道时，航站楼应设置在两条跑道之间，以便飞机来往于跑道和站坪且充分利用机场用地。航站楼离跑道应有足够的距离，给站坪和平行滑行道未来发展留下余地。为了便于航站楼布局和站坪排水，航站楼应设置在平坦较高处。

4. 停车场和货运区

机场停车场设置在航站楼附近，车辆较多且用地紧张时应采用多层车库。停车场建筑面积主要根据高峰小时车流量、停车比例和平均每辆车所需要面积确定。

机场货运区供货物办理手续、装卸飞机、临时储存等用，主要由业务楼、货运库、装卸场和停车场组成。

第十节　给水排水工程

给水排水工程是城市基础设施的重要组成部分，为了保障人民生活和工业生产，城市必须具有完善的给水和排水系统。

给水工程包括城市给水和建筑给水两部分。城市给水解决城市区域供水问题，建筑给水解决一栋具体建筑物的供水问题。

排水工程包括城市排水和建筑排水两部分。城市排水解决城市区域排水问题，建筑排水解决一栋具体建筑物的排水问题。

1. 城市供水

城市给水主要供应城市所需要的生活、生产、市政和消防用水，一般由取水工程、输水工程、水处理工程和配水管网四个部分组成。城市给水要保证供水的水量、水压和水质，保证不间断地供水和满足城市消防需要。

城市给水系统根据水源性质可以分为地面给水系统和地下给水系统。地面给水系统通常由取水建筑物、一级泵站、净化站、清水池、二级泵站输水管路、配水管网、水塔等组成。地下给水系统一般由管井群、集水池、输水管、水塔和配水管网等组成。

由于一座城市的历史、现状、发展规划、地形、水源状况和用水要求各不相同，使得城市给水系统千差万别，但概括起来有下列几种。

（1）统一给水系统。该系统均按生活用水标准统一供应各类建筑作为生活、生产和消防用水，适用于新建中小城市、工业区和大型厂矿企业中用水户较为集中、地形较为平，且对水质、水压要求也比较接近的情况。

（2）分质给水系统。如果一座城市或大型厂矿企业对水质要求不同，特别是用水大户对水质要求低于生活用水标准，此时宜采用分质给水系统。该系统因分质供水而节省了净水运行费用，但需要设置两套净水设施和两套管网，管理工作比较复杂。

（3）分压给水系统。当城市或大型厂矿企业用水户要求水压差别很大时，如果按统一供水，压力没有差别，则会导致高压用户压力不足而增加局部增压设备，这种分散增压不但增加管理工作量，而且能耗很大。采用分压供水可以较好地解决这个问题，分压供水有并联分压给水和串联分压供水两种形式。

（4）分区给水系统。该系统将整个系统分成几个区，每个区设置单独的泵站和管网，各区之间采用适当的联系。当给水区范围很大、地形高差显著或远距离输水时，如采用一次加压，则管网前端的压力会非常高，而采用分区给水系统可以使各区水管承受的压力下降，避免管网的水压超过水管的使用压力，并减少漏水量。在经济上，可以减少供水能量费用。

（5）循环和循序给水系统。循环系统将使用过的水经处理后再进行循环使用，只从水源取少量循环时损耗的水。循序系统是在车间或工厂之间，先在某车间或工厂使用，用过的水又到其他车间或工厂应用。

（6）区域给水系统。该系统统一从沿河城市上游取水，经水质净化后，用输配管道输送到该河诸多城市使用的区域性供水系统。区域给水系统可以避免城市排水污染，水源水质稳定，但开发投资大。

（7）中水系统。该系统将各类建筑使用后的排水，处理达到中水水质，然后用以厕所冲洗、绿化、洗车、清扫等杂用，可以充分利用污水和废水。中水系统包括中水原水系统、中水处理系统和中水给水系统。

2. 建筑供水

建筑给水是为工业与民用建筑物内部和居住小区生活设施和生产设施提供用水的总称。建筑给水系统一般直接从市政给水系统引水，无须设置自备水源，其按用途可以分为生活给水系统、生产给水系统和消防给水系统。

建筑给水的设计内容主要包括用水量的估算、室内供水方式的选择、布管方式的选择和管径设计。建筑给水方式的基本类型包括直接给水方式、水箱给水方式、水泵给水方式、水泵水箱给水方式、分区给水方式等。

高层建筑楼层多，如果不采用分区供水，则会导致低层管道静水压力过大，造成管道漏水；启闭水龙头和阀门时容易出现水锤现象，引起噪声；低层放水流量大，水流喷溅，浪费水量，影响高层供水。因此，高层供水必须在垂直方向分成几个区，采用分区供水系统。高层建筑的底层或地下室要设置水泵房，用水泵将水输送到建筑上部的水箱。

按供水可靠度要求，室内给水管道的布置可以分为枝状和环状两种形式。枝状给水为单向供水，可靠性差，但节省管材，造价低。环状管道相互连通，双向供水，安全可靠，但管线长，造价高。一般建筑多采用枝状给水布置。

室内给水管道有明装和暗装两种敷设形式。明装为管道外露，安装维修方便，造价低，但影响美观，表面易结露，积灰尘。暗装不影响室内美观整洁，但施工复杂，维修困难，造价高。

3. 城市排水

需要排除的水主要有生活污水、工业废水和雨水三类，由于三类水的水质水量不同，其收集、处理和处置方式一般也不同。排水体制包括合流制排水系统、分流制排水系统和半分流制排水系统三类。

合流制排水系统可以分为简单合流系统、截流式合流系统两种。简单合流系统的排水区只有一组排水管渠来接纳各种废水。截流式合流系统把各小系统排放口处的污水汇集到污水厂进行处理。合流制排水对水体的污染较大。

分流制排水系统设置两个各自独立的管理系统，分别收集需要处理的污水和不予处理、直接排放到水体的雨水，形成分流制系统。分流制排水系统可以进一步减轻水体的污染，但施工比合流制复杂。

如果城市环境卫生不好，雨水经流地面、广场后水质可能接近城市污水。此时可以把分流系统的雨水系统仿照截流式合流系统，把小流量雨水截流到污水系统，从而把城市废水对水体的污染程度降到最低。

4. 建筑排水

建筑排水用以收集、输送、处理、回用和排放建筑物内部和居住小区范围内的生活排水、工业废水和雨水，包括建筑内部排水系统和居住小区排水系统两类。建筑排水规模小，一般无污水处理设施，而是直接接入市政排水系统。

建筑内部排水系统可以分为生活排水系统、工业废水排水系统和屋面雨水排水系统三类。建筑内部排水管道有明装和暗装两种形式，一般以明装为主。当建筑或工艺有特殊要求时可以暗装在墙槽、管井、管沟或吊顶内，在墙槽和管井的适当部位设置检修门或入孔。

居住小区排水系统汇集小区内各类建筑排放的污水、废水和地面雨水，将其输送到城市排水管网或处理后直接排放。当居住小区内设置中水处理系统时，为简化中水处理工艺，节省投资和日常运行费用，应将生活污水和生活废水分质分流。当居住小区设置化粪池时，为减小化粪池容积，应将污水和废水分流，生活污水进入化粪池，生活废水直接排入城市排水管网或中水处理站。

第二章　土木工程荷载

建筑结构设计中能使结构产生内力、应力、应变、裂缝、位移的原因统称为作用，包括直接作用和间接作用。间接作用是指地基变形、焊接变形、混凝土收缩、地震或温度变化等引起的作用，直接作用是指作用在结构上的主动外力，如结构自重、土压力、水压力等，一般将直接作用称为荷载。

第一节　荷载的分类

土木工程荷载的种类很多，如结构自重、土压力、水压力、风压力、积雪重量、楼面人群和家具重量、路面和桥梁上的车辆重量、流水压力、水中漂浮物对结构的撞击力等。铁路桥梁基础所受的荷载包括桥梁结构自重、列车自重、列车冲击力、列车横向摇摆力、风力、流水压力、冰压力、地震力、船只撞击力和施工荷载等。

按随时间的变异性和出现的可能性可以将荷载分为永久荷载、可变荷载和偶然荷载，按空间位置的不同荷载可以分为自由荷载和固定荷载，按结构反应的不同荷载可以分为静态荷载和动态荷载。其中随时间变异分类是最基本的分类方法。

1. 永久荷载

永久荷载是指在结构使用期间，其值不随时间变化，或其变化与平均值相比可以忽略不计，或其变化是单调的并能趋于限值的荷载。例如，结构自重、土压力、预应力、水位不变时的静水压力等。

（1）自重

由地球引力产生的组合结构的材料重力称为结构的自重。

结构中各构件的材料容重不相同时，将结构按材料不同划分成若干基本构件，分别计算各基本构件的自重后叠加得到结构的总自重。常见材料和构件的自重可参阅《建筑结构荷载规范》（GB 50009—2001）。

在施工验算和工程简化设计中，可将建筑物看成整体，按照楼面的平均荷载估算建筑结构的总重量。近似估算时，钢结构建筑可取为 $2.5\sim4.0kN/m^2$，钢筋混凝土结构建筑可取为 $5.0\sim7.5kN/m^2$，木结构建筑可取为 $2.0\sim2.5kN/m^2$。

（2）土压力

根据挡土结构物的移动情况和土体所处状态，可将土压力分为静止土压力、主动土压力和被动土压力。挡土结构物没有发生位移或转动，土体处于弹性状态，挡土结构物所受的土压力称为静止土压力。

当挡土结构物向离开土体方向偏移至土体达到极限平衡状态时，作用在挡土结构物上的土压力称为主动土压力；当挡土结构物向土体方向偏移至土体达到极限平衡状态时，作用在挡土结构物上的土压力称为被动土压力。主被动土压力的计算可以采用朗肯土压力理论或库伦土压力理论，详见此力学有关教材。

（3）静水压力

静水压力是指静止液体对其接触面产生的压力，是水闸、桥墩、码头、围堰和堤坝等工程的主要荷载。静止液体中任意点的压强由液体表面压强和液体内部压强组成，工程中计算水压力作用时只考虑液体内部压强，其值随水深按比例增加，与水深呈线性关系。

2. 可变荷载

可变荷载是指在结构使用期间，其值随时间变化，且其变化与平均值相比不可以忽略不计的荷载。楼面活荷载、屋面活荷载和积灰荷载、吊车荷载、风荷载、雪荷载等都是可变荷载。

（1）楼面活荷载

一般民用建筑和某些类别的工业建筑的楼面荷载取值可参见健筑结构荷载规范》（GB 50009—2001），对于规范中未明确规定的楼面荷载可根据该种楼面荷载的长期观测统计资料和工程经验协定一个可能出现的最大值进行设计。楼面荷载在楼面的布置是任意的，结构设计中为方便起见，一般将楼面荷载处理为等效均布荷载，其量值与房屋使用功能、楼面上人员活动状态和设施分布等有关。

（2）屋面活荷载和积灰荷载

房屋建筑屋面的水平投影面上的屋面均布活荷载按《建筑结构荷载规范》（GB50009—2001）中的表 4.3.1 采用，屋面活荷载不与雪荷载同时组合。屋面积灰荷载是冶金、铸造、水泥等行业的建筑所特有的问题，只有在考虑工厂设有一般的除尘装置，且能坚持正常的清灰制度时确定积灰荷载才有意义。对积灰取样测定其天然重度和饱和重度，取其平均值作为实际重度计算积灰周期内的最大积灰荷载，按灰源类别取其计算重度。

（3）吊车荷载

按照吊车荷载设计结构时，吊车的技术资料（包括吊车的最大或最小轮压）都应由工艺提供。吊车的竖向荷载标准值采用吊车最大或最小轮压。吊车的水平荷载分纵向和横向两种，分别由吊车运行机构在启动或制动时的惯性力产生，通过制动轮与钢轨间的摩擦传递给厂房结构。

（4）风荷载

风是空气相对地面的运动。风遇到建筑物时在其表面产生的压力或吸力称为风荷载。垂直于建筑物表面上的风荷载标准值与房屋和构筑物的体型、基本风压、计算点的高度等因素有关。

基本风压是风荷载的基准压力，一般按当地空旷平坦地面上 10m 高度处 10min 平均的风速观测数据，经概率统计得出 50 年一遇最大值确定的风速（v_0），再考虑相应的空气密度（ρ），按 $\omega_0=0.5\rho v_0^2$ 确定的风压，式中 ω_0 为基本风压。为方便设计，基本风压采用 50 年一遇风压，但不得小于 $0.3kN/m^2$。对于高层建筑、高耸结构以及对风荷载比较敏感的其他结构，基本风压应适当提高，并应由有关的结构设计规范具体规定。

（5）雪荷载

雪荷载是指作用在建筑物或构筑物顶面上计算用的雪压，雪荷载标准值主要取决于当地的基本雪压、建筑物的屋盖形式、几何尺寸等因素。

屋面的雪荷载与地面的积雪荷载不同，主要影响因素是屋面形式、朝向、屋面散热、风力等。风在下雪过程中会把要飘落或者已经飘积在屋面上的雪吹积到邻近较低的物体或附近地面上，风对雪的这种影响称为飘积作用，飘积作用使得屋面上的雪压一般比邻近地面上的雪压小，风速越大，二者差别越大。

屋面坡度影响屋面积雪荷载的分布，山于风和雪滑移的作用，屋面积雪荷载随屋面坡度的增加而减小。屋面坡度越大、摩擦系数越小，雪滑移越容易发生。双坡屋面向阳一侧积雪易融化形成润滑层，导致摩擦系数减小，该侧积雪易滑落，可能造成屋面两侧雪荷载不平衡的现象。风吹过双坡屋面时，由于迎风面和背风面风速不同，也会引起双坡屋面两侧雪荷载不平衡的现象。

3. 偶然荷载

偶然荷载是在结构使用期间不一定出现，一旦出现，其值很大且持续时间很短的荷载，如爆炸力、撞击力、龙卷风、罕遇地震和罕遇洪水等。对于偶然荷载，目前国内尚未有比较成熟的确定方法。

在工程结构设计中，如果像考虑永久荷载和活荷载那样考虑偶然荷载，会大幅度提高工程造价，显然是不合理的。考虑到偶然荷载出现的概率比较小，对偶然荷载并不全部考虑，只是根据不同结构和不同情况适当考虑。

第二节　土木工程结构的设计方法

任何建筑结构都是为了完成所要求的某些功能而设计的。结构设计的目的，就是使所设计的结构，在规定时间内，在足够可靠性的前提下，完成全部功能的要求。

1. 结构的功能

建筑结构需要满足安全性、适用性和耐久性三个功能。

从安全性要求上说，在正常施工和正常使用时，结构在可能出现的各种作用下不能发生破坏，并在规定的偶然事件发生时，结构保持必要的整体稳定性，不能因局部损坏而产生连续破坏。在施工过程中，不仅要考虑建筑物的设计荷载，也要考虑施工荷载，如脚手架和吊车荷载等。

从适用性要求上说，在正常使用时，结构应有良好的工作性能。比如，墙板的裂缝不能过宽、梁的变形不能太大，否则会出现渗水并影响美观。这些情况虽然对结构安全影响不大，但影响结构正常使用。

从耐久性要求上说，在正常使用和维护条件下，在规定的使用期内，结构能满足安全和使用功能要求。即材料老化和腐蚀等不能超过规定的限值，否则将影响结构的安全和正常使用。

结构在规定的使用期内，在正常使用条件下，应满足上述安全性、适用性和耐久性要求。

2. 结构的极限状态

结构的极限状态是指结构的某一部分处于失效边缘的一种状态，是判别结构是否满足功能要求的标准。在我国现行设计标准中，极限状态有两种，即承载能力极限状态和正常使用极限状态。

承载能力极限状态是指结构或结构构件达到最大的承载力或不适于继续加载的变形，它是判别结构是否满足安全性功能要求的标准。比如，整体结构或结构的一部分作为刚体失去平衡；结构构件或连接因超过材料强度而破坏，或因过度的变形而不适于继续加载；结构因为某些构件或截面破坏而转变为机动体系；结构或构件丧失稳定等。

正常使用极限状态是结构或构件达到正常使用或耐久性的某些规定限值，是判别构件是否满足正常使用和耐久性功能要求的标准。如达到影响正常使用或规范要求规定的变形限值；产生影响正常使用或耐久性的局部破坏；超过正常使用允许的震动；影响正常使用或耐久性的其他特定状态等。

3. 结构的可靠度

建筑结构设计要解决的根本问题是，在结构可靠与经济之间选择一种合理的平衡，力求以最经济的方法，使所建造的结构以适当的可靠度满足各项设定的功能要求。

按极限状态设计时，要涉及各种荷载、外界作用、材料强度、几何尺寸和计算模型等因素，而这些因素都具有不确定性，因此采用概率作为量度可靠性的大小是比较合理的。实际上没有绝对安全可靠的结构，当结构完成设定功能的概率达到一个大家都可以接受的程度，就认为该结构是安全可靠的，这样来认识结构的可靠性比笼统地用安全系数来衡量结构更为科学合理。

从可靠度理论的角度考虑，结构的安全程度取决于荷载在结构上引起的效应 S 以及结构自身所具有的抗力 R 的关系。荷载效应 S 和结构抗力 R 均非固定数值而是服从一定分布规律的随机变量。

结构安全程度取决于效应 S 和抗力 R 相对大小。当 $A > S$ 时，结构安全；当 $R < S$ 时，结构失效；当 $A=S$ 时，结构处于极限状态。

但结构失效并一定意味着倒塌、断裂等恶性后果，出现过大变形、较宽裂缝、局部破损、使用年限不足等情况时，也视为结构失效。

可靠度理论认为，不存在绝对安全的结构，通过设计把失效概率控制在一个能接受的限值以下就可以了。例如，通过设计，使混凝土构件达到抗弯承载力的同时，抗剪承载力、锚固强度、裂缝、变形等也几乎同时达到限值，这样既充分利用了材料的抗力，也比较经济合理。

4.结构设计方法

建筑结构设计可以分为方案设计、结构分析、构件设计和绘制施工图四个过程。

方案设计包括结构选型、结构布置和主要构件的截面尺寸估算。

结构分析是计算结构在各种荷载下的效应，是结构设计的重要内容。结构分析的核心问题是确定计算简图和计算理论。结构分析的正确与否直接关系到所设计的结构能否满足安全性、适用性、耐久性等功能要求。

构件设计包括计算和构造两个内容。构造是对计算的补充，在各个规范中都对构造有明确的规定。构造可以为计算假定提供保证，如通过钢筋的锚固长度、钢筋之间的最小净距来保证钢筋与混凝土之间有可靠的握裹力，从而确保了钢筋和混凝土共同工作的假定。另外，构造可以弥补计算中忽略的因素，如在一般房屋结构分析中不考虑温度变化影响，而相应构造措施则规定了房屋伸缩缝的最大间距。

绘制施工图是设计的最后一个阶段，要求图纸表达正确、规范、简明和美观，确保设计意图可以正确理解并实施。

第三节　荷载效应组合

虽然任何荷载都具有不同性质的变异性，但在设计中，不可能直接引用反映荷载变异性的各种统计参数，通过复杂的概率运算进行具体设计。在设计时，除采用便于设计者使用的设计表达式外，对荷载还应赋予一个规定的量值，称为荷载代表值。荷载可根据不同的设计要求，规定不同的代表值，以使之能更确切地反映其在设计中的特点。

1.荷载的代表值

荷载有四个代表值：标准值、组合值、频遇值和准永久值。荷载标准值是荷载的基本代表值，其他代表值都可以在标准值的基础上乘以相应的系数后得出。

永久荷载以荷载标准值作为代表值；可变荷载根据设计要求采用标准值、组合值、频遇值或准永久值作为代表值；偶然荷载按建筑结构使用特点确定其代表值。

荷载标准值是指在结构使用期间可能出现的最大荷载值。由于荷载本身的随机性，在使用期间的最大荷载也是随机变量。《建筑结构可靠度设计统一标准》以设计期内最大荷载概率分布的某个分位值作为该荷载代表值。若构件重力荷载变异性不大，一般可按其平均重度确定。但对于屋面保温层、找平层等变异性较大的构件，应根据自重对结构的有利或不利状态，取下限值或上限值作为结构自重标准值。

当有两个或两个以上可变荷载在结构上要求同时考虑时，由于所有可变荷载同时达到其单独出现最大值的概率极小，因此，除主导荷载仍以其标准值为代表值外，其他荷载均取小于标准值的组合值作为代表值。

频遇值是指在结构上时而出现的较大荷载值。

准永久值是指在结构上经常作用的荷载值。

2. 荷载效应的组合

对所考虑的极限状态，在确定其荷载效应时，应对所有可能同时出现的各种荷载作用加以组合，求得组合后在结构中的总效应 S。考虑荷载出现的变化性质，包括出现与否和出现的方向，会导致出现多种多样的组合，因此必须在所有可能组合中，取最不利的一组作为该极限状态的设计依据。

3. 概率极限状态设计表达式

结构或构件的概率极限状态设计一般采用分项系数表达式。

对于承载能力极限状态，应按荷载效应的基本组合或偶然组合进行荷载组合，并采用表达式 $\gamma_0 S \leqslant R$ 进行设计。其中 γ_0 为结构重要性系数，结构安全等级为一级时取 1.1，二级时取 1.0，三级时取 0.9；S 为荷载效应组合的设计值；R 为结构构件抗力的设计值，应按有关建筑结构设计规范的规定来确定。

对于基本组合，荷载效应组合的设计值 S 从可变荷载效应控制的组合和永久荷载效应控制的组合中取最不利值来确定。值得注意的是，基本组合中的设计值仅适用于荷载与荷载效应为线性的情况。另外，当可变荷载效应中起控制作用的可变荷载无法明显判断时，应轮次以各个可变荷载为控制因素，选择其中最不利的荷载效应组合为设计依据，这个过程可以由计算机程序来完成。

对于正常使用极限状态，应根据不同设计要求，采用荷载的标准组合、频遇组合或准永久组合，并采用表达式 $S \leqslant C$ 进行设计。其中 C 为结构或结构构件达到正常使用要求的规定限值，如变形、裂缝、振幅、加速度、应力等的限值，应按有关建筑结构设计规范的规定采用。荷载效应组合的设计值 S 仅适用于荷载与荷载效应为线性的情况。

第三章 土木工程结构安全检测

安全检测在土木工程中占有极其重要的地位，关乎业主、社会乃至国家利益，是对潜在危机的发现和安全使用状态的确定。它是在确定的目标下通过特定的方法得出需要的结论，为下一步的工作提供依据。

首先，进行安全检测需要一定的知识储备，如掌握必要的安全检测基础知识和了解建（构）筑物等本身的信息和使用条件。其次，不同结构形式（如木结构、砌体结构、混凝土结构、钢结构及其他的组合结构）的建（构）筑物的检测内容、检测方法等千差万别，需要从中选择最优方案。最后，对检测的结果进行系统的分析、比对，得出最后的结论，形成最终的检测报告。

第一节 工程结构安全检测的基础知识

土木工程安全检测起着承上启下的作用，是对安全隐患确定的过程和鉴定加固的依据。建筑物检测、构筑物检测都是土木工程安全检测的主要内容。因此对安全检测的分类、内容、目的和方法等要有一定的理解和把握。

一、检测的目的

土木工程安全检测的目的是为结构可靠性评定和加固改造提供依据，或者对施工质量进行检验评定，为工程验收提供资料。根据检测对象的不同，检测的范围可分为两种：一种是对建（构）筑物整体、全面的检测，对其安全性、适用性和耐久性做出全面评定，如建（构）筑物需要加层、扩建；使用要求改变，需要局部改造；建（构）筑物发生了地基不均匀沉降，引起上部结构多处裂缝、过大的倾斜变形；建（构）筑物需要纠倾；由于规划或使用要求，建（构）筑物需移位，适用于烂尾楼搁置若干年后要重新启动，以及地震、火灾、爆炸或水灾等发生后对建（构）筑物损坏的调查等。另一种是专项检测，如建（构）筑物局部改造或施工时对某项指标有怀疑等，一般只需检测有关构件，检测内容也可以是专项的，如只检测混凝土强度，或检测构件的裂缝情况，或根据《混凝土工程施工质量验收规范》（GB 50204—2011）的实体检验要求，只在现场检测梁、板构件的保护层厚度。

二、检测的分类

按结构用途不同分，有民用建筑结构检测、工业建筑结构检测、桥梁结构检测等。

按结构类型及材料不同来分，有砌体结构检测、混凝土结构检测、钢结构检测、木结构检测等。

按分部工程来分，有地基工程检测、基础工程检测、主体工程检测、维护结构检测、粉刷工程检测、装修工程检测、防水工程检测、保温工程检测等。

按分项工程分，有地基、基础、梁、板、柱、墙等内容的检测。

按检测内容不同，可以分为几何量检测、物理力学性能检测、化学性能检测等。

按检测技术不同可以分为无损检测、破损检测、半破损检测、综合法检测等。

除地基基础及整体结构使用条件外，本章土木工程安全检测的整体脉络是按照结构类型及材质进行区分，即按照木结构、砌体结构、混凝土结构、钢结构、桥梁结构进行分类阐述。

三、检测的内容

在土木工程建（构）筑物检测中，根据结构类型和鉴定的需要，常见的检测和调查内容如下。

（1）建（构）筑物环境。现场察看确定建（构）筑物所处环境（干燥环境，如干燥通风环境、室内正常环境；潮湿环境，如高度潮湿、水下水位变动区、潮湿土壤、干湿交替环境；含碱环境，如海水、盐碱地、含碱工业废水、使用化冰盐的环境），以及环境作用的组成、类别、位置或移动范围、代表值及组合方式，机械、物理、化学和生物方面的环境影响，结构的防护措施。

（2）地基基础。明确地质、水文条件，地基的实际性能和状况，基础的沉降等。

（3）结构体系和布置。通过查阅图纸、现场调查等来了解结构的体系和构件的布置，确定建（构）筑物的重要性，是一般建筑结构、重要工程结构还是特殊工程结构，明确建（构）筑物的抗震设防要求和保证构件承载能力的构造措施，以及结构中是否存在达到使用极限状态限值的构件和节点，结构的用途是否符合设计要求。

（4）材料强度及性能。材料强度的检测、评定是结构可靠性评定的重要指标，如钢筋混凝土结构的混凝土强度、钢筋强度，砌体结构的砌块强度、砂浆强度，钢结构的钢材强度等，以及其他一些影响结构可靠性的材料性能，如钢材力学性能及化学成分、冷弯性能等。

（5）几何尺寸核对。几何尺寸是结构和构件可靠性验算的一项指标，截面尺寸也是计算构件自重的指标，几何尺寸一般可查设计图纸，如果是老建筑物图纸不全，或图纸丢失，需要现场实测其建筑物的平面尺寸、立面尺寸，开间、进深、梁板构件的跨度，墙柱构件的高度，建筑物的层高、总高度、楼层标高，构件的截面尺寸，构件表面的平整度等，有设计竣工图纸时，也可将几何尺寸的检测结果对照图纸进行复核，评定其施工质量，为可靠性鉴定提供依据。

（6）外观质量和缺陷检测。检测混凝土构件的外观是否有露筋、蜂窝、孔洞、局部振捣不实等，砌体构件是否有风化、剁凿、块体缺棱掉角等，砂浆灰缝是否有不均匀、不饱满等，钢结构构件表面是否有夹层、非金属夹杂等。

（7）结构损伤及耐久性检测。检测内容包括结构构件破损、受到憧击等，混凝土碳化深度、砌体的抗冻性等，侵蚀性介质含量检测和钢材锈蚀程度等。

（8）变形检测。水平构件的变形是检测其挠度，垂直构件的变形是检测其倾斜。

（9）裂缝检测。确定裂缝的位置、走向，裂缝的最大宽度、长度、深度和数量等。

（10）构造和连接。构造和连接是保证结构安全性和抗震性能的重要措施，特别是砌体结构和钢结构。

（11）结构的作用。作用在结构上的荷载，包括荷载种类、荷载值的大小、作用的位置，恒载可以通过构件截面尺寸、装饰装修材料做法、尺寸检测等，按材料密度和体积计算其标准值，如果是活荷载或灾害作用，应检测或调查荷载的类型、作用时间，还应包括火灾的着火时间、最高温度，飓风的级别、方向，水灾的最高水位、作用时间，地震的震级、震源等。

（12）荷载检验。为了更直接、更直观地检验结构或构件的性能，对建（构）筑物的局部或某些构件进行加载试验，检验其承载能力、刚度、抗裂性能等。

（13）动力测试。对建（构）筑物整体的动力性能进行测试，根据动力反应的振幅、频率等，分析整体的刚度、损伤，看是否有异常。

（14）安全性监测。重要的工程和大型的公共建筑在施工阶段开始时应进行结构安全性监测。

四、检测方案的制订

1. 检测方案制订

接受委托并查看现场和有关资料后，应制订建筑结构的检测方案，有时对于招标的项目，检测方案相当于投标标书，应包括下列主要内容。

（1）工程概况，主要包括建筑物层数，建筑面积，建造年代，结构类型，原设计、施工及监理单位等。

（2）检测目的或委托方的检测要求，确定是安全性评定还是质量纠纷，确定责任等。

（3）检测依据，主要包括检测所依据的标准及有关的技术资料等；对于通用的检测项目，应选用国家标准或行业标准；对于有地区特点的检测项目，可选用地方标准；没有国家标准、行业标准或地方标准的，可选用检测单位制定的检测细则。

（4）检测项目和选用的检测方法，以及检测的数量和检测的位置。

（5）检测单位的资质和检测人员情况，包括项目负责人、技术负责人、现场安全员等。

（6）仪器、设备及仪器设备功率、用电量等情况。

（7）检测工作进度计划，包括现场时间、内业时间、合同履行期限等。

（8）所需要的配合工作，包括水电要求、配合人员要求、装修层的剔除及恢复等。

（9）检测中的安全措施，包括检测人员的安全措施及对被检建（构）筑物的生产和使用的安全措施。

2. 检测方法及抽样方案

外观质量和缺陷通过目测或仪器检测，抽样数量是 100%。下列部位为检测重点：出现渗水漏水部位的构件；受到较大反复荷载或动力荷载作用的构件；暴露在室外的构件；腐蚀性介质侵蚀的构件；受到污染影响的构件；与侵蚀性土壤直接接触的构件；受到冻融影响的构件；容易受到磨损、冲撞损伤的构件。

几何尺寸和尺寸偏差的检测，宜选用一次或二次计数抽样方案；结构构造连接的检测应选择对结构安全影响大的部位进行抽样；构件结构性能的荷载检验，应选择同类构件中荷载效应相对较大和施工质量相对较差的构件或受到灾害影响、环境侵蚀影响构件中有代表性的构件。

材料强度等按检测批检测的项目，应进行随机抽样，且最小样本容量应符合通用标准《建筑结构检测技术标准》（GB/T 50344—2004）的规定。

五、检测的基本程序

（1）委托。委托方发现建（构）筑物有异常或对建（构）筑物有新的使用需求，委托有资质的部门进行检测，检测部门接受委托后开始工作，并提供基本情况说明。

（2）资料收集、现场考察。检测部门要求委托方提供有关资料，包括地质勘察报告、设计竣工图纸、施工记录、监理日志、施工验收文件、维修记录、历次加固改造竣工图、用途变更、使用条件改变以及受灾情况等。根据上述资料进行现场考察、核实，确定建（构）筑物的结构形式、使用条件、环境条件和存在的问题，必要时可走访设计、施工、监理、建设方等有关人员。

（3）检测方案。检测方案是检测方与委托方共同确定合同的基础，建筑结构的检测方案应依据检测的目的、建筑结构现状的调查结果来制定，检测方案宜包括建（构）筑物的概况、检测的目的、检测依据、检测项目、选用的检测方法和检测数量等，以及采用的仪器设备和所需要委托方配合的现场工作，如现场需要的水、电条件是否具备，抹灰层的剔凿、装修层拆除与恢复，现场检测的安全和环保措施等，还包括现场检测需要的时间和提交检验报告的时间。

（4）确认仪器、设备状况。检测时应确保所使用的仪器设备在检定或校准周期内，并处于正常状态。仪器设备的精度应满足检测项目的要求。

（5）现场检测。检测的原始记录，应记录在专用记录纸上，要求数据准确，字迹清晰，信息完整，不得追记、涂改，如有笔误，应进行更改。当采用自动记录时，应符合有关要求。原始记录必须由检测人员及记录人员签字。

（6）数据分析处理。现场检测结束后，检测数据应按有关规范、标准进行计算、分析，当发现检测数据数量不足或检测数据出现异常情况时，应再到现场进行补充检测。

（7）结果评定。对检测数据进行分析，分析裂缝或损伤的原因，并评定其是否符合设计或规范要求，是否影响结构性能。

（8）检测报告。检测机构完成检测业务后，应当及时出具检测报告。检测报告经检测人员签字、检测机构法定代表人或者其授权的签字人签字，并盖检测机构公章或者检测专用章后方可生效。

第二节　资料搜集及现场调查

一、调查内容和途径

1. 初步调查工作内容

初步调查主要是了解建（构）筑物和环境的总体情况和主要问题，初步分析和判断承重系统的可靠性，制订详细调查的工作计划，主要工作内容见表4-1详细调查是整个调查工作的核心，目的是全面、准确地掌握建（构）筑物和环境的实际性能和状况，主要工作包括使用条件的调查和检测、建（构）筑物核查、建（构）筑物使用状况的检测、承重系统实际性能检测等，见表4-2。补充调查是在详细调查结束之后或在可靠性分析评定的过程中，根据需要所增添的专项调查，目的是为结构分析或可靠性评定提供更充足和可靠的依据。

表4-1　初步调查的主要工作内容

工作内容	具体内容
收集和审阅图纸资料	岩土工程勘察报告、设计计算书、设计变更记录、施工图、施工及施工变更记录、竣工图、竣工质检及验收文件、定点观测记录、事故处理报告、维修记录、历次加固改造图纸等
了解建（构）筑物历史	原始施工以及维护、维修、加固、改造、用途变更、受灾等情况
了解和勘察建（构）筑物环境	气象条件、地理环境、使用环境
了解和勘察建（构）筑物状况	建（构）筑物实际的组成、结构布置、结构体系、构件形式等；建（构）筑物存在的主要问题（如四周散水破坏、墙体裂缝等外观情况）等
了解建（构）筑物使用计划	设备更换计划、工艺更新方案、检查维护计划等
初步分析调查结果	建（构）筑物存在的主要问题、承重系统总体的可靠性水平
制订工作计划	详细调查的工作计划、检测方案

表4-2　详细调查的主要工作内容

工作内容		具体内容
使用条件的调查和检测		建（构）筑物历史、环境、荷载和作用
建（构）筑物核查	承重系统	地基类型和基础形式
		结构布置和结构体系
		承重构件及节点的形式、尺寸和构造
		支撑布置和杆件尺寸
		圈梁、构造柱的布置和构造
	维护系统	屋面防、排水方式和构造
		墙体门窗的布置和连接
建（构）筑物核查	维护系统	地下防水构造
		防护设施的设置
	其他系统	地下管网的布置
		通风方式和设施
建（构）筑物使用状况的检测	承重系统	地基处理质量缺陷和地基变形
		承重构件及节点的质量及缺陷和损伤
		支撑杆件及节点的质量缺陷和损伤
		圈梁、构造柱的质量缺陷和损伤
		承重构件和支撑杆件的变形
		结构体系的整体位移和变形
		结构整体或局部振动
	维护系统	屋面、墙体门窗、楼面地面的质量缺陷和损伤
		防护设施的设置和使用状况
	其他系统	地下管网的渗漏
		通风系统的功能缺陷和损伤
承重系统实际性能检测		材料力学性能
		构件的挠度、抗裂、裂缝宽度和承载能力
		结构动力特性
		地基土层的物理力学性质
		地基承载能力

2.详细调查工作内容

在绝大多数情况下，对建（构）筑物和环境的调查检测都是集中在一个较短时间里进行的，往往还要保证或不影响建（构）筑物的正常使用，受到许多客观条件的限制，这是建（构）筑物安全性评定必须面对的一个普遍问题，这时可通过三种途径对建（构）

筑物和环境进行调查和检测。

3. 调查途径

A. 实物检测

通过对其环境中各种实物的观察、检查、测量、试验等获取相关信息，检测结果可直接反映建（构）筑物和环境当前的特性和状况，比较客观和准确，是一种重要的调查途径，但有下列几点需要说明。

（1）实物检测本身不得明显降低承重系统或承重构件的可靠性，应避免或有限度地使用有负面影响的检测方法，如可能降低钢筋混凝土梁承载力的钻芯取样法（测试混凝土强度），局部消减钢筋面积的应力释放法（测定钢筋工作应力）等，在特定场合下还应避免影响建（构）筑物的正常使用。

（2）对于变异性较大或随时间明显变化的测试量，如平台活荷载、屋面活荷载等，通过短时间的实物检测难以获得完备的信息。

（3）建（构）筑物安全性评定所依据的信息不仅包括当前的信息，还包括历史信息和涉及未来变化的信息，实物检测一般只能获得当前信息。

B. 资料查阅

通过搜集、查阅有关建筑物和环境的资料获取相关信息，可反映建（构）筑物和环境过去的历史、当前的性状和未来可能的变化，能够获得的信息量较大，如通过实物检测较难得到的承重构件的内部构造、大型设备的自重等信息，一般可通过资料查阅得到，是获取建（构）筑物及其环境信息的重要途径，但也有下列几点需要说明。

（1）资料反映的情况可能和实际存在偏差，通过资料查阅得到的信息宜经过现场或其他方面的查证后再利用。

（2）应注意收集和查阅涉及建（构）筑物和环境未来变化的有关资料。建（构）筑物安全性的分析方法本质上是建立在历史、当前信息基础上的预测方法，其适用条件是影响建（构）筑物和环境的主要因素在未来时间里保持稳定或具有特定的变化规律，这些资料所反映的正是这些因素未来可能的变化情况。

C. 人员调查

通过对人员的调查和征询获取相关的信息，调查对象主要是建（构）筑物的设计、施工、使用、管理、维护等人员，具有信息量大、覆盖面广、简便易行的优点，可在一定程度上弥补实物检测、资料查阅方法的缺陷，但它所获得的信息不可避免地要受到主观因素的影响，因此在建（构）筑物的安全性评定中一般只将其作为参考信息利用。如果要以其作为结构分析或安全性分析的技术依据，一般要求被调查人员以正式文件的方式提供。

二、使用条件的调查

1. 环境

环境包括气象条件、地理环境和使用环境，主要调查内容见表4-3。

表4-3 环境调查内容

环境	调查内容
气象条件	建筑物方位、风玫瑰图、降水量、大气湿度、气温、土壤冻结深度等
地理环境	地形、地貌、地质构造
使用环境	建筑物用途、工艺流程、主要设备的布置、腐蚀性介质、周围独筑和设施等

使用环境中的腐蚀性介质对结构材料的性能有着重要的影响，属于环境调查中的重要内容。腐蚀性介质可划分为五种：气态介质、腐蚀性水、酸碱盐溶液、固态介质、腐蚀土。

环境介质对建筑材料长期作用下的腐蚀性可分为强腐蚀、中等腐蚀、弱腐蚀、无腐蚀4个等级。在强腐蚀条件下，材料腐蚀速度较快，构、配件必须采取表面隔离性防护，防止介质与构、配件直接接触。在中等腐蚀条件下，材料有一定的腐蚀现象，需提高构件自身质量，如提高混凝土密实性，增加钢筋的混凝土保护层厚度，提高砖和砂浆的强度等级等，或采用简单的表面防护措施。在弱腐蚀条件下，材料腐蚀较慢，但仍需采取一些措施，一般通过提高自身质量即可。无腐蚀条件时，材料腐蚀很缓慢或无明显腐蚀痕迹，可不采取专门的防护措施。环境介质对建筑材料的腐蚀性等级与介质的性质、含量和环境的相对湿度有关，国家标准《工业建筑防腐蚀设计规范》（GB50046—2008）规定了具体的判定方法。

2. 荷载和作用

A. 调查要点和方法

荷载和作用包括永久作用、可变作用、偶然作用和其他作用，其调查要点和方法见表4-4。

表4-4 荷载和作用的调查要点及方法

作用		调查要点和方法
永久作用	结构构件的自用，建筑构配件、材料的自重预应力	复核结构构件和建筑构配件的尺寸，特别是混凝土薄壁构件的壁厚及对变异性较大的保温材料等，宜通过抽样测试推断其数值；其应力值一般可通过查阅原设计和施工记录确定
	平台固定设备的自重	可通过查阅设备档案确定设备自重的数值、作用位置和范围
	自重产生的土压力	调查墙的位移条件，墙背形式和粗糙度，墙后土体的种类、性质、分层情况和表面形状，地下水情况等
	地基沉降产生的作用	测量基础的绝对、相对位移及发展速度

作用		调查要点和方法
可变作用	楼面和屋面活荷载	调查荷载的大小、作用位置、分布范围等，包括检修荷载
	屋面积灰荷载	调查积灰厚度、范围以及灰源、清灰制度等；如果积灰遇水板结，宜通过抽样测试推断其数值
	吊车荷载	调查吊车的布置、额定起重量、工作级别、总重和车载、最大和最小轮压、轮距和外轮廓尺寸，吊车的运行范围、运行状况和多台吊车组合的情况，吊车荷载的作用位置
	风、雪荷载	主要调查建（构）筑物的屋面形式、体型、高度等
	振动冲击和其他动荷载	调查机器的扰力、扰频、扰力作用的方向、位置和设备自重等，必要时测试结构的动力特性
	地面堆载	调查堆载的密度、范围、持续时间等
偶然作用	地震	调查抗震设防类别和标准、地震动参数、地震分组、地段类别、场地类别、液化等级等，必要时测试结构的动力特性
	撞击、爆炸	调查过去撞击、爆炸事故的次数、时间、范围、强度和建（构）筑物遭受的损伤，调查未来发生撞击、爆炸事故的可能性
其他作用	高温作用	调查热源位置、传热方式和持续时间、构件表面温度或隔热设施、构件及其节点的损伤或不利变化等
	温差和材料收缩作用	调查建（构）筑物竣工季节、施工方法、气候特点、室内热源、保温隔热措施、伸缩缝间距、结构刚度布置、温度作用造成的建（构）筑物损伤等

B. 吊车荷载

吊车荷载属于厂房结构上的重要荷载，结构和结构构件的许多破损现象都与吊车荷载有关。吊车的额定起重量、工作级别、总量和小车重、最大和最小轮压、轮距和外轮廓尺寸等，一般由吊车的生产厂家提供，可通过查阅吊车的设备档案确定，现场调查主要是确定吊车的位置、运行范围、运行状况、作用位置、组合情况等。

C. 高温作用

高温作用主要是指高温设备的热辐射、火焰烘烤、液态金属喷溅或直接侵蚀等，它可能导致材料特性和构件状况的劣化。在调查和检测有热源的厂房时，对高温作用的调查和测试往往比较重要，特别是对构件表面温度的测试。

构件表面温度的测试方法包括接触式和非接触式两类。接触式测温是将测温传感器与被测对象接触，根据测温传感器达到热平衡时的物理特性推断被测对象的温度，目前应用较广的有热电偶法、热电阻法和集成温度传感器法三种；非接触式测温又称辐射测温，是将测试仪器对准被测对象，根据内部检测元件所接受的被测对象的辐射能推断被测对象的表面温度，可远距离测温，包括单色辐射温度计、辐射温度计和比色温度计三类。接触式测温法的测温范围相对较小，但精度高；辐射测温法的测温范围大，但误差也大。

D. 温差和材料收缩作用

温差和材料收缩作用主要是在结构或结构构件中产生附加应力，它可能造成建（构）

筑物的损伤或构件安全性的降低，目前主要通过限制伸缩缝的间距来控制这种附加应力的不利影响，但这只是一种宏观的控制措施，还宜通过对竣工季节、施工方法、气候特点、室内热源、材料热工和收缩性能、保温隔热措施、结构刚度分布等的调查和分析来判断附加应力的影响程度。

对于下列情况，宜对伸缩缝的间距进行较严格的审核。

（1）柱高（从基础顶面算起）低于 8m 的排架结构。

（2）屋面无保温或隔热措施的排架结构。

（3）位于气候干燥地区、夏季炎热且暴雨频繁地区的结构或经常处于高温作用下的结构。

（4）材料收缩较大、室内结构因施工外露时间较长等。

第三节　土木工程地基基础检测

地基基础检测的基本内容。

（1）对地基的承载能力与基础的强度、缺陷及变形进行检测。

（2）对建筑物的沉降量进行观测。

（3）对基础边坡的滑动或应力与变形情况进行检测。

（4）腐蚀性介质对地基与基础的腐蚀情况进行观测。

为此首先应做好检验前的资料收集及现场实地考察：详细收集有关资料；对建（构）筑物所处地形状态和环境（环境是指建（构）筑物所处环境有无变化，如河流主航道的变化、河床沉降、沿岸沉积和冲刷等）进行实地考察；查看相邻建（构）筑物及施工中对建（构）筑物的影响；考虑地震的影响等。

一、地基勘探

长期的工程实践和试验研究说明，如果地基土所承受的压力不超过其承载力，则在地基变形的过程中，土的孔隙比会逐渐减小，压缩系数逐渐降低，使土的物理力学性能得到一定程度的改善；同时，地基土长期承受的压力也能使土体产生一定的固结，使土的抗剪强度得到一定程度的提高。因此在实际工程中，可适当提高地基的承载力。当原地基承载力在 80kPa 以上，且砂土地基使用 4 年及以上，粉土、粉质黏土地基使用 6 年以上，黏土地基使用 8 年以上，而地基的沉降均匀，建筑物未出现地基变形引起的裂缝、破损、倾斜等异常现象，地基土固结条件好，上部结构又具有较好的刚度时，可结合当地实践经验，适当提高原地基承载力，中国工程建设标准化协会标准《破混结构房屋加层技术规范》（CECS 78—1996）提供了具体办法。

需要通过地基检验评定地基的承载力时，通常采用钻探、井探等勘探方法，取原状土试样进行室内土工试验，或结合钻探、井探等进行静力触探、动力触探（标准贯入试验、圆锥动力触探等）、静力荷载试验等原位测试，野外作业时还需对地基土进行现场鉴别。

在下列情况下，常要求对地基的承载力重新进行评价：

（1）因增层、改造、扩建、用途变更、生产负荷增大等使基底压力显著增加。

（2）临近的后建建筑、地下工程等对地基应力产生显著影响。

（3）建（构）筑物出现地基变形引起的破损和位移。

（4）地质条件发生较大变化（如地下水位变化、地表水渗透等）。

（5）对原设计所依据的地基承载力有怀疑。

（6）原设计资料缺失。

在评定承载力之前，首先应开展下列工作。

（1）搜集场地岩土工程勘察资料、地基基础和上部结构的设计资料和图纸、隐蔽工程的施工记录及竣工图等。

（2）分析原岩土工程勘察资料，重点内容包括：地基土层的分布及其均匀性；地基土的物理力学性质；地下水的水位及其腐蚀性；砂土和粉土的液化性质和软土的震陷性质；地基变形和强度特性；场地稳定性。

（3）调查建（构）筑物的使用情况、实际荷载以及地基的沉降量、沉降差、沉降速度等，并分析建（构）筑物破损、位移、倾斜等现象发生的原因。

（4）调查邻近建（构）筑物、地下工程和管线等情况。

二、地基沉降和建（构）筑物变形观测

1. 地基沉降和基础倾斜

地基沉降的观测应测定地基的沉降量、沉降差和沉降速度，一般需采用 DSl 级水准仪和精密水准测量方法，并尽可能利用原先布设的沉降观测点，以便与过去的观测结果进行对比。如果原先未布设沉降观测点，或沉降观测点的标志受到扰动或损坏，并且目前需要对地基沉降进行长期的观测，则宜重新或补充设置观测点，它们应设置在以下部位：

（1）建（构）筑物的角部和大转角处、沿外崎每隔 10~15m 处或每隔 2~3 根的柱基上。

（2）高低层建（构）筑物、新旧建（构）筑物、纵横墙等的交接处或交接处的两侧。

（3）建（构）筑物裂缝和沉降缝的两侧、基础埋深悬殊处、人工地基与天然地基接壤处、不同结构的分界处以及填挖方的分界处。

（4）宽度不小于 15m 但地质条件复杂（包括膨胀土地区）的建（构）筑物的承重内墙中部、室内地面中心和四周。

（5）邻近堆置重物处、受振动影响的部位以及基础下的暗浜（沟）处。

（6）框架结构的每个或部分柱基上或纵横轴线上。

（7）片筏基础、箱形基础底板或结构根部的四角和中部位置处。

（8）烟囱等高耸构筑物周边与基础轴线相交的对称位置处（点数不少于 4 个）。

地基沉降的观测周期应视地基土类型、建（构）筑物的使用时间和状况等确定。一般情况下，建（构）筑物建成后的第一年应观测 3~4 次，第二年 2~3 次，第三年后每年 1 次，直至稳定。观测期限对于砂土地基一般不少于 2 年，膨胀土地基不少于 3 年，黏土地基不少于 5 年，软土地基不少于 10 年。沉降是否进入稳定阶段，应由沉降量与时间的关系曲线判定。对于一般的观测工程，若沉降速度小于 0.01~0.04mm/d，可认为已进入稳定阶段。

如果仅需临时测量建（构）筑物的不均匀沉降而原先又未设合适的沉降观测点，可采用以下简易测量方法：用水准仪在建筑物墙体和柱上标记出水平基准线，选择原设计、施工中一个或多个控制标高处的水平面，如窗台线、檐口线等，量测它们与水平基准线间的竖向距离，从而确定地基的相对沉降量。这种简易测量的结果受施工偏差的影响较大，在据此分析地基的不均匀沉降时，需要与其检测结果相互验证，如墙体、散水、地面等的破损情况，从多方面综合判断地基不均匀沉降的位置和程度。

2.建（构）筑物倾斜

建（构）筑物主体的倾斜观测，应测定建（构）筑物顶部相对于底部，或各层间上层相对于下层的水平位移和高差，分别计算整体或分层的倾斜度、倾斜方向及倾斜速度。对于整体刚度较大的建（构）筑物，也可通过测量建（构）筑物顶面的相对沉降或基础的相对沉降间接推断建（构）筑物的整体倾斜。

对于一般建（构）筑物，在测量其倾斜度和倾斜方向时，可选取建（构）筑物角部通直的边缘线作为测量对象。这时应将经纬仪安放在两个相互垂直的方向上分别对角部的边缘线进行测量，经纬仪距建（构）筑物的水平距离应为建（构）筑物高度的 1.5~2.0 倍。测量时应在建（构）筑物的底部水平放置尺子，用正倒镜测量边缘线顶点相对于底点的水平距离，并据此计算建（构）筑物的倾斜量、倾斜度和倾斜方向角。

当建（构）筑物或构件外部具有通视条件时，宜采用经纬仪观测。选择建（构）筑物的阳角作为观测点，通常需对建（构）筑物的各个阳角均进行倾斜观测，综合分析，才能反映建（构）筑物的整体倾斜情况。但也可选用吊垂球法测量，这时应在顶部直接或支出一点悬挂适当重量的垂球，在底部固定读数设备，直接读取或量出上部观测点相对底部观测点的水平位移量和位移方向。

当需观测建（构）筑物的倾斜速度时，应在建（构）筑物顶部和底部上下对应的位置布设测点，将经纬仪安置在距建（构）筑物的水平距离为建（构）筑物高度 1.5~2.0 倍的固定测站上，瞄准顶部的观测点，用正倒镜投点法定出底部的观测点；用同样方法，在垂直的另一方向定出顶部观测点和底部观测点。在下一次观测时，在原固定测站上安置经纬仪，分别瞄准顶部观测点，仍用正倒镜投点法分别定出底部相应的观测点。如果对应观测点不重合，则说明建（构）筑物的倾斜有新的发展。用尺分别量：出两个方向的倾斜位移分量，计算建（构）筑物的总倾斜位移量和倾斜方向角，并根据观测周期计算倾斜速度。

3. 受弯构件挠度

受弯构件的挠度可采用水准仪测量，构件上至少应设 3 个测点，分别位于两端支座附近和跨中，挠度值为：

$$\Delta = (d_1 + d_2)/2 - d_0$$

如果构件跨度较大或跨内作用有较大的集中荷载，应增设测点，并保证集中荷载的作用位置处有一测点。如果被测构件的下表面存在高差，应尽可能将测点设于同一面层；如果不可避免，则应测量面层之间的高差，并在挠度的计算中考虑。

记录观测数据时，应对构件的表面状况做出描述，以判断观测结构中是否存在过大的施工误差；同时，尚应记录构件的受荷状况，包括测量时构件承受的荷载和荷载作用的位置。

实测的挠度值可能为负，除了测量误差和施工偏差的影响，另一个可能的原因是构件在制作中已预先起拱，并且目前仍保持着上拱的状态。构件是否起拱以及拱度的数值，一般在设计图纸中都有明确的说明。对于钢屋架，如果三角形屋架的跨度不小于 15m、梯形屋架和平行弦桁架的跨度不小于 24m，且两端衔接，则需起拱，拱度一般为跨度的 1/500。对于钢吊车梁，跨度不小于 24m 时需起拱，拱度约为恒载作用下的挠度值与跨度的 1/2000 之和。钢筋混凝土屋架的拱度一般为跨度的 1/700~1/600，预应力混凝土屋架的拱度一般为跨度的 1/1000~1/900。

第四节　木结构检测

木结构检测包括木结构的外观检测和木材物理力学性质的检测等内容。木结构的外观检测包括木材的腐朽程度、木结构连接、木结构变形等。木材的物理力学性质很多，主要指标包括含水率、密度、强度、干缩、湿涨等。为了合理使用木材，使其为人类更好地发挥作用，研究和掌握木材的物理力学性质是非常必要的。

木材是有机材料，很容易遭受菌害、虫害和化学性侵蚀等灾害，随着时间的流逝，菌害会越来越重。因此，木结构的外观检测比其他结构的外观检测更重要。

一、木材腐朽检测

（1）应该考虑不同木腐菌生长的特性和危害的部位，如柱子埋在土中的部分、地面交界部分的木腐菌就不同，木材腐朽速度也不同。

（2）腐朽的初期阶段通常产生木材变色、发软、容易吸水等现象，会散发一种使人讨厌的气味，在腐朽后期，木材会出现翘曲、纵横交错的细裂纹等特征。

（3）当木材腐朽的表面特征不很明显时，可以用小刀插入或用小锤敲击来检查。若小刀很容易插入木材表层，且撬起时木纤维容易折断，则已经腐朽。用小锤敲击木材表面，腐朽木材声音模糊不清，健康木材则响声清脆。

（4）处于已腐和未腐两种状态之间时，该部位可能已受木腐菌感染进入初腐阶段。

二、构造与连接检测

现场检测保险螺栓与木齿能否共同工作时，需进行荷载试验，原建筑工程部建筑科学研究院和原四用省建筑科学研究所进行的大量试验结果证明：在木齿未被破坏以前，保险螺栓几乎不受力。在双齿连接中，保险螺栓一般设置两个。木材剪切破坏后节点变形较大，两个螺栓受力较为均匀。

按照《木结构设计规范》（GB 50005—2003）相关条文，核查结构形式选用、截面削弱限制桁架高跨比、支撑、锚固等情况。

木结构节点采用齿连接、螺栓连接或钉连接，现场采用目测或小锤敲击检查连接质量。

三、木结构变形的检测

结构变形可采用水准观测等方法直接在现场检测，当检测结构的变形超过以下限度时，应视为有危害性的变形，此时应按其实际荷载和构件尺寸进行核算，并进行加固。

（1）受压构件的侧弯变形超过其长度的1/500。

（2）屋盖中的大梁、顺水或其他形式的梁，其挠度超过规范要求的计算值。

（3）木屋架及钢木屋架的挠度超过其设计时采用的起拱值。

四、木材性能检测

木材性能检测主要内容包括含水率、密度、抗弯强度、顺纹抗压强度、顺纹抗拉强度、顺纹抗剪强度。

其中强度的检测，因老房子木结构建筑较多，但是由于其环保、可再生、低能耗、节能、舒适、施工方便等优点，近年来，在我国得到快速发展，目前国内对木材、木结构的检测方法、检测设备和评定方法的研究与标准规范相对滞后，一般情况下检测木结构时为确定木材强度，通常在现场截取木材样品，制作试验试件，按《木结构抗弯强度试验方法》（GB1936—1991）有关规定测试木材弦向抗弯强度。

依据《木结构设计规范》（GB 50005—2003）中木材强度检验结果的抗弯强度最低值不得低于 51MPa。

第五节　砌体结构检测

砌体结构应用的历史长，范围广，是当前我国主要的建（构）筑物结构形式之一。众所周知，20 世纪六七十年代的房屋构造大多为砌体结构，且少有问题出现，所以研究砌体结构检测有着重要的现实意义。

砌体结构的检测内容主要有砂浆强度、砌体强度、砌体裂缝和砌筑施工质量，包括砖外观质量、砌筑质量、灰缝砂浆饱满度、灰缝厚度、截面尺寸及施工偏差等几大项，见表4-5。

表4-5　主要检测内容

序号	主要检测内容	检测方法	所得数据
1	砌体强度检测	回弹法	强度值
2	砂浆强度检测	回弹法、射钉法	强度值
3	砌体裂缝检测	观察法、仪器	裂缝走向、深度、宽度
4	砌筑外观及质量检测	观察法	砂浆饱满程度等
5	施工偏差	经纬仪等仪器	
……	……	……	……

一、砌体强度检测

砌体工程的现场检测方法较多，检测砌体抗压强度的有原位轴压法、扁顶法，检测砌体抗剪强度的有原位单剪法、原位单砖双剪法，检测砌体砂浆强度的有推出法、筒压法、砂浆片剪切法、回弹法、点荷法、射钉法。在工程检测时，应根据检测目的和被测对象，选择检测方法，见表4-6。

表4-6 检测方法比较

序号	检测方法	特点	用途	限制条件
1	原位轴压法	1.属原位检测，直接在墙体上测试，测试结果综合反映了材料质量和施工质量 2.直观性、可比性强 3.设备较重 4.检测部位局部破损	检测普通砖砌体的抗压强度	1.槽间砌体每侧的墙体不应小于1.5m 2.同一墙体上的测点数量不宜多于1个；测点数量不宜太多 3.限用于240mm厚的墙
2	扁顶法	1.属原位检测，直接在墙体上测试，测试结果综合反映了材料质量和施工质量 2.直观性、可比性强 3.砌体强度较高或轴向变形较大时，难以测出抗压强度 4.检测部位局部破损	1.检测普通砖砌体的强度 2.测试古建筑和重要建筑的实际应力 3.测试具体工程的砌体弹性模量	1.槽间砌体每侧的墙体宽度不应小于1.5m 2.同一墙体上的测点数量不宜多于1个；测点数量不宜太多
3	原位单剪法	1.属原位检测，直接在墙体上测试，测试结果综合反映了施工质盘和砂浆质量 2.直观性强 3.检测部位局部破损	检测各种砌体的抗剪强度	1.测点宜选在窗下墙部位，且承受反作用力的墙体应有足够长度； 2.测点数量不宜太多
4	原位单砖双剪法	1.属原位检测，直接在墙体上测试，测试结果综合反映了施工质量和砂浆质量 2.直观性较强 3.设备较轻便 4.检测部位局部破损	检测烧结普通砖砌体的抗剪强度；其他砌体应经试验确定有关换算系数	当砂浆强度低于5MPa时，误差较大
5	推出法	1.属原位检测，直接在墙体上测试，测试结果综合反映了施工质量和砂浆质量 2.设备较轻便 3.检测部位局部破损	检测普通砖砌体中的砂浆强度	当水平灰缝的砂浆饱满度低于65%时，不宜选用
6	筒压法	1.属取样检测； 2.仅需利用一般混凝土实验室的常用设备 3.取样部位局部破损	检测烧结普通砖砌体中的砂浆强度	测点数层不宜太多
7	砂浆片剪切法	1.属取样检测 2.专用的砂浆强度仪和其标定仪，较为轻便 3.试验工作较简便； 4.取样部位局部破损	检测烧结普通砖砌体中的砂浆强度	
8	回弹法	1.属原位无损检测，测区选择不受限制 2.回弹仪有定型产品，性能较稳定，操作简便 3.仅需对检测部位的装修面层作局部损坏	1.检测烧结普通砖砌体中的砂浆强度 2.适宜于砂浆强度均质性普查	砂浆强度不应小于2MPa

序号	检测方法	特点	用途	限制条件
9	点荷法	1.属取样检测 2.试验工作较简便 3.取样部位局部损伤	检测烧结普通砖砌体中的砂浆强度	砂浆强度不应小于2MPa
10	射钉法	1.属原位无损检测.测区选择不受限制 2.射钉枪、子弹、射钉有配套定型产品,设备较轻便 3.仅需对检测部位的装修面层作局部别凿	烧结普通砖和多孔砖砌体中砂浆强度均质性普查	砂浆强度不应小于2MPa

上述 10 种检测方法,可归纳为"直接法"和"间接法"两类,前者为检测砌体抗压强度和砌体抗剪强度的方法,后者为测试砂浆强度的方法。直接法的优点是直接测试砌体的强度参数,反映被测工程的材料质量和施工质量,其缺点是试验工作量较大,对砌体工程有一定损伤;间接法是测试与砂浆强度有关的物理参数,进而推定其强度,"推定"时,难免增大测试误差,也不能综合反映工程的材料质量和施工质量,使用时具有一定的局限性,但其优点是测试工作较为简便,对砌体工程无损伤或损伤较少,因此,对重要工程或客观条件允许时,宜选用"综合性",即结合直接法和间接法进行检测,以发挥各自的优点,避免各自的缺点。即使仅检测砂浆强度,也可选用两种检测方法,对两种检测结果互相验证,当两种检测结果差别较大时,应对检测结果全过程进行检查,查明原因,并根据上表所列方法和特点,综合分析,做出结论。

1. 回弹法

回弹法检测砌体中普通黏土砖强度这种方法适用于检测评定以黏土为主要原料,质量符合《烧结普通砖》(GB 5101—2003)的实心烧结普通砖砌筑成砖墙后的砖抗压强度等级。不适用于评定欠火砖、酥砖,外观质量不合格及强度等级低于 MU7.5 的砖的强度等级。

检测砖强度的回弹仪,其标称冲击动能为 0.735J0 根据砖表面硬度与抗压强度间的相关性,建立砖强度与回弹值的相关曲线,并用来推定砖强度。

检测前,按 250m³ 砌体结构或同一楼层品种相同、强度等级相同的砖划分为一个检测单元,每个检测单元应选不少于 6 面墙,每面墙的测区不应少于 5 个,测区大小一般约 0.3m³。

每个测区抽取条面向外的黏土砖做回弹测试,用回弹仪对每一块破样条面分别弹击 5 点,5 点在砖条面上呈一字形均匀分布,每一测点只能弹击一次,每面墙弹击 100 个点。破强度等级的推定按要求进行。

2. 取样法

对既有建(构)筑物砌体强度的测定。从砌体上取样,清理干净后,按照常规方法进行试验,但是需要注意的是,如果需要依据砌体的强度和砂浆的强度确定砌体强度时,砌体的取样位置应与砌筑砂浆的检测位置相对应。取样后的砌体试验方法如下。

取 10 块砖做抗压强度试验，制作成 10 个试样。将砖样锯成两个半砖（每个半砖长度不小于 100mm），放入室温净水中浸 10~20min 后取出，以断口方向相反叠放，两者中间以厚度不超过 5mm 的强度等级为 32.5 的普通硅酸盐水泥调制成稠度适宜的水泥净浆粘牢，上下面用厚度不超过 3mm 的同种水泥砂浆抹平，制成的试件上下两面需相互平行并垂直于侧面。在不低于 10℃ 的不通风室内条件下养护 3 天后进行压力试验。

加载前测量试件两半砖叠合部分的面积 4（mm²），将试件平放在加压板的中央，垂直于受压面加荷载，应均匀平稳，不得发生冲击或振动，加荷速度 4~5kN/s 为宜，加荷至试件全部破坏，最大破坏荷载为 P（N），则试件 i 的抗压强度，精确至 0.01MPa。

二、砂浆强度检测

1. 回弹法

检测砂浆强度的回弹仪冲击能量小，标称冲击动能为 0.196J0 根据砂浆表面硬度与抗压强度之间的相关性，建立砂浆强度与回弹值及碳化深度的相关曲线，并用来评定砂浆强度。所使用的砂浆回弹仪与混凝土回弹仪相似。

需要注意的是，在检测过程中，回弹仪应始终处于水平状态，其轴线应垂直于砂浆表面，且不得移位。

2. 射钉法

射钉器（枪）将射钉射入砌体的水平灰缝中，依据射钉的射入深度推定砂浆抗压强度。

三、砌体裂缝检测

1. 裂缝种类

砌体的裂缝是质量事故最常见的现象，成因包括温度变形、地基沉降、荷载过大、材料收缩、构造不当、材料质量差、施工质量差、地震或振动等，但大多数的裂缝是由温度变形、地基不均匀沉降和承载力不足引起的。

A. 温度收缩裂缝

温度裂缝是砌体结构中出现概率最高的裂缝，它大多数出现在结构的顶层，偶尔会向下发展，一般出现位置在横墙、山墙、纵墙、门窗口角部、女儿墙。温度裂缝多是斜裂缝，有时出现水平裂缝、竖向裂缝。斜裂缝有时是对称分布，向阳面严重，背阳面较轻，有时只有一面出现，顶层两端横墙严重，中间较轻。

（1）斜裂缝。斜裂缝包括正"八"字形裂缝、倒"八"字形裂缝、X 形裂缝。

（2）水平裂缝。常见的水平裂缝有：

屋顶下水平缝：平屋顶下或屋面圈梁下2~3皮砖的灰缝中出现水平缝，一般沿外纵墙顶部分布，且两端较严重，向中部逐渐减小，并逐渐成断续状态，有时形成包角缝。

外纵墙窗口处水平缝：多出现在高大空旷的房屋中。

（3）竖向裂缝。常见的竖向裂缝有：

贯通房屋全高的竖缝（屋盖、外纵墙，裂缝连通）：墙体过长，又未设伸缩缝，墙体在门窗口边或楼梯间等薄弱部位产生贯通竖缝。

结构檐口下及底层窗台墙上的竖缝：墙体较长，又未设置伸缩缝，无采暖条件的建（构）筑物上局部出现竖缝。

（4）女儿墙裂缝。女儿墙（砖砌）屋顶与混凝土圈梁顶出现水平缝，中部较轻（或断断续续），两端为包角缝。

B. 地基变形、基础不均匀沉降裂缝

地基不均匀沉降时，结构发生弯曲和剪切变形，在墙体内产生应力，当超过砌体强度时，墙体开裂。

C. 受力裂缝（承载力不足）

多数出现在砌体应力较大的部位，砌体建筑中，底部较多见，但其他各部分也可能发生，还有些砌体局部受压的裂缝，大多数是由于局部承压强度不足而造成的。

2. 检测鉴别方法

裂缝宽度可用10~20倍裂纹放大镜和刻度放大镜进行观测，可从放大镜中直接读数。裂缝是否发展，常用石膏板检测，石膏板的规格为宽50~80mm，厚10mm。将石膏板固定在裂缝两侧，若裂缝继续发展，石膏板将被拉裂。一般混凝土构件缝宽1mm，砖砌体构件20mm以上，即使荷载不增加，裂缝也将继续发展。

裂缝深度的量测，一般常用极薄的薄片插入裂缝中，粗略地测量深度。精确量法可用超声波法。在裂缝两侧钻孔充水作为耦合介质，通过转换器对测，振幅突变处即为裂缝末端深度。

裂缝检测后，绘出裂缝分布图，并注明宽度和深度，并应分析判断裂缝的类型和特征。一般墙柱裂缝主要由砌体强度、地基基础、温度及材料干缩等引起。

（1）根据裂缝位置和特征鉴别：

1）结构下部出现斜缝、水平缝、底层大窗台下的竖缝，多为沉降裂缝；

2）结构顶部出现斜缝、水平缝、竖缝，多为温度裂缝；

3）纵墙裂缝、结构顶部竖缝，可能是沉降或温度裂缝；

4）砌体应力较大处的竖缝，多为超载引起（多在顶层或底层各个部位）。

（2）根据裂缝出现的时间鉴别：

1）地基不均匀沉降裂缝多出现在结构建成不久，使用中管道破裂漏水后出现裂缝；

2）超载裂缝多发生在荷载突然增加时；

3）温度裂缝大多在冬、夏季形成。

（3）根据裂缝发展变化鉴别：

1）沉降裂缝随时间发展，地基变形稳定后裂缝不再发展；

2）温度裂缝随气温的变化而变化，但不会不停地发展恶化；

3）超载裂缝当荷载接近临界值时，裂缝不断发展，可能导致结构破坏及倒塌。

（4）根据建筑特征鉴别：

1）温度裂缝：屋盖保湿、隔热差，屋盖对砌体的约束大，当地温差大，建（构）筑物过长又无变形缝等；

2）沉降裂缝：结构过长但不高，且地基变形量大，如Ⅱ级自重湿陷性黄土），房屋刚度差；房屋高度或荷载差异大，又不设沉降缝；地基上浸水或软土地基中地下水位下降，房屋周围开挖土方或大量堆载，在已有建（构）筑物附近新建高大的建（构）筑物等；

3）超载裂缝：结构构件较大或截面削弱严重的部位（会产生附加内力，如受压物件出现附加弯矩）。

四、砌筑外观及质量检测

（1）砖外观质量检测。砖的外形对砌体的抗压强度也有影响，砖的外形规则平整，色泽也应均匀，不应存在过烧和欠烧的现象。烧结普通砖和蒸压灰砂砖的标准尺寸为240mm×115mm×53mm，烧结多孔砖的标准尺寸为240mm×115mm×90mm和190mm×115mm×90mm。在同一批砖中，若某些病的高度不同，使砌体的水平灰缝厚度不匀，将对砌体产生很不利的影响，会使砌体的抗压强度降低约25%。

砌墙用砖的外观质量应按国家标准《砌墙用砖检验方法》（GB/T 2542—2012）的规定评定。

（2）砌筑质量检测。对砌筑质量的检测内容包括灰缝均匀性和厚度、砂浆饱满度、组砌方法等。

灰缝如果薄厚不匀，会导致砌体内的应力状态趋于复杂，特别是导致块材因承受较大的附加应力提前破坏，降低砌体强度。

国家标准《砌体工程施工质量验收规范》（GB 50203—2011）规定：砖砌体的灰缝应横平竖直，薄厚均匀，水平灰缝厚度宜为10mm，但不应小于8mm，也不应大于12mm。检测时可每隔20m抽查一处，用尺量10砖砌体高度后折算。

该标准还规定：砌体水平灰缝的饱满度不得小于80%，竖向灰缝不得出现透明缝、瞎缝和假缝。检测时可结合砌体强度的测试，对灰缝砂浆的饱满度进行检测。

另外，在砌筑质量检测中还应检测砖的组砌方法是否恰当，接槎处是否合理。组砌不当，接槎不合理，不但影响强度，还容易使墙面产生各种裂缝。

（3）砌筑损伤检测。对于已出现的损伤部位，应测绘其损伤面积大小和分布状况。特别对于承重墙、柱及过梁上部砌体的损伤应严格进行检测。另外，对于非正常开窗、打洞和墙体超载、砌体的通缝等情况也应认真检查。

五、构造及连接的检测

主要检查墙体的纵横连接，垫块设置及连接件的滑移、松动、损坏情况。特别对屋架、屋面梁、楼面板与墙、柱的连接点，吊车梁与砖柱的连接点，进行严格检查。

根据《砌体结构设计规范》（GB 50003—2011）相关条文，仔细核查墙、柱高厚比，材料最低强度等级，构件截面尺寸，砌筑方法，节点锚固，拉结筋，防止墙体开裂的措施（伸缩缝间距、保温隔热层），以及圈梁、构造柱布置和截面尺寸，楼板搁置长度等是否符合规范要求。重点检查圈梁的布置、拉结情况及其构造要求是否合理。同时，检查其原材料的材质情况（主要是检查混凝土的强度及其强度等级）。

墙体稳定性检查中，主要是检测其支承约束情况和高厚比，特别应对其墙与墙、墙和主体结构的拉结（重点是纵横墙、围护墙与柱、山墙顶与屋盖的拉结）情况进行检查。

六、施工偏差及构件变形检测

（1）施工偏差检测内容。砖砌体的位置偏移和垂直度是影响结构受力性能和安全性的重要项目。对于多层砌体结构，如果上下层承重墙的位置存在较大偏差，将会增大竖向荷载对下层承重墙的偏心距，使下层承重墙承受额外的弯矩作用，砖砌体的垂直度对墙体的受力也有类似的影响，检测中应对砖砌体的轴线位置偏移和垂直度进行重点检查。国家标准《砌体工程施工质量验收规范》（GB 50203—2011）将砖砌体的轴线位置偏移和垂直度均列为主控项目。检测方法见表4-7。

表4-7　砖砌体的位置和垂直度允许偏差

项次	项目			允许偏差/mm	检查方法
1	轴线位置偏移			10	用经纬仪和尺检查或用其他测量仪器检查
2	垂直度	每层		5	用2m托线板检查
		全离	≤10m	10	用经纬仪、吊线和尺检查，或用其他测量仪器检查
			>10m	20	

（2）变形检测内容。重点检查承重墙、高大墙体、柱的凸、凹变形和倾斜变位等变形情况。

第六节　混凝土结构检测

钢筋混凝土结构在我国建设工程中占有统治地位，应用范围很广，数量也很大。对于已经使用的混凝土结构，有种种原因可能导致结构的安全性不能满足相应规范的技术要求。比如，设计错误、施工质量低劣、增层或改造导致结构荷载增加、灾害损伤以及耐久性损伤等。

对于新建工程，《混凝土强度检测评定标准》（GB/T 50107—2010）明确规定，当对混凝土试块强度的代表性有怀疑时，可用从结构中钻取试样的方法或采用非破损检测方法，按有关标准的规定对结构或构件中混凝土的强度进行推定。

（1）检测内容。混凝土结构检测的内容很广，凡是影响结构安全性的因素都可以成为检测内容，具体现场检测的主要内容见表4-8。

表4-8　主要的检测内容及方法

序号	主要检测内容	检测方法	所得数据
1	混凝土碳化检测	取试剂	为强度检测做依据
2	混凝土强度检测	回弹法	强度值
3	混凝土内外部缺陷检测	观察法、混凝土雷达仪等	
4	混凝土裂缝检测	裂缝观测仪等	裂缝宽度、深度、走向等
5	混凝土中钢筋位置及保护层厚度检测	混凝土钢筋测定仪等	钢筋位置、混凝土厚度
6	钢筋力学性能检测	取样实验	
7	施工偏差	经纬仪等仪器检测	

从属性角度看，检测内容根据其属性分为：

1）几何量检测，如结构几何尺寸、变形、混凝土保护层厚度、钢筋位置和数量、裂缝宽度等。

2）物理力学性能检测，如材料清单、结构的承载力、结构自振周期和结构振型等。

3）化学性能检测，如混凝土碳化、钢筋锈蚀等。

（2）检测方法分类。检测方法分类及用途、范围等见表4-9。

表4-9　检测方法的类别

检测方法	主要用途	常用方法	使用范围
非破损检测	强度检测和内部缺陷检测	回弹法、射线吸收法、超声脉冲法、脉冲回波法	—
半破损检测	强度检测	钻芯法、拔出法、射击法	不适合大面积的检测
破损检测	强度检测	抽样法	—
综合法	强度检测和内部缺陷检测	两种或两种以上的检测方法	—

一、混凝土强度检测

1. 检测内容

混凝土的强度是决定混凝土结构和构件受力性能的关键因素，也是评定混凝土结构和构件性能的主要参数。正确确定实际构件混凝土的强度一直是国内外学者关心和研究的课题。虽然混凝土强度还不能代表混凝土质量的全部信息，但目前仍以其抗压强度作为评价混凝土质量的一个重要技术指标。因为它是直接影响混凝土结构安全度的主要因素。

2. 检测方法

当混凝土试件没有或缺乏代表性以及对已有建（构）筑物混凝土强度进行测试时，为了反映结构混凝土的真实情况，往往要采取非破损检测方法或半破损方法（局部破损法）来检测混凝土的强度。半破损法主要包括取芯法、小圆柱劈裂法、压入法和拔出法等。非破损法主要包括表面硬度法（回弹法、印痕法）、声学法（共振法、超声脉冲法）等。这些方法可以按不同组合形成多种多样的综合法。

A. 回弹法测定混凝土强度

（1）检测依据。依据住建部标准《回弹法检测混凝土抗压强度技术规程》（JGJ/T 23—2011）。

（2）检测目的。回弹法是通过回弹仪测定混凝土表面硬度继而推定其抗压强度。

（3）检测数量：

按批检测：对于相同的生产条件、相同的混凝土强度等级，原材料、配合比、成型工艺、养护条件基本一致，且龄期相近的同类构件，不得少于该批构件总数的30%，且测区数量不得少于100个。

按单个构件检测：对长度不小于3m的构件，其测区不少于10个；对长度小于3m，且高度低于0.6m的构件，其测区数量可适当减少，但不应少于5个。

需钻取混凝土芯样对回弹值进行修正时，芯样试件数量不少于3个。

（4）检测步骤：

1）碳化深度的测定。回弹测试完毕后，用锤子或冲击钻在测区内凿或钻出直径约15mm，深度不小于6mm的孔洞，清除空洞中的粉末和碎屑后（不能用液体冲洗），立即用1%的酚酞酒精溶液滴在缺口内壁的边缘处，用钢尺测量自混凝土表面至变色部分的垂直距离（未碳化的混凝土呈粉红色），该距离即为混凝土的碳化深度值。通常，测量不应少于3次，求出平均欧化深度d，每次读数精确到0.5mm。

2）数据处理及回弹值的修正。先将每一个测区的16个回弹值中的3个最大值和3个最小值剔除，然后按下式计算测区平均回弹值。

除回弹仪水平方向检测外，其他非水平方向检测时应对测区平均回弹值进行角度修正；当测试面不是混凝土的浇筑侧面时，应对测区平均回弹值进行浇筑面修正；当测试时回弹仪既非呈水平方向，测区又非混凝土的浇筑侧面时，应先对测区平均回弹值进行角度修正，然后再进行浇筑面修正。回弹值的修正见《回弹法检测混凝土抗压强度技术规程》（JGJ/T 23—2011）的附录C和附录D。从工程检测经验看，回弹法经过角度或浇筑面修正后，其测试误差有所增大，因此，检测混凝土强度时，应尽可能在构件的浇筑面进行检测。

根据修正后的测区的平均回弹值和碳化深度，查阅测强曲线，即可得到该测区的混凝土强度换算值，应按如下要求来确定。

当按单个构件检测且测区数少于10个时，以该构件各测区强度中的最小值作为该构件的混凝土强度推定值；当按单个构件检测且测区数不少于10个时，以该构件各测区的强度平均值减去1.645倍标准差后的强度值作为该构件的混凝土强度推定值；当按批量检测时，以该批同类构件所有测区的强度平均值减去1.645倍标准差后的强度值，作为该批构件的混凝土强度推定值。

B. 钻芯法测定混凝土强度

钻芯法检测混凝土强度是近年来国内外使用得较多的一种局部破损检测结构中混凝土强度的有效方法。钻芯法是用钻芯取样机在混凝土构件上钻取有一定规格的混凝土圆柱体芯样，将经过加工的芯样放置在压力试验机上，测取混凝土强度的测试方法。该测试方法直接，所得出的数据比较精确，因此能够准确反映构件实际情况。

钻芯法是使用专用钻机从结构上钻取芯样，并根据芯样的抗压强度推定结构混凝土强度的一种局部破损的检测方法，测得的强度能真实反映结构混凝土的质量。但它的试验费用较高，目前国内外都主张把钻芯法与其他非破损法结合使用，一方面利用非破损法来减少钻芯的数量，另一方面又利用钻芯法来提高非破损法的测试精度。这两者的结合使用是今后的发展趋势。

采用取芯法测强，除了可以直接检验混凝土的抗压强度之外，还有可能在芯样试体上发现混凝土施工时造成的缺陷。

钻芯法测定结构混凝土抗压强度主要适用于：

（1）对试块抗压强度测试结果有怀疑时；

（2）因材料、施工或养护不良而发生质量问题时；

（3）混凝土遭受冻害、火灾、化学侵蚀或其他损害时；

（4）需检测经多年使用的建筑结构或建筑物中混凝土强度时；

（5）对混凝土强度等级低于C10的结构，不宜采用钻芯法检测。

钻芯法测定混凝土强度的步骤为：钻取芯样、芯样加工、芯样试压、强度评定和芯样孔的修补。

（1）钻取芯样。取样一般采用旋转式带金刚石钻头的钻机。由于钻芯法对结构有所损伤，钻芯的位置应选择在结构受力较小，混凝土强度、质量具有代表性，没有主筋或预埋件，便于钻芯机安放与操作的部位。为避开钢筋位置，在钻芯位置先用磁感应仪或雷达仪测出钢筋的位置，画出标线。芯样钻取方向应尽量垂直于混凝土成型方向。

在选定钻芯点上，将钻芯机就位、固定，接通水源并调整好冷却水流量。接通电源，用进钻操作手柄调节钻头的进钻速度。钻至预定深度后退出钻头，然后将钢凿插入钻孔缝隙中，用小锤敲击钢凿，芯样即可在根部折断，用夹钳把芯样取出。

用钻芯法对单个构件检测时，每个构件的钻芯数量不少于 3 个；对于较小构件，钻芯数量可取 2 个。我国的规程规定：钻取的芯样直径不宜小于骨料最大粒径的 3 倍，最小不得小于骨料粒径的 2 倍，并规定以直径 100mm 和 150mm 作为抗压强度的标准芯样试件。

（2）芯样加工。从结构中取出的混凝土芯样往往是长短不齐的，应采用锯切机把芯样切成一定长度，一般试件的长度与直径之比（长径比）为 1~2，并以长径比 1 作为标准，当长径比为其他数值时，强度需要进行修正。芯样试件内不应有钢筋，如不能满足此要求，每个试件内最多只允许含有 2 根直径小于 10mm 的钢筋，且钢筋应与芯样轴线基本垂直并不得露出端面。芯样切割时要求端面不平整度在 100mm 长度内不大于 1mm，如果不满足需进行处理，处理方法有磨平法和补平法。端面补平材料可采用硫黄胶泥或水泥砂浆，前者的补平厚度不得超过 1.5mm；后者不得超过 5mm。芯样试件的尺寸偏差及外观质量应满足下列条件：芯样试件长度 $0.95d \leqslant L < 2.05\%$ 沿芯样长度任一截面直径与平均直径相差在 2mm 以内；芯样端面与轴线的垂直度偏差不超过 2°；芯样没有裂缝和其他缺陷。

芯样在做抗压强度试验时的状态应与实际构件的使用状态接近。如果实际混凝土构件的工作条件比较干燥时，芯样试件在抗压试验前应当在自然条件下干燥 3 天；如果工作条件比较潮湿，芯样应在（20±5）tt 的清水中浸泡 48h，从水中取出后应立即进行抗压试验。

（3）芯样试压。芯样试件的混凝土强度换算值是指用钻芯法测得的芯样强度，换算成相应于测试龄期的边长为 150mm 的立方体试块的抗压强度值。

（4）强度评定。混凝土强度的评定根据检测的目的分为以下情况：第一种是了解某个最薄弱部位的混凝土强度，以该部位芯样强度的最小值作为混凝土强度的评定值；第二种是单个构件的强度评定，当芯样数量较少时，取其中较小的芯样强度作为混凝土强度评定值；当芯样较多时，按同批抽样评定其总体强度。具体方法可查阅《混凝土强度检验评定标准》（GB/T 50107—2010）。

（5）芯样孔的修补。混凝土结构经钻孔取芯后，对结构的承载力会产生一定影响，应当及时进行修补。通常采用比原设计强度提高一个等级的微膨胀水泥细石混凝土，或者采用以合成树脂为胶结料的细石聚合物混凝土填实，修补前应将孔壁凿毛，并清除孔内污物，修补后应及时养护。一般来说，即使修补后结构的承载力仍有可能低于钻孔前的承载力。因此，钻芯法不宜普遍采用，更不宜在一个受力区域内集中钻孔。

二、混凝土内外部缺陷检测

1. 检测内容

（1）外观缺陷。混凝土构件的外观缺陷包括露筋、蜂窝、孔洞、夹渣、缺棱掉角、麻面、起砂等现象。它们会使有害物质容易侵入构件内部，导致钢筋锈蚀和耐久性下降。当孔洞、夹渣等出现在构件的节点、受力最大的位置时，会影响构件承载力，严重时可能导致构件破坏。

当缺陷出现在防渗要求高的地下室围墙及屋面时，易造成渗漏现象，影响建筑物的使用功能。导致混凝土构件出现这些缺陷的原因是多方面的，主要包括：骨料级配、混凝土配合比不合理，和易性欠佳，搅拌不匀，浇筑离析，振捣不实，模板不善；钢筋过密，钢筋移位，雨水冲刷等。

（2）内部缺陷。对混凝土内部缺陷检测包括内部空洞、杂物等缺陷位置及缺陷大小的确定。

2. 检测方法

对混凝土外观缺陷的检测不宜采取抽样检测的方式，而应全数检测。对于一般的外观缺陷，可采取肉眼检查的方式，测量缺陷的大小、深度等，绘制缺陷分布图，并根据其对结构性能和使用功能的影响按表4-10的标准判定为严重缺陷和一般缺陷。

表4-10 缺陷种类和等级划分标准

名称	现象	严重缺陷	一般缺陷
露筋	构件内钢筋未被混凝土包裹而外露	纵向受力钢筋有露筋	其他钢筋有少量露筋
蜂窝	混凝土表面缺少水泥砂浆而形成石子外露	构件主要受力部位有蜂窝	其他部位有少量蜂窝
孔洞	混凝土中孔穴深度和长度均超过保护层厚度	构件主要受力部位有孔洞	其他部位有少量孔洞
夹渣	混凝土中夹有杂物且深度超过保护层厚度	构件主要受力部位有夹渣	其他部位有少量夹渣
疏松	混凝土中局部不密实	构件主要受力部位有疏松	其他部位有少量疏松
裂缝	缝隙从混凝土表面延伸至混凝土内部	构件主要受力部位有影响结构性能或使用功能的裂缝	其他部位有少量影响结构性能或使用功能的外表裂缝
连接部位缺陷	构件连接处混凝土缺陷及连接钢筋、连接件松动	连接部位有影响结构传力性能的缺陷	连接部位有基本不影响结构传力性能的缺陷
外形缺陷	缺棱掉角、棱角不直、翘曲不平、飞边凸肋等	清水混凝土构件有影响使用功能或装饰效果的外形缺陷	其他混凝土构件有不影响使用功能的外表缺陷

名称	现象	严重缺陷	一般缺陷
外表缺陷	构件表面麻面、掉皮、起砂、沾污等	具有重要装饰效果的清水混凝土构件有外表缺陷	其他混凝土构件有不影响使用功能的外表缺陷

对混凝土内部缺馅的检测方法有声脉冲法和射线法两大类。射线法是运用 X 射线、Y 射线透过混凝土，然后照相分析，这种方法穿透能力有限，在使用中需要解决人体防护的问题；声脉冲法有超声波法和声发射法等，其中超声波法技术比较成熟，本节介绍超声波检测混凝土内部缺陷的基本方法。

除超声波检测混凝土内部缺陷的原理与检测强度的原理相同之外，还由于空气的声阻抗率远小于混凝土的声阻抗率，脉冲波在混凝土中传播时，遇着蜂窝、空洞或裂缝等缺陷，便在缺陷界面反射和散射，声能被衰减，其中频率较高的成分衰减更快，因此接收信号的波幅明显降低，频率明显减小或者频率谱中高频成分明显减少。另外，经缺陷反射或绕过缺陷传播的脉冲波信号与直达波信号之间存在声程和相位差，叠加后互相干扰，致使接收信号的波形发生畸变。根据以上原理，可以对混凝土内部的缺陷进行判断。

混凝土内部的缺陷除用超声波检测外，也可以用混凝土钻取直径为 20~50mm 的芯样后直接观察。由于大部分混凝土工程中的缺陷位置不能确定，故不宜采用钻芯检测。因此，一般都用超声波通过混凝土时的超声声速、首波衰减和波形变化来判断混凝土中存在缺陷的性质、范围和位置。

三、混凝土裂缝检测

1. 常见裂缝分析

对于混凝土主体结构，由于混凝土是一种抗拉能力很低的脆性材料，在施工和使用过程中，当发生温度、湿度变化、地基不均匀沉降时，极易产生裂缝。

A. 收缩裂缝特点及影响因素

（1）特点。裂缝位置及分布特征：混凝土早期收缩裂缝主要出现在裸露表面；混凝土硬化以后的收缩裂缝在建筑结构中部附近较多，两端较少见。

裂缝方向与形状：早期收缩裂缝呈不规则状；混凝土硬化以后的裂缝方向往往与结构或构件轴线垂直，其形状多数是两端细中间宽，在平板类构件中有的裂缝宽度变化不大。

裂缝发展变化：由于混凝土的干缩与收缩是逐步形成的，因此收缩裂缝是随时间而发展的。但当混凝土浸水或受潮后，体积会产生膨胀，因此收缩裂缝随环境湿度而变化。

（2）影响因素。影响混凝土收缩的因素主要有水泥品种、骨料品种和含泥量、混凝土配合比、外加剂种类及掺量、介质湿度、养护条件等。混凝土的相对收缩量主要取决于水泥品种、水泥用量和水灰比，绝对收缩量除与这些因素有关外，还与构件施工时最大连续边长成正比。当现浇钢筋混凝土楼板收缩受到其支承结构的约束，板内拉应力超过混凝土的极限抗拉强度时，就会产生裂缝。

B. 温度裂缝特点及影响因素

（1）特点：

温度裂缝位置及分布特征：房屋建筑由于日照温差引起混凝土墙的裂缝一般发生在屋盖下及其附近位置，长条形建筑的两端较为严重；由于日照温差造成的梁板裂缝，主要出现在屋盖结构中；由于使用中高温影响而产生的裂缝，往往在离热源近的表面较严重。

裂缝方向与形状：梁板或长度较大的结构，温度裂缝方向一般平行短边，裂缝形状一般是一端宽，另一端窄，有的裂缝变化不大。平屋顶温度变形导致的墙体裂缝多是斜裂缝，一般上宽下窄，或靠窗口处较宽，逐渐减小。

（2）影响因素。外界温度变化是产生温度裂缝的主要因素之一，但这种裂缝不会无限制扩展恶化。当自然界温度发生变化或材料发生收缩时，房屋各部分构件将产生各自不相同的变形，引起彼此的制约作用而产生应力，当应力超过其极限强度时，不同形式的裂缝就会出现。

C. 地基变形、基础不均匀沉降裂缝特点及影响因素

（1）特点：

裂缝位置及分布特征：一般在建筑物下部出现较多，竖向构件较水平构件开裂严重，墙体构件和填充墙较框架梁柱开裂严重。

裂缝方向与形状：在墙上多为斜裂缝，竖向及水平裂缝很少见；在梁或板上多出现垂直裂缝，也有少数的斜裂缝；在柱上常见的是水平裂缝，这些裂缝的形状一般都是一端宽，另一端细。

裂缝发展变化：随着时间及地基变形的发展而变化，地基稳定后裂缝不再扩展。

（2）影响因素。引起地基不均匀变形的因素主要有以下几点：

1）地基土层分布不均匀，土质差别较大；

2）地基土质均匀，上部荷载差别较大、房屋层数相差过多、结构刚度差别悬殊、同一建筑物采用多种地基处理方法而且未设置沉降缝；

3）建筑物在建成后，附近有深坑开挖、井点降水、大面积堆料、填土、打桩振动或新建高层建筑物等；

4）建筑物使用期间，使用不当长期浸水，地下水位上升，暴雨使建筑物地基浸泡；

5）软土地基中地下水位下降，造成砌体基础产生附加沉降开裂；

6）地基冻胀，砌体基础埋深不足，地基土的冻胀致使砌体产生斜裂缝或竖向裂缝；

7）地基局部塌陷，如位于防空洞、古井上的砌体，因地基局部塌陷而产生水平裂缝、斜裂缝；

8）地震作用、机械振动等。

D.受力裂缝（承载力不足）特点及影响因素

（1）特点：

裂缝位置及分布特征：都出现在应力最大位置附近，如梁跨中下部和连续梁支座附近上部等。

裂缝方向与形状：受拉裂缝与主应力垂直，支座附近的剪切裂缝，一般沿 45° 方向跨中向上方伸展。受压而产生的裂缝方向一般与压力方向平行，裂缝形状多为两端细中间宽。扭曲裂缝呈斜向螺旋状，缝宽度变化一般不大。冲切裂缝常与冲切力成 45° 左右斜向开展。

裂缝发展变化：随着荷载加大和作用时间延长而扩展。

（2）影响因素。承载力不足是引起受力裂缝的主要因素之一，如截面削弱较严重的部位，或随时间的改变，材料因风化侵蚀强度发生变化；使用环境的改变产生内力重分布或超载产生附加内力等。

2.检测与鉴别方法

量测裂缝宽度可用刻度放大镜（20 倍）或裂缝卡尺应变计、钢板尺、钢丝、应急灯等工具。对于可变作用大的结构要求测量其裂宽变化和最大开展宽度时，可以横跨裂缝安装裂缝仪等，用动态应变仪测量，用磁带记录仪等记录。对受力裂缝，量测钢筋重心处的宽度；对非受力裂缝，量测钢筋处的宽度和最大宽度。最大裂缝宽度取值的保证率为 95%，并考虑检测时尚未作用的各种因素对裂宽的影响。

混凝土结构构件的裂缝主要有温度裂缝、干缩裂缝、应力裂缝、施工裂缝、沉降裂缝，以及构造不当引起的裂缝。

（1）应力裂缝：

1）受弯构件：垂直裂缝及斜裂缝。垂直裂缝多出现在梁、板构件 M_{max} 处或截面削弱处（如主筋切断处）；斜裂缝多出现在 V_{max} 处，如某支座处（V、M 共同作用）。裂缝由下向上部发展，随着荷载增加，裂缝数量及宽度加大。

2）轴压、偏心构件：受压区混凝土被压裂；大偏心受拉区配筋少时，易产生受弯构建裂缝。

3）轴拉构件：荷载不大，正截面开始出现裂缝，裂缝间距近似相等。

4）冲切构件：柱下基础底板，从柱周出现 45° 斜缝，形成冲切面（剪力作用）。

5）受扭构件：构件内产生近于 45° 倾角的螺旋形斜缝。

（2）温度裂缝：

1）因环境剧烈变化引起的裂缝：现浇板为贯穿裂缝，矩形板沿短边裂；有横肋时常与横肋相垂直。

2）大体积混凝土：温度引起裂缝，内外温差与温度突降引起表面或浅层裂缝；内部温差可造成贯穿裂缝；几种温差作用叠加，造成结构截面全部断裂。

3）高温热源产生的裂缝：如鼓风炉周围或冷却器下的混凝土梁出现多条横向裂缝；钢筋混凝土烟囱受热后普遍产生竖缝或水平裂缝，其中投产使用期裂缝较浅，一般至内、外表面内 3~10cm，宽度 0.2~2mm；长期高温下竖缝达 10 余米长，水平缝达 1/5~1/2 周长，甚至全圆周。

（3）收缩裂缝：

1）表面不规则发生裂缝：混凝土终凝前出现，及时抹实养护，即可消失。表面裂缝中间宽，两端细，或在两根钢筋之间，与钢筋平行。

2）表面较大裂缝：干缩或温差原因叠加，裂缝长度、宽度较大，在板类结构中形成贯穿缝。

（4）沉降裂缝：

1）一般在建筑物下部出现裂缝，裂缝都在沉降曲线曲率较大处；单层厂房可引起柱下部和上柱根部附近开裂；相邻柱出现下沉时，可把屋盖拉裂。

2）沉陷裂缝方向与地基变形所产生的主应力方向垂直，墙上多为斜缝，梁和板上为垂直缝及少数斜缝，柱上为水平缝，且各裂缝均一端宽，另一端细。

3）裂缝尺寸大小变化较多。当地基接近剪切破坏或出现较大沉降差时，裂缝尺寸较大，当地基沉降稳定后，裂缝不再发展。

四、混凝土中钢筋位置及保护层厚度检测

对于设计、施工资料不详的已建结构配筋情况调查，或是确定对保护层厚度敏感的悬臂板式结构的截面有效高度，要求检测钢筋的位置、走向、间距及埋深。不凿开混凝土表面，钢筋位置可用探测仪进行检测，确定内部钢筋的位置和走向。利用电磁感应原理进行检测，检测时将长方形的探头贴于混凝土表面，缓慢移动或转动探头，当探头靠近钢筋或与钢筋趋于平行时，感应电流增大，反之减小。通过评定，在已知钢筋直径的前提下，可检测保护层的厚度。当对混凝土进行钻芯取样时，一般可用此法预先探明钢筋的位置，以达到避让的目的。

检测采用电磁感应法可测出混凝土中钢筋的保护层厚度、直径及位置。

五、混凝土中钢筋锈蚀程度检测

1. 评定与检测混凝土构件中钢筋的锈蚀方法

为了减少钢筋锈蚀对结构造成危害，需要即时了解现有的结构中的钢筋锈蚀状态，以便对钢筋采取必要的措施进行预防。对钢筋锈蚀的测试，可采用如下几种方法。

（1）视觉法和声音法。在常规的混凝土结构中，钢筋锈蚀的第一视觉特征是钢筋

表面出现大量的锈斑，显然，只要检查钢筋表面就可以看到；有时混凝土表面下的裂缝发展到表面，混凝土最终开裂时可直接检查钢筋，在早期可以用"发声"方法估计下部裂缝引起的破坏，使用小锤敲击表面，利用声音的不同检测顺筋方向裂缝的出现。

（2）氯离子的监测。

钢筋的腐蚀速度与混凝土中氯离子的含量有有密切关系。有资料表明；混凝土中氯化物含量达 0.61.2kg/m³，钢筋的腐蚀过程就可以发生，混凝土孔隙水的 pH 值高，促使钢筋锈蚀的氯离子含量临界值相应增高。

进入混凝土中的氯离子主要有两个来源：施工过程中掺加的防冻剂等——内掺型；使用环境中氯离子的渗透——外渗型。

在《混凝土结构设计规范》（GB 50010—2010）第 3.4 条规定，室内正常环境下，最大氯离子含量不得大于 L0%。在非严寒和非寒冷地区的露天环境下，最大氯离子含量不得大于 0.3%。严寒和寒冷地区的露天环境下，最大量离子含量不得大于 0.2%。

（3）极化电阻法。极化电阻法（线形极化法）作为一个锈蚀监测方法，已经成功应用于生产工业和许多环境，该方法的原理是将锈蚀率与极化曲线在自由锈蚀电位处的斜率联系在一起，可以用双电极或三电极系统监测材料与环境耦合的锈蚀率。

（4）半电池电位法。目前，国内外常用的方法是半电池电位法。

检测前，首先配制 $CuSO_4$ 饱和溶液。检测时，保持混凝土湿润，但表面不存有自由水。

为避免破凿对筒身结构造成损伤，采用电位梯度法，而非电位值法进行检测。现场电位梯度测试不需要凿开混凝土，使用两个相距 20cm 的硫酸铜电极。

2. 评价准则

钢筋锈蚀判别目前常用的有美国、日本、德国和冶建院 4 个标准，涉及电位梯度判别的有德国标准和冶建院标准，见表4-11 至表4-14。

表4-11 美国标准

混凝土中的钢筋电位/mV	高于-200	-350~-200	低于-350
判别	90%不锈蚀	不确定	90%锈蚀

表4-12 日本标准

混凝土中的钢筋电位/mV	高于-300	局部低于-300	低于-350
判别	不锈蚀	局部锈蚀	全面锈蚀

表4-13 德国标准

混凝土中的钢筋电位/mV	高于-200	-350~-200	低于-350
判别	90%不锈蚀	不确定	90%锈蚀

在钢筋表面进行电位梯度测量，若两电极间距不大于 20cm 时能测出 100~150mV 电位差来，则电位低的部位判作锈蚀。

表4-14 冶建院标准

混凝土中的钢筋电位/mV	0~-250	-400~-250	低于-400
判别	不锈蚀	有锈蚀可能	锈蚀

网电极间距 20cm，电位梯度为 150~200mV 时，低电位处判作锈蚀。

六、红外热像分析检测

红外热成像技术是一种较新的检测技术，它集光电成像技术、计算机技术、图像处理技术于一身，通过接收物体发出的红外线（红外辐射），将其热像显示在荧光屏上，从而准确判断物体表面的温度分布情况，具有准确、实时、快速等优点。任何物体由于其自身分子的运动，不停地向外辐射红外热能，从而在物体表面形成一定的温度场，俗称"热像"。红外热像仪就是利用热成像技术将这种看不见的"热像"转变成可见光图像，使测试效果直观，灵敏度高，能检测出设备细微的热状态变化，准确反映设备内外部的发热情况，可靠性高，对发现潜在隐患非常有效。

红外线辐射是一种最为广泛的电磁波辐射，通过红外探测将物体辐射的功率信号转换成电信号后，成像装置的输出信号就可以完全一一对应地模拟扫描物体表面温度的空间分布，经电子系统处理，传至显示屏上，得到与物体表面热分布相应的热像图。

但在实际运动过程中被测目标物体各部分红外辐射的热像分布图由于信号非常弱，与可见光图像相比，缺少层次和立体感，因此，为更有效地判断被测目标的红外热分布场，常采用一些辅助措施来增加仪器的实用功能，如图像亮度、对比度的控制，实标校正，伪色彩描绘等技术。

七、钢筋力学性能的检测

结构构件中钢筋的力学性能检测，一般采用半破损法，即凿开混凝土，截取钢筋试件，然后对试件进行力学性能试验。同一规格的钢筋应抽取两根，每根钢筋再分成两根试件，取一根试件做拉力试验，另一根试件做冷弯试验。在拉力试验的两根试件中，如其中一根试件的屈服强度、抗拉强度和伸长率 3 个指标中有一个指标达不到钢筋相应的标准值，应再抽取钢筋，制作双倍（4 根）试件重做试验，如仍有一根试件的一个指标达不到标准要求，则不论这个指标在第一次试件中是否达到标准要求，拉力试验项目都为不合格。在冷弯试验中，如有一根试件不符合标准要求，应同样抽取双倍钢筋，重做试验。如仍有一根试件不符合要求，则冷弯试验项目不合格。

破损法检测钢筋的力学性能，应选择结构构件中受力较小的部位截取钢筋试件，梁构件中不应在梁跨中间部位截取钢筋。截断后的钢筋应用同规格的钢筋补焊修复，单面焊时搭接长度不小于 10d，双面焊时搭接长度不小于 5d。

八、施工偏差和构件变形检测

1. 构件变形的检测内容及方法

变形测量是安全性检测中既有混凝土构件检测的主要内容之一，测量的对象和内容主要是屋架、托架、吊车梁、屋面梁的竖向挠度以及排架柱的水平侧移。对于挠度测量，可采用拉线、水准仪三点测量，排架柱水平侧移测量与建（构）筑物整体倾斜的测量方法相类似。变形测量结果可参照《工业建筑可靠性鉴定标准》（GB 50144—2008）中混凝土受弯构件变形限值予以判断，表中 a、b、c 级为该标准定义的混凝土构件变形项目的使用性等级。对于柱水平侧移的测量结果，可参考《工业建筑可靠性鉴定标准》中对混凝土构件水平侧移的要求进行判断。

2. 施工偏差的检测内容及方法

施工偏差指混凝土构件实际的尺寸、位置与设计尺寸、位置之间的差异。过大的偏差会降低建筑物的使用功能，也可能引起较大的附加应力，降低结构的承载能力。在检查和测量既有建筑物的施工偏差时，可根据现行国家标准《混凝土结构工程施工质量验收规范》（GB 502040—2011），确定检测的内容和标准。

第七节　钢结构检测

钢结构构件由于材料强度高，构件强度一般不起控制作用，而构件乃至结构的稳定性却是首要的控制因素，加上设计应力高，连接构造及其传递的应力大，因此钢结构各构件或某一构件各零件、配件之间的连接至关重要，连接的破坏会导致构件破坏甚至整个结构的破坏。因此，局部应力、次应力、几何偏差、裂缝、腐蚀、震动、撞击效应等对钢结构的强度、稳定、连接及疲劳的影响亦不可忽视。

钢结构构件中的型钢一般是由钢厂批量生产，并需有合格证明，因此，材料的强度及化学成分是有良好保证的。检测的重点在于加工、运输、安装过程中产生的偏差与误差。另外，由于钢结构的最大缺点是易于锈蚀，耐火性差，在钢结构工程中应重视涂装工程的质量检测。钢结构工程中主要的检测内容见表 4-15。

表4-15　钢结构工程中主要的检测内容及方法

主要检测内容	检测方法	所得数据
构件尺寸及平卷度的检测	超声波测厚仪和游标卡尺等	尺寸及平整度　构件缺陷外形
构件表面缺陷的检测		超声波法、射线法及磁力法等
连接（焊接、螺栓连接）的检测	焊缝检验尺等	截面尺寸等
钢材锈蚀检测		锈蚀程度
防火涂层厚度检测	测针等	厚度
施工偏差		

如果钢材无出厂合格证明，或对其质量有怀疑，则应增加钢材的力学性能试验，必要时再检测其化学成分。

一、构件尺寸、厚度、平整度的检测

（1）尺寸检测。每个尺寸在构件的3个部位量测，取3处平均值作为该尺寸的代表值。钢构件的尺寸偏差应以设计图纸规定的尺寸为基准计算尺寸偏差；偏差的允许值应符合其产品标准的要求。

（2）平整度检测。梁和桁架构件的变形有平面内的垂直变形和平面外的侧向变形，因此要检测两个方向的平直度。柱的变形主要有柱身倾斜与挠曲。检查时可先目测，发现有异常情况或疑点时，对梁、桁架可在构件支点间拉紧一根铁丝或细线，然后测量各点的垂度与偏差；对柱的倾斜可用经纬仪或铅垂测量。柱挠曲可在构件支点间拉紧一根铁丝或细线测量。

（3）钢材厚度检测。检测钢材厚度的仪器有超声波测厚仪和游标卡尺，精度均达0.01mm。

超声波测厚仪采用脉冲反射波法。超声波从一种均匀介质向另一种介质传播时，在界面会发生反射，测厚仪可测出探头自发出超声波至收到界面反射回波的时间。超声波在各种钢材中的传播速度已知，或通过实测确定，由波速和传播时间测算出钢材的厚度，对于数字超声波测厚仪，厚度值会直接显示在显示屏上。

二、构件表面缺陷检测

钢材缺陷的性质与其加工工艺有关，如铸造过程中可能产生气孔、疏松和裂纹等。锻造过程中可能产生夹层、折叠、裂纹等。钢材无损检测的方法有超声波法、射线法及磁力法。其中超声波法是目前应用最广泛的探伤方法之一。

超声波的波长很短、穿透力强，传播过程中遇到不同介质的分界面会产生反射、折射、绕射和波形转换，超声波像光波一样具有良好的方向性，可以定向发射，犹如一束手电筒灯光可以在黑暗中寻找目标一样，能在被检材料中发现缺陷。超声波探伤能探测到的最小缺陷尺寸约为波长的一半。超声波探伤又可以分为脉冲反射法和穿透法两类。

钢材缺陷可以采用平探头纵波探伤的方法，探头轴线与其端面垂直，超声波与探头端面或钢材表面成垂直方向传播，超声波通过钢材的上表面、缺陷及底面时，均有部分超声波被反射出来，这些超声波各自往返的路程不同，回到探头时间也不同，在示波器上将分别显示出反射脉冲，依次称为始脉冲、伤脉冲和底脉冲。当钢材中无缺陷时，则无伤脉冲显示。始脉冲、伤脉冲和底脉冲波之间的间距比等于钢材上表面、缺陷和底面的间距比，由此可确定缺陷的位置。

三、连接（焊接、螺栓连接）检测

钢结构事故往往出现在连接上，故应将连接作为重点对象进行检查。臂如，重庆彩虹桥，于 1996 年建成投入使用，1999 年 1 月 4 日垮塌，其主要原因是该桥的主要受力拱架钢管焊接质量不合格，存在严重缺陷，个别焊缝有陈旧性裂痕。

连接板的检查包括：

（1）检测连接板尺寸（尤其是厚度）是否符合要求；

（2）用直尺作为靠尺检查其平整度；

（3）测量因螺栓孔等造成的实际尺寸的减小；

（4）检测有无裂缝、局部缺损等损伤。

对于螺栓连接，可用目测、锤敲相结合的方法检查，并用扭力扳手（当扳手达到一定的力矩时，带有声、光指示的扳手）对螺栓的紧固性进行复查，尤其对高强螺栓的连接更应仔细检查。此外，对螺栓的直径、个数、排列方式也要一一检查。

焊接连接目前应用最广，出现事故也较多，应检查其缺陷。焊缝的缺陷种类不少，有裂纹、气孔、夹渣、未熔透、虚焊、咬边、弧坑等。检查焊缝缺陷时，可用超声探伤仪或射线探测仪检测。在对焊缝的内部缺陷进行探伤前应先进行外观质量检查，如果焊缝外观质量不满足规定要求，需进行修补。

1. 焊缝缺陷

常见的影响焊缝强度的主要缺陷有根部未焊透、裂纹、未熔合和长条夹渣。

未焊透会使杆件焊缝的内应力在未焊透处集中，引起抗拉强度明显降低，有时降低至 40%~50%，故杆件存在未焊透缺陷时，对脆性破坏有很大敏感性。

裂纹的危害更为严重，它可以直接破坏焊缝的特性和强度，根据以往经验，焊缝裂纹多集中在定位点焊部位。

2. 焊缝外观质量检测

焊缝的外形尺寸一般用焊缝检验尺测量。焊缝检验尺由主尺、多用尺和高度标尺构成，可用于测量焊接母材的坡口角度、间隙、错位、焊缝高度、焊缝宽度和角焊缝高度。

主尺正面边缘用于对接校直和测量长度尺寸；高度标尺一端用于测量母材间的错位及焊缝高度，另一端用于测量角焊缝厚度；多用尺 15° 锐角面上的刻度用于测量间隙；多用尺与主尺配合可分别测量焊缝宽度及坡口角度。

焊缝表面不得有裂纹、焊瘤等缺陷，《钢结构设计规范》（GB 50017—2003）规定焊缝质量等级分为一、二、三级，一级焊缝为动荷载或静荷载受拉，要求与母材等强度的焊缝；二级焊缝为动荷载或静荷载受压，要求与母材等强度的焊缝；三级焊缝是一、二级焊缝之外的贴角焊缝。一级焊缝不允许有外观质量缺陷，二、三级焊缝外观质量应符合相应要求。

T 形接头、十字接头、角接接头等要求熔透的对接和角对接组合焊缝，其焊脚尺寸不应小于 t/4；设计有疲劳验算要求的吊车梁或类似构件的腹板与上翼缘连接焊接的焊脚尺寸为 t/2，且不应大于 10mm。焊脚尺寸的允许偏差为 0~4mm。

对接焊缝及完全熔透组合焊缝尺寸允许偏差应符合相关要求，部分焊透组合焊缝和角焊缝外形尺寸允许偏差应符合相应规范要求。

3. 焊缝内部缺陷的超声波探伤和射线探伤

碳素结构钢应在焊缝冷却到环境温度，低合金结构钢应在完成焊接 24h 以后，进行焊接探伤检验。钢结构焊缝探伤的方法有超声波法和射线法。《钢结构工程施工质量验收规范》（GB 50205—2001）规定，设计要求全焊透的一、二级焊缝应采取超声波探伤进行内部缺陷的检验，超声波探伤不能对缺陷做出判断时，应采取射线探伤，其内部缺陷分级及探伤方法应符合现行国家标准《钢焊缝手工超声波探伤方法和探伤结果分级》（GB 11345—1989）或《钢熔化焊对接接头射线照相和质量分级》（GB 3323—2005）的规定。

焊接球节点网架焊缝、螺栓球节点网架焊缝及圆管 T、K、Y 形节点相差线焊缝，其内部缺陷分级与探伤方法应分别符合国家现行标准《焊接球节点钢网架焊缝超首波探伤及质量分级法》（JG/ 3034.1—1996）、《螺栓球节点钢网架焊缝超声波探伤及质量分级法》（JG/ 3034.2—1996）和《建筑钢结构焊接技术规程》（JGJ 81—2002）的规定。

4. 焊缝缺陷检测方法（着色渗透检测原理）

渗透检测俗称渗透探伤，是一种以毛细管作用原理为基础用于检查表面开口缺陷的无损检测方法。它与射线检测、超声检测、磁粉检测和涡流检测一起，并称为 5 种常规的无损检测方法。渗透检测始于 21 世纪初，是目视检查以外最早应用的无损检测方法。由于渗透检测的独特优点，其应用遍及现代工业的各个领域。国外研究表明：渗透检测对表面点状和线状缺陷的检出概率高于磁粉检测，是一种最有效的表面检测方法。

渗透探伤工作原理是渗透剂在毛细管作用下，渗入表面开口缺陷内，在去除工件表面多余的渗透剂后，通过显像剂的毛细管作用将缺陷内的渗透剂吸附到工件表面形成痕迹而显示缺陷的存在。

四、钢材强度检测

采用表面硬度法对钢材强度进行检测，它的基本原理是具有一定质量的冲击体在一定试验力作用下冲击试样表面，测量冲击体试样表面 1mm 处的冲击速度与回跳速度，利用电磁原理，感应出与速度成正比的电压，较硬的材料产生的反弹速度大于较软者。然后通过有关公式计算钢材的实际强度。钢材的强度与其布氏硬度间存在如下关系（见

表 4–16 ）。

表4-16 钢材强度与布氏硬度的关系

钢材种类	强度与硬度的关系
低碳钢	δh=3.6HB
高碳钢	δh=3.4HB
调制合金钢	δh=3.25HB

注：1.δh 为钢材极限强度；2.HB 为布氏硬度，直接从钢材测得。

当确定后，可根据同种材料的屈强比计算钢材的屈服强度或条件屈服强度，确定钢材强度。

五、钢材锈蚀检测

钢结构在潮湿、存水和酸碱盐腐蚀性环境中容易生锈，锈蚀导致钢材截面削弱，承载力下降。钢材的锈蚀程度可由其截面厚度的变化来反应。

六、防火涂层厚度检测

钢结构在高温条件下，材料强度显著降低。可见，耐火性差是钢结构致命的缺点，在钢结构工程中应十分重视防火涂层的检测。

薄涂型防火涂料涂层表面裂纹宽度不应大于 0.5mm，涂层厚度应符合有关耐火极限的设计要求；厚涂型防火涂料涂层表面裂纹宽度不应大于 1mm，其涂层厚度应有 80% 以上的面积符合耐火极限的设计要求，且最薄处厚度不应低于设计要求的 85%。

（1）测针（厚度测量仪）。测针由针杆和可滑动的圆盘组成，圆盘始终保持与针杆垂直，并在其上装有固定装置，圆盘直径不应小于 30mm，以保证完全接触被测试件的表面。如果厚度测量仪不易插入被测材料中，也可使用其他适宜的方法测试。

测试时，将测厚探针垂直插入防火涂层直至钢基材表面上，记录标尺读数。

（2）测点选定。

1）楼板和防火墙的防火涂层厚度测定，可选两相邻纵、横轴线相交中的面积为一个单元。在其对角线上，按每米长度选一个点进行测试。

2）全钢框架结构的梁和柱的防火层厚度测定，在构件长度内每隔 3m 取一截面。

3）桁架结构的上弦和下弦每隔 3m 取一截面检测，其他腹杆每根取一截面检测。

（3）测量结果。对于楼板和墙面，在所选择的面积中，至少测出 5 个点；对于梁和柱，在所选择的位置中分别测出 6 个点和 8 个点，分别计算出它们的平均值，精确到 0.5mm。

七、施工偏差和变形、振动

1. 构件变形和振动的检测内容及方法

过大的变形和振动不仅影响构件的正常使用，还可能威胁构件的安全。现行设计规范对变形和振动的控制主要是通过规定变形容许值和容许长细比来实现的，检测中可依据这些规定值对构件的变形和振动做出初步判定。钢构件的变形主要为受弯构件的挠度和柱的侧移，应注意检测吊车梁、吊车桁架、轨道梁、楼盖和屋盖梁、屋架、平台梁等受弯构件的挠度，以及排架柱、框架柱、露天栈桥柱等的侧移，振动方面则应注意检测吊车梁系统、屋架下弦、支撑等构件和杆件。

2. 制作和安装偏差的检测内容及方法

偏差指制作过程中钢板、型钢、焊缝、螺栓等的尺寸偏差和制作、安装过程中构件的位置偏差。国家标准《钢结构工程施工质量验收规范》（GB 50205—2001）控制的主要偏差如下。

制作偏差：

（1）钢板厚度和型钢尺寸的偏差；

（2）焊接形型钢和焊接连接组装的偏差；

（3）桁架结构构件轴线交点的错位；

（4）柱、梁连接处腹板中心线的偏移；

（5）钢构件外形尺寸的偏差。

安装偏差：

（1）屋（托）架、桁架、梁和受压杆件的垂直度和侧向弯曲矢高；

（2）单层钢结构主体结构的整体垂直度和整体平面弯曲；

（3）安装在混凝土柱上的钢桁架（梁）支座中心对定位轴线的偏差；

（4）钢柱的偏差；

（5）钢吊车梁或直接承受动力荷载的类似构件安装的偏差；

（6）钢平台安装的偏差。

过大的偏差会影响构件的受力性能和承载能力，在某些情况下还可能造成构件的局部破坏。我国设计、施工规范对各类偏差都做出了严格限定，检测中应依据原设计的要求和设计、施工规范的规定，对构件的几何尺寸和空间位置进行复核，测量工具包括钢尺、角尺、塞尺（测量裂缝宽度）、游标卡尺、超声波金属厚度测试仪、水准仪、经纬仪、光电测距仪、全站仪等。

第八节　桥梁检测

通过了解桥梁的技术状况及缺陷和损伤的性质、部位、严重程度、发展趋势，弄清出现缺陷和损伤的主要原因，以便能分析和评价既存缺陷和损伤对桥梁质量和使用承载能力的影响，并为桥梁维修和加固设计提供可靠的技术数据和依据。

因此，桥梁检查是进行桥梁养护、维修与加固的先导工作，是决定维修与加固方案可行和正确与否的可靠保证。它是桥梁评定、养护、维修与加固工作中必不可少的重要组成部分。

一、检测基础知识

（1）标志、桩号、里程、桥头信息的识别，

（2）左右幅的确定。以公路里程增加方向为前进方向，该方向的左边为"左幅"，右边为"右幅"。

可以用来确定：桩号/墩台从小到大的方向（里程增加的方向）。

（3）伸缩缝位置、联的确定。

伸缩缝位置确定：按里程增加的方向以此排开第1道、第2道等。

联的确定：第1与第2到伸缩缝之间为第1联，以此递增类推。

锚固区：伸缩缝两侧。

（4）主线桥编号规则。墩（台）、桥孔编号规则，以公路里程增加方向为前进方向。

主线桥小桩号方向的桥台为。号桥台，沿前进方向依次为1号墩、2号墩、……、m号台，相应的桥孔/跨为第1孔/跨、第2孔/跨、、第m孔/跨。

（5）跨线桥、通道编号规则。跨线桥编号方法为面向前进方向，从左到右依次为0号台、1号墩、2号墩、……、m号台，相应的桥孔为第1孔/跨、第2孔/跨、…、第m孔/跨。

（6）特大型、大型桥梁的水准点编号规则。特大型、大型桥梁在桥面设置永久性观测点，定期进行检测，按单幅计算，沿行车道两边，按每孔四分点、二分点、支点不少于5个位置（10个点）布设测点。

二、桥梁外观检查及无损检测

公路桥梁的结构类型包括：（1）梁式桥；（2）板拱桥（与工、混凝土）、肋拱桥、双曲拱桥；（3）钢架拱桥、桁架拱桥；（4）钢 - 混凝土组合拱桥；（5）悬索桥；

（6）斜拉桥。总体来说，桥梁部件分为主要部件和次要部件，各结构类型桥梁的主要构件见表4-17。

表4-17 各结构类型桥梁主要构件

序号	结构类型	主要构件
1	梁式桥	上部承重构件、桥墩、桥台、基础、支座
2	板拱桥（圬工、混凝土）肋拱桥、双曲拱桥	主拱圈、拱上结构、桥面板、桥墩、桥台、基础
3	钢架拱桥、桁架拱桥	钢架（桁架）拱片、横向联结系、桥面系、桥墩、桥台、基础
4	钢-混凝土组合拱桥	拱肋、横向联结系、主柱、吊杆、系杆、行车道板（梁）、支座、桥墩、桥台、基础
5	悬索桥	主缆、吊索、加劲梁、索塔、锚碇、桥墩、桥台、基础、支座
6	斜拉桥	斜拉索（包括锚具）、主梁、索塔、桥墩、桥台、基础、支座

检测主要采用野外实地量测现场评定的方法，要求到位检查。并可借助检查梯或望远镜。对于难以到位检查的桥梁部位，还应借助桥梁检测车设备进行。检查时以目力检测为主，结合部分无损检测设备进行检查。主要检测内容及方法见表4-18。

表4-18 主要检测内容及方法

主要检测内容	检测方法	所得数据
桥梁外观检查（上部结构、下部结构、桥面系）	目测、记录	—
混凝土强度、碳化深度检测	混凝土回弹仪、酚酞试剂	强度值
钢筋保护层厚度检测	混凝土钢筋雷达仪	
裂缝状况检查	裂缝观测仪	宽度、长度
桥梁周边环境调查		

上部结构采用桥梁检测车逐孔以单个构件或单个支座为单位依据相应检测指标检查，主要承重构件病害的检查必须要用桥梁检测车检查，如主梁等；下部结构及桥面系采用人工逐个构件检查的方法进行外业检查。

对于病害部位，在明确病害范围后，在病害部位标明病害位置、相关尺寸及检查日期等信息并拍照记录，外业检查填写相关检查记录表，并绘制病害展开图。

（1）桥面系检测：

1）桥面铺装层纵、横坡是否顺适，有无严重的裂缝（龟裂、纵横裂缝）、坑槽、波浪、桥头跳车、防水层漏水；

2）伸缩缝是否有异常变形、破损、脱落、漏水，是否造成明显的跳车；

3）护栏有无撞坏、断裂、错位、缺件、剥落、锈蚀等；

4）桥面排水是否顺畅，泄水管是否完好畅通，桥头排水沟功能是否完好，锥坡桥头护岸有无冲蚀、塌陷；

5）桥上交通信号、标志、标线、照明设施是否损坏、老化、失效，是否需要更换。

（2）上部结构检测。上部结构主要包括主梁、挂梁、湿接缝、横隔板、支座等，具体构件确定按桥梁结构划分。

（3）下部结构检测。下部结构主要包括翼墙、耳墙、桥台、墩台基础等，具体构件确定按桥梁结构划分。

不同结构类型的桥梁，其检测内容及方法不尽相同，这里拿梁式桥来举例，主要的检测内容是针对其上部结构、下部结构以及桥面系不同类别的部件进行病害的检查。

（4）其他检测：

1）构件无损检测主要检测内容：

①混凝土强度检测；

②混凝土碳化深度检测；

③钢筋位置及混凝土保护层厚度检测；

④钢筋锈蚀情况检测。

2）桥梁周边环境调查：

①桥梁运营情况调查：通过向桥梁养护部门调阅历年来的桥梁养护资料和定期检查资料来了解桥梁的状态，并向相关部门调查近年来交通量的变化情况及车辆超载运输情况，结合本次桥梁结构检测及荷载试验结果对桥梁的病害原因进行分析，并对桥梁是否满足现行荷载通行要求做出判断，当不满足时提出加固建议，满足时提出桥梁日常养护时应注意的问题；

②桥头引道调查：重点调查台背沉陷情况及其产生的桥头跳车现象，并分析由此产生的对桥梁结构的冲击影响。

3）对于特大型、大型桥梁，应设立永久观测点，定期进行控制检测。特大型、大型桥梁竣工时有永久观测点的，根据原观测点资料测量，应设而没有设置永久性观测点的桥梁，应在定期检查时按规定补设，根据补设观测点进行测量。测点的布设和首次检测的时间及检测数据等，按竣工资料的要求予以归档，并绘制观测点布置图。

三、荷载试验检测

桥梁承载能力反映了结构抗力效应与荷载效应的对比关系，就桥梁结构而言这种关系往往是不确定的，是不断变化的。

对桥梁的承载能力进行检测，是为了对其进行评定，而评定的主要目的是维持现有桥梁安全或可靠水平在规范的要求之上或能满足当前荷载的要求，了解桥梁的真实承载性能，综合分析判断桥梁结构的承载能力和使用条件。

（1）适用条件：

1）采用基于检测的方法检算不足以明确判断承载能力的桥梁；

2）交工验收时，单孔跨径大于40m的大桥或特大桥梁；

3）采用新结构、新材料、新工艺或新理论修建的桥梁；

4）在投入运营一段时间后结构性能出现明显退化的桥梁；

5）出现较大变化、主要承重构件开裂严重、基础沉降较大等；

6）改、扩建或重大加固后的桥梁；

7）通行荷载明显高于设计荷载等级的桥梁。

（2）荷载试验一般过程。桥梁荷载试验一般包括静力荷载试验与动力荷载试验两部分。一般情况下，桥梁结构试验可分为 4 个阶段，即试验计划、试验准备、加载试验与观测以及试验资料整理分析与总结。

（3）静载试验。静载试验用于采集结构应力、变形数据，并进行结构分析；应将最大实测值与分析值对比，验证校验系数；挠度测试中校验系数验证、残余变形评定。

桥梁静力荷载试验，主要是通过测量桥梁结构在静力试验荷载作用下的变形和内力，用以确定桥梁结构的实际工作状态与设计期望值是否相符，以检验桥梁结构实际工作性能，如结构的强度、刚度等。

2. 评定与检测混凝土构件中钢筋的锈蚀方法

为了减少钢筋锈蚀对结构造成危害，需要即时了解现有的结构中的钢筋锈蚀状态，以便对钢筋采取必要的措施进行预防。对钢筋锈蚀的测试，可采用如下几种方法。

（1）视觉法和声音法。在常规的混凝土结构中，钢筋锈蚀的第一视觉特征是钢筋表面出现大量的锈斑，显然，只要检查钢筋表面就可以看到；有时混凝土表面下的裂缝发展到表面，混凝土最终开裂时可直接检查钢筋，在早期可以用"发声"方法估计下部裂缝引起的破坏，使用小锤敲击表面，利用声音的不同检测顺筋方向裂缝的出现。

（2）氯离子的监测。

钢筋的锈蚀速度与混凝土中氯离子的含量有关。有资料表明：混凝土中氯化物含量达 0.6~1.2kg/m³，钢筋的锈蚀过程就可以发生，曲线表示的是促使混凝土中钢筋锈蚀的氯离子含量的临界值，混凝土孔隙水的 PH 值高，促使钢筋锈蚀的氯离子含量临界值相应增高。

进入混凝土中的氯离子主要有两个来源：施工过程中掺加的防冻剂等——内掺型；使用环境中氯离子的渗透——外渗型。

在《混凝土结构设计规范》（GB 50010—2010）中第 3.4 条规定，室内正常环境下，荷载试验的目的是了解结构在荷载作用下的实际工作状态，综合分析判断桥梁结构的承载能力和使用条件。

（4）动载试验。动载试验用于分析结构自振频率和振型有无降低和劣化；测定冲击系数。

动载试验的项目内容包括：

1）检验桥梁结构在动力荷载作用下的受迫振动特性，如桥梁结构动位移、动应力、冲击系数的行车试验。

2）测定桥梁结构的自振特性，如结构或构件的自振频率、振型和阻尼比等的脉动试验或跳车激振试验。

动载试验的分类：脉动试验、行车试验、跳车激振试验、刹车试验。

行车试验的试验荷载：一般采用接近于检算荷载（标准荷载）重车的单辆载重汽车来充当。试验时，让单辆载重汽车分偏载和中载两种情形，以不同车速匀速通过桥跨结构，测定桥跨结构主要控制截面测点的动应力和动挠度时间历程响应曲线。

跳车激振的试验荷载：一般采用近于检算荷载（标准荷载）重车的单辆载重汽车来充当。试验时，让单辆载重汽车的后轮在指定位置从高度为15cm的三角形垫木突然下落对桥梁产生冲击作用，激起桥梁的竖向振动。

第九节　隧道检测

一、隧道外观检查及无损检测

（1）检测目的：

1）对隧道病害进行全面检测，为该隧道的运营、养护、维修或改建提供参考依据。

2）根据各部件缺损状况，判断缺损原因，确定维修范围及方式，整理隧道检查数据资料，根据检查内容做出相应判定。

3）针对隧道现状，提出处置措施的建议。

（2）定期检查依据：

《公路工程技术标准》（JTG B01—2003）；

《公路养护技术规范》（JTG H10—2009）；

《公路隧道养护技术规范》（JTG H12—2003）；

《公路隧道施工技术规范》（JTG F60—2009）；

《公路隧道设计规范》（JTG D70—2004）；

各隧道施工图或竣工图。

（3）定期检查内容。公路隧道定期检查是按规定周期对结构的基本技术状况进行全面检查，以掌握结构的基本技术状况，评定结构物功能状态，为制订养护工作计划提供依据。定期检查按检查项目主要分为洞口、洞门、衬砌、路面、检修道、排水系统、吊顶、内装及隧道环境九大部分内容。

（4）结构无损检测。主要检测内容包括：1）混凝土强度检测；

2）混凝土碳化深度检测；

3）钢筋位置及混凝土保护层厚度检测；

4）钢筋锈蚀情况检测。

（5）检查方式。主要检查方式以步行检查方式为主，配备必要的检查工具或设备，进行目测或测量检查。依次检查各个结构部位，及时发现异常情况，并在相应位置做出标记，并监测其发展变化情况。各检查项目的主要检查方式见表4-19。

表4-19　隧道定期检查方式

项目名称	检查方式
洞口	徒步目视检测，用相机记录病害的程度，人工填写隧道定期检查记录表
洞门	徒步目视检测，用相机记录病害的程度，人工填写隧道定期检查记录表
衬砌	采取超声波与人工调查两种方法进行综合检测，用超声波记录检测裂缝深度，用相机记录病害的程度，人工填写隧道定期检查记录表
路面	徒步目视检测，用相机记录病害的程度，人工填写隧道定期检查记录表
检修道	徒步目视检测，用相机记录病害的程度，人工填写隧道定期检查记录表
排水系统	徒步目视检测，用相机记录病害的程度，人工填写隧道定期检查记录表
吊顶	徒步目视检测，用相机记录病害的程度，人工填写隧道定期检查记录表
内装	徒步目视检测，用相机记录病害的程度，人工填写隧道定期检查记录表

针对构件无损检测方式：1）混凝土强度检测采用超声-回弹综合测强法检测；2）混凝土表面碳化采用人工手锤造坑，用酚酞溶液显示混凝土碳化分界位置并用混凝土碳化深度测量仪测量其碳化深度；3）钢筋位置及混凝土保护层厚度采用钢筋位置测定仪进行检测；4）钢筋锈蚀采用钢筋锈蚀仪进行检测。

二、隧道环境检测

（1）检测内容及目的。隧道环境检测主要对灯具照度、风速及噪声、一氧化碳浓度、烟雾浓度进行检测分析，考察隧道是否满足公路隧道通风照明及环境要求，以充分提高安全使用性能，为养护单位后期工作提供可靠依据。具体检测内容见表4-20。

表4-20　检查内容

隧道环境	时度：夜间及中间段照明亮度是否满足要求；路面亮度的总均匀度是否满足要求；亮度纵向均匀度是否满足要求
	噪声：能否满足相关规程的要求；隧道内吸声设施是否污染、损坏
	一氧化碳浓度：是否小于一氧化碳允许浓度
	烟雾浓度：是否小于烟雾允许浓度
	风速：是否小于风速允许强度

（2）检测依据：

《公路隧道通风照明设计规范》（JTJ 026.1—1999）；

《公路隧道施工技术规范》（JTJF 60—2009）；

《声环境质量标准》（GB 3096—2008）。

（3）检测方式。具体检测方式见表4-21。

表4-21　检查方式

照度	应用照度计进行照度参数量测，人工填写隧道定期检查记录表
噪声	应用精密声级计进行噪声参数量测，人工填写隧道定期检查记录表
一氧化碳浓度	应用CO浓度检测仪进行测试，人工填写隧道定期检查记录表
烟雾浓度	应用风速计和光透过率仪进行烟雾浓度测试，人工填写隧道定期检查记录表
风速	分段分区域，采用风表进行检测

风速检测采用迎面法：测风员面向风流站立，手持风速计，手臂向正前方伸直，然后按一定的路线使风速计均匀移动。由于人体位于风表的正后方，人体的正面阻力降低了流经风表的流速，因此，用该法测的风速值需经校正后才是真实风速 v，$v = Ll4 v_0$。

隧道周边环境调查：通过向隧道养护部门调阅历年来的隧道养护资料和定期检查资料来了解隧道的状态，并向相关部门了解近年来交通量的变化情况及车辆超载运输情况，结合本次隧道检测结果对桥梁的病害原因进行分析，提出隧道日常养护时应注意的问题。

三、质量检测

（1）主要检测依据：

《公路隧道施工技术规范》（JTGF 60—2009）；

《公路隧道设计规范》（JTGFD 70—2004）；

《铁路隧道超前地质预报技术指南》（铁建〔2008〕105 号）；

《公路工程物探规程》（JTG/C 22—2009）；

《公路工程质量检验评定标准》（JTGF 80/1—2004）；

《锚杆喷射混凝土支护技术规范》（GB 50086—2001）；

《岩土锚杆（索）技术规程》（CECS22：2005）；

《铁路隧道监控量测技术规程规范》（TB 10121—2007）；

《铁路隧道衬砌质量无损检测规范》（TB 10223—2004）。

（2）主要检测内容及方法：

1）超前地质预报。超前地质预报采用地质超前预报仪进行检测。

2）隧道初期支护间距、初期支护背后空隙及回填状况。初期支护间距采用钢卷尺通过尺量的方法进行。

3）隧道二次衬砌厚度及安全状况描述。

4）二次衬砌背后空隙及回填状况。衬砌背后回填密实度的主要判定特征为：

①密实：信号幅度较弱，甚至没有界面反射信号；

②不密实：衬砌界面的强反射信号同相轴呈绕射弧形，且不连续，较分散；

③空洞：衬砌界面反射信号强，三振相明显，在其下部仍有强反射界面信号，两组信号时程差较大。

5）锚杆拉拔力及锚固质量无损检测。

第十节　检测报告的完成

检测报告由五部分组成：封面、目录、签发页、报告正文和附件等内容。

（1）封面。封面的内容有题目、委托单位名称、检测单位名称、报告日期、报告编号。题目需要有工程名称，如某办公楼前楼检测报告。

封面的一般格式：报告编号一般放在封面右上角，其他内容居中者居多。

（2）目录。对于内容比较多的检测报告或者比较重要的检测报告，最好有报告目录，内容比较少的检测报告不必一定要设计目录。

（3）签发页。签发页是检测单位相关人员签字的地方，对于内容比较多或者比较重要的检测报告，最好独立一页作为签发页，内容比较少的检测报告可以将签发页的内容放在报告的最后一页。在一份检测报告上需要签字的人员有检测（试验）人员、计算人员、技术审核人员、行政主管人员，签发页的内容有检测（试验）、计算（制表）、技术审核（技术负责人）、行政主管（最高主管或项目负责人）。

（4）报告正文。报告正文的主要内容有委托情况、工程概况、执行标准、检测方案、检测结果、检测结论。

委托情况（指干什么）：主要内容有委托单位、工程名称、委托内容、委托日期、委托人以及联系方式等。

工程概况（指工程什么模样）：主要内容有结构形式、建筑（桥梁等）本身的特征、构造形式、平面形式、立面形式、建设年代、设计单位、施工单位等以及需要进行交代的其他内容。通过这部分内容的介绍，让人们对检测对象有一个初步的认识。

执行标准（指怎么干）：专门指现行检测规范。

检测方案（指怎么干）：对于没有标准检测方法或标准试验方法的检测（试验）项目，需要将具有一定个性的检测方案进行概要的描述，描述语言可以多种多样，如文字语言、工程语言、数字语言等。

检测结果（指质量怎么样）：检测结果是检测报告的主体，内容较多。其要求细致、有理有据、条理清晰，尽可能让外行能够读懂，或者让有一点行业常识的人员能够读懂，最好是要将文字语言、工程语言、数学语言一起应用。同时对所检测的每一个参数都要进行判定。

检测结论（指能不能使用）：在一个个检测结果的基础上，对结构进行综合评定，判定哪些内容合格，哪些内容不合格以及差多少等。

处理建议（指怎么处理）：根据检测结论给一个或者多个处理建议。

为检测结果服务的过程性内容：比如钢筋试验报告、混凝土强度回弹评定报告、频谱曲线、结构验算书等。

第四章　土木工程结构安全鉴定

第一节　鉴定的基础

一、鉴定的概念

鉴定的基本解释为辨别并确定事物的真伪优劣。一般情况下，土木工程安全鉴定的对象为现有建筑物、构筑物等。其中现有建筑物是指除古建筑、新建建筑、危险建筑以外，迄今仍在使用的现有建筑，也就是说，现有建筑只是既有建筑中的一部分。

根据现行规范和相关资料，土木工程安全结构鉴定是指人们根据结构力学、土木工程结构、土木工程材料的专业知识，依据相关的鉴定标准、设计标准、规范和结构工程方面的理论，借助检测工具和仪器设备，结合结构设计和施工经验，对土木工程结构的材料、承载力和损坏原因等情况进行的检测、计算、分析和论证，并最后判定其可靠与安全程度。

二、鉴定的基本思想

土木工程安全鉴定的内容和拟建土木工程在结构设计方面的内容并没有本质差别，它们均需要通过对各种不确定因素的分析，控制或判定结构的性能，二者理论的主要内容均为结构可靠性理论；但是，现有土木工程已成为现实的空间实体，并经历了一定时间的使用，在具体的分析和评定过程中就不能完全套用结构设计中的分析和校核方法。

第一，现有土木工程结构鉴定的实质是对其在未来时间里能否完成预定功能的一种预测和判断，是对未来事物的推断。确定土木工程当前的状况并非鉴定的目的，鉴定的目的是评定现有土木工程在未来预期或设定的时间里能否安全和适用。在土木工程的可靠性鉴定中，首先应该明确考虑时间区域，着眼于现有结构和环境在未来可能发生的变化。

第二，与拟建土木工程不同，在鉴定过程中，应充分考虑对鉴定结果有直接影响的前提条件，如设计失误、施工缺陷、使用不当、围护不周等。

第三，如果因用途变更、改建、扩建等原因而对土木工程进行鉴定，就必须考虑功能的变化，这些变化会改变最初设计时所依据的控制指标和限值。

三、鉴定的分类和适用范围

土木工程安全鉴定主要包括建筑可靠性鉴定、危险房屋鉴定、建筑抗震鉴定、公路桥梁技术评定以及隧道技术评定等。

建筑可靠性鉴定分为民用建筑可靠性鉴定、工业厂房可靠性鉴定。民用建筑可靠性鉴定适用于建筑物大修前的全面检查，重要建筑物的定期检查，建筑物改变用途或使用条件的鉴定，建筑物超过设计预期继续使用的鉴定，为制定建筑群维修改造规划而进行的普查。工业厂房可靠性鉴定适用于以混凝土结构、砌体结构为主体的单层或多层工业厂房的整体、区段或构件，以钢结构为主体的单层厂房的整体、区段或构件。

危险房屋鉴定是为正确判断房屋结构的危险程度，及时治理危险房屋，确保使用安全的鉴定，适用于现有建筑。

建筑抗震鉴定是为减轻地震破坏、减少损失，并为抗震减灾或采取其他抗震减灾对策提供依据，对现有建筑的抗震能力进行的鉴定，适用于抗震设防烈度为6~9度地区的现有建筑。

公路桥梁技术评定与隧道技术状况评定是根据检测资料与相关规范，将桥梁或隧道功能不足、易损性或损伤导致缺陷参数表示成技术状况，从而对缺陷的主动响应提供清晰的表述，以确保公路桥梁与隧道安全使用，也可为桥梁养护、维修和更换提供决策依据。

四、鉴定的依据和规范

依据旧的规范标准设计的现有土木工程，在严格以现行规范标准为基准来评定时，则可能造成土木工程加固改造规模过大。一定比例的建筑物的性能低于当前标准规定的水平，是科技发展、土木结构性能退化的必然结果，是任何时期都普遍存在和必须面对的问题。因此，较为合理的方法是赋予评定标准一定的弹性：如果土木工程结构性能仅在较小程度上小于现行规范规定的水平，那么原则上应予以接受；但对于相差较大的土木工程结构，则应作为加固改造的重点对象。

第二节　建筑可靠性鉴定

建筑结构的可靠性是指建筑结构在规定的时间内和有限的条件下完成预定功能的能

力，结构的预定功能包括结构的安全性、使用性和耐久性。因此，建筑结构的可靠性鉴定就是根据建筑结构的安全性、使用性和耐久性来评定建筑的可靠程度，要求房屋结构安全可靠、经济实用、坚固耐久。

一、鉴定的方法

（1）传统经验法。传统经验法主要是以有关的鉴定标准为依据，依靠有经验的专业技术人员进行现场目视检测，有时辅以简单的检测仪器和必要的复核计算，然后借助专业人员的知识和经验给出评定结果。该方法鉴定程序简单，但由于受检测技术的制约和个人主观因素的影响，鉴定人员难以获得较为准确完备的数据和资料，也难以对结构的性能和状态做出全面分析，鉴定结论往往因人而异，工程处理方案也偏保守，不能合理有效处理问题，此方法目前基本已被淘汰。

（2）实用鉴定法。实用鉴定法是应用各种检测手段对建筑物及其环境进行调查分析，并用计算机技术以及其他相关技术和方法分析建筑物的性能和状态，全面分析建筑物存在问题的原因，以现行标准规范为基准，按照统一的鉴定程序和标准，提出综合性鉴定结论和建议。该方法与传统经验法相比，鉴定程序科学，对建筑物性能和状态的认识较准确和全面，具有合理、统一的评定标准，而且鉴定工作主要由专门的技术机构或专项鉴定组承担，因此对建筑物可靠性水平的判定较准确，能够为建筑物维修、加固、改造方案的决策提供可靠的技术依据。此鉴定方法适用于结构复杂、建筑标准要求较高的大型建筑物或重要建筑物。

（3）概率鉴定法。概率鉴定法（可靠度鉴定法）是将建筑结构的作用效应 S 和结构抗力 A 作为随机变量，运用概率论和数理统计原理，计算出 $A<S$ 时的失效概率，用来描述建筑结构可靠性的鉴定方法。该方法针对具体的已有建筑物，通过对建筑物和环境信息的采集和分析，评定其可靠性水平，评定结论更符合特定建筑物的实际情况。从发展趋势上看，概率鉴定法是可靠性鉴定方法的发展方向。

二、民用建筑可靠性鉴定

1. 民用建筑可靠性鉴定的分类

按照结构功能的两种极限状态，民用建筑可靠性鉴定可分为安全性鉴定和正常使用性鉴定。根据不同的鉴定目的和要求，安全性鉴定和正常使用性鉴定可分别进行，或合并为可靠性鉴定以评估结构的可靠性。当鉴定评为需要加固处理或更换构件时，应根据加固或更换的难易程度、修复价值及加固修复对原有建筑功能的影响程度，补充构件的适修性评定（详见《民用建筑可靠性鉴定标准》（GB 50292—1999）），作为工程加固修复决策时的参考或建议。民用建筑可靠性鉴定的适用范围见表5-1。

表5-1 民用建筑可靠性鉴定的适用范围

鉴定类别	适用范围
仅进行安全性鉴定	危房鉴定及各种应急鉴定
	房屋改造前的安全检查
	临时性房屋需要延长使用期的检查
	使用性鉴定中发现有安全问题
仅进行使用性鉴定	建筑物日常维护的检查
	建筑物使用功能的鉴定
	建筑物有特殊使用要求的专门鉴定
可靠性鉴定	建筑物大修前的全面检查
	重要建筑物的定期检查
	建筑物改变用途或使用条件的鉴定
	建筑物超过设计基准期继续使用的鉴定
	为制定建筑群维修改造规划而进行的鉴定

2. 民用建筑鉴定的程序和内容

依托于实用鉴定法，在现行《民用建筑可靠性鉴定标准》（GB 50292—1999）中，民用建筑可靠性鉴定程序应按如下程序进行。

（1）初步调查的目的是了解建筑物的历史和现状，为下一阶段的结构质量检测提供有关依据。初步调查宜包括下列基本工作内容。

1）进行资料收集，主要包括：图纸资料，如岩土工程勘察报告、设计计算书、设计变更记录、施工图、施工及施工变更记录、竣工图；竣工质检及验收文件，包括隐蔽工程验收记录、定点观测记录、事故处理报告、维修记录、历次加固改造图纸等；建筑物历史，如原始施工、历次修缮、改造、用途变更、使用条件改变以及受灾等情况。

2）进行现场工作调查，通过考察现场按资料核对实物，调查建筑物实际使用条件和内外环境，查看已发现的问题，听取有关人员的意见等。

通过资料收集和现场调查，填写初步调查表，最终制订详细调查计划及检测、试验工作大纲并提出需由委托方完成的准备工作。

（2）详细调查是可靠性鉴定的基础，其目的是为结构的质量评定、结构验算和鉴定以及后续的加固设计提供可靠的资料和依据。此时，可根据实际需要选择下列工作内容：

1）结构基本情况勘查：结构布置及结构形式；圈梁、支撑（或其他抗侧力系统）布置；结构及其支承构造；构件及其连接构造；结构及其细部尺寸；其他有关的几何参数。

2）结构使用条件调查核实：结构上的作用；建筑物内外环境；使用史（含荷载史）。

3）地基基础（包括桩基础）检查：场地类别与地基土（包括土层分布及下卧层情况）。地基稳定性（斜坡）；地基变形，或其在上部结构中的反应；评估地基承载力的原位测试及室内物理力学性质试验；基础和桩的工作状态（包括开裂、腐蚀和其他损坏的检查）；其他因素（如地下水抽降、地基浸水、水质、土壤腐蚀等）的影响或作用。

4）材料性能检测分析：结构构件材料；连接材料；其他材料。

5）承重结构检查：构件及其连接工作情况；结构支承工作情况；建筑物的裂缝分布；结构整体性；建筑物侧向位移（包括基础转动）和局部变形；结构动力特性。

6）围护系统使用功能检查。

7）易受结构位移影响的管道系统检查。

（3）补充调查是在鉴定评级过程中，在发现某些项目的评级依据尚不充分，或者评级介于两个等级之间的情况下，为获得较正确的评定结果而进行的调查工作。

3.民用建筑鉴定的层次和等级划分

民用建筑结构体系按照结构失效逻辑关系，划分为相对简单的3个层次：构件、子单元和鉴定单元。构件是鉴定的第一层次，是最基本的鉴定单位。子单元是鉴定的第二层次，由构件组成，一般可按地基基础、上部承重结构和围护系统划分为3个子单元。鉴定单元是鉴定的第三层次，根据被鉴定建筑物的构造特点和承重体系的种类，将该建筑物划分为一个或若干个可以独立进行鉴定的区段，每一区段为一个鉴定单元。

鉴定时，按规定的检查项目和步骤，首先从第一层次开始，逐层进行评定。根据构件各检查项目评定结果确定单个构件等级；其次根据子单元各检查项目及各种构件的评定结果，确定该子单元等级；最后根据子单元的评定结果，确定鉴定单元等级。

鉴定标准用文字统一表述各类结构各层次评级标准的分级原则，对有些不能用具体数量指标界定的分级标准做出解释。民用建筑安全性、使用性、可靠性各层次的分级标准详见《民用建筑可靠性鉴定标准》（GB 50292—1999）。

（1）安全性鉴定。民用建筑安全性鉴定划分为构件、子单元和鉴定单元3个层次，每个层次分4个等级进行鉴定。

（2）使用性鉴定。民用建筑使用性鉴定划分为构件、子单元和鉴定单元3个层次，每个层次分3个等级进行鉴定。由于使用性鉴定中不存在类似安全性严重不足，必须立即采取措施的情况，所以使用性鉴定分级的档数比安全性和可靠性鉴定少一档。

（3）可靠性鉴定。民用建筑可靠性鉴定划分为构件、子单元和鉴定单元3个层次，每个层次分4个等级进行鉴定。各层次的可靠性鉴定评级，以该层次的安全性和使用性等级的评估结果为依据综合确定。

4.构件安全性鉴定评级

建筑结构构件安全性评级所涉及的构件主要有混凝土构件、钢结构构件、砌体结构构件与木结构构件。当需通过荷载试验评估结构构件的安全性时，应按现行国家标准进行。若检验合格，可根据其完好程度定为七级或八级；若检验不合格，可根据其严重程度定为 a 级或 b 级。结构构件可仅做短期荷载试验，其长期效应的影响可通过计算补偿。

若其他层次在鉴定评级中，有必要给出其中构件的安全性等级时，可根据其实际完好程度定为 c 级或 d 级。但若构件未受到结构性改变、修复、修理、用途与使用条件改变的影响，未遭明显的损坏，工作正常且不怀疑其可靠性不足时，可不参与鉴定。

（1）混凝土结构构件安全性评级。混凝土结构构件的安全性鉴定，应按承载能力、构造、不适于继续承载的位移（或变形）和裂缝等 4 个检查项目，分别评定每一受检构件的等级，并取其中最低一级作为该构件安全性等级。

（2）承载能力项目鉴定评级。混凝土构件承载能力评定，是对构件的抗力汽和作用效应 S 按现行《混凝土结构设计规范》（GB 50010—2010）进行计算，并考虑结构重要性系数，计算得出 $R/(\gamma_0 S)$ 后，结合标准评定混凝土构件的承载能力等级。

（3）构造项目鉴定评级。混凝土结构构件的安全性按构造评定时应分别评定连接（或节点）构造、受力预埋件两个检查项目的等级，然后取其中较低一级作为该构件构造的安全性等级。可根据其实际完好程度确定评定结果取 a 级或 b 级；可根据其实际严重程度确定评定结果取 c 级或 d 级。构件支承长度的检查结果不参加评定，但若有问题应在鉴定报告中说明并提出处理建议。

（4）位移项目鉴定评级。混凝土结构构件位移的鉴定评级，对于受弯构件应评定挠度和侧向弯曲两个项目，对于柱子则仅评定柱顶水平位移。

混凝土结构构件的安全性按不适于继续承载的位移或变形的标准评定时，对桁架（屋架、托架）的挠度，当其实测值大于其计算跨度的 1/400 时，应验算其承载能力，并结合现行标准中混凝土受弯构件不适于继续承载的变形评定内容评定等级。

对柱顶的水平位移（或倾斜）项目鉴定评级，若该位移与整个结构有关，应结合现行标准中上部承重结构侧向位移评级的内容进行评定，取与上部承重结构相同的级别作为该柱的水平位移等级。

若该位移只是孤立事件，则应在其承载能力验算中考虑此附加位移的影响，当承载能力验算结果不低于从级时，柱顶位移项目可评定为 b 级，但应附加观察使用一段时间的限制，以判别变形是稳定的还是发展的；当承载能力结果低于 b 级时，可根据其实际严重程度定为 c 级或 d 级；若该位移尚在发展，应直接定为 d 级。

（5）裂缝评定。钢筋混凝土根据裂缝产生的原因不同，可将裂缝分为两大类，即受力裂缝和非受力裂缝。受力裂缝由荷载引起，是材料应力增大到一定程度的标志，是结构破坏开始的特征或强度不足的征兆。从受力裂缝出现到承载力破坏的过程有脆性破坏和延性破坏两种。当分析认为属于剪切裂缝或有压坏迹象时，应根据其实际严重程度评为 c 级或 d 级。由延性破坏导致的裂缝主要有弯曲裂缝、受拉构件裂缝、大偏心受压构件的拉区裂缝等。混凝土结构构件出现受力裂缝时，应结合标准中混凝土构件不适于继续承载的裂缝宽度评定标准，按其实际严重程度定为 c 级或 d 级。

非受力裂缝主要由构件自身引起，对结构的承载力影响不大，但因钢筋锈蚀造成的沿主筋方向的裂缝，会直接影响构件的安全性。对因温度收缩等作用产生的裂缝，若其宽度已超出标准中规定的弯曲裂缝宽度值 50%，且分析表明已显著影响结构的受力，则应视为不适于继续承载的裂缝，并应根据其实际严重程度定为 c 级或 d 级。

此外，若混凝土结构构件出现受压区混凝土有压坏迹象，或因主筋锈蚀导致构件掉角以及混凝土保护层严重脱落时，不论其裂缝宽度大小，应直接定为 bu 级。

（2）钢结构构件安全性鉴定评级。钢结构构件的安全性鉴定，应按承载能力、构造、不适于继续承载的位移（或变形）等 3 个检查项目分别评定每一受检构件等级；对冷弯薄壁型钢结构、轻钢结构、钢桩以及地处有腐蚀性介质的工业区，或高湿、临海地区的钢结构，还应以不适于继续承载的锈蚀作为检查项目评定其等级；然后取其中最低一级作为该构件的安全性等级。

1）承载能力项目鉴定评级。当钢结构构件（含连接）的安全性按承载能力评定时，应根据现行规范，计算出 $A/(\gamma_0 S)$，并根据现行标准，分别评定每一验算项目的等级，然后取其中最低一级作为该构件承载能力的安全性等级。当构件或连接出现脆性断裂或疲劳开裂时应直接定为 d 级。

2）构造项目鉴定评级。当钢结构构件的安全性按构造评定时，应依据现行标准，评定结果 a 级或 b 级，可根据其实际完好程度评定；c 级或 d 级可根据其实际严重程度评定。

3）位移项目鉴定评级钢结构构件位移安全性的鉴定评级，对于受弯构件应评定挠度和侧向受弯或侧向倾斜等项目，对于柱子则仅评定柱顶水平位移或柱身弯曲等项目。

钢结构构件的安全性按不适于继续承载的位移或变形评定：

对桁架（屋架、托架）的挠度，当其实测值大于桁架计算跨度的 1/400 时，应验算其承载力。验算时，应考虑由于位移产生的附加应力的影响。

钢结构柱顶的水平位移（或倾斜），应参照现行标准中子单元上部承重构件的评级内容进行评定。

4）锈蚀项目鉴定评级。当钢结构构件的安全性按不适于继续承载的锈蚀评定时，除应按剩余的完好截面验算其承载能力外，尚应根据现行标准中钢结构构件不适于继续承载的锈蚀的评定标准评级。

（3）砌体结构构件安全性鉴定评级。砌体结构构件的安全性鉴定，应按承载能力、构造、不适于继续承载的位移和裂缝等 4 个检查项目分别评定每一受检构件等级，并取其中最低一级作为该构件的安全性等级。

1）承载能力项目鉴定评级。当砌体结构的安全性按承载能力评定时，应考虑现行《砌体结构设计规范》（GB 50003—2011）对材料强度等级的要求。当所鉴定砌体结构材料的最低强度的等级不适合现行规范要求时，即使按实际材料强度验算砌体承载能力等级高于 c 级，也应定为 d 级。

计算出 $R/(\gamma_0 S)$ 后，根据现行标准，分别评定每一验算项目的等级，然后取其中最低一级作为该构件承载能力的安全性等级。

2）构造项目鉴定评级。当砌体结构构件的安全性按构造评定时，应根据现行标准规定，分别评定两个检查项目的等级，然后取其中较低一级作为该构件构造的安全性等级。

3）位移项目鉴定评级。砌体结构位移安全性评级，对墙、柱主要是指侧向水平位移（或侧斜）或弯曲，对拱或壳体结构构件主要指拱脚的水平位移或拱轴变形。

砌体位移或侧斜项目安全性评级遵循的原则与混凝土结构柱顶水平位移的安全性评级原则相同，此处不再赘述。

对因偏差或其他使用原因造成的柱（不包括带壁柱）的弯曲，当其矢高实测值大于柱的自由长度的 1/500 时，应在其承载能力验算中计入附加弯矩的影响，承载能力等级不低于 b 级，可评定为 b 级；承载能力等级低于 b 级，可根据其实际严重程度定为 c 级或 d 级。

当拱或壳体结构构件拱脚或壳的边梁出现水平位移，拱轴线或筒拱、扁壳的曲面发生变形，可根据其实际严重程度定为 c 级或 d 级。

4）裂缝项目鉴定评级。根据产生的原因，砌体结构裂缝可分为受力裂缝和非受力裂缝。受力裂缝由荷载引起；非受力裂缝由温度、收缩、变形或地基不均匀沉降等引起。受力裂缝和非受力裂缝分别根据现行标准评定。

（4）木结构构件安全性鉴定评级。木结构构件的安全性鉴定，应按承载能力、构造、不适于继续承载的位移（或变形）、裂缝、危险性的腐朽及虫蛀等 6 个检查项目，分别评定每一受检构件的等级，并取其中最低一级作为该构件的安全性等级。

1）承载能力项目鉴定评级。评定承载能力时，应根据国家现行设计规范，计算出 $R/(\gamma_0 S)$ 后，根据现行标准，分别评定每一验算项目的等级，然后取其中最低一级作为该构件承载能力的安全性等级。

2）构造项目鉴定评级。构造项目的安全性评定的检查项目为连接与屋架起拱值，主要考虑连接方式是否正确、构造是否符合设计规范、有无缺陷等，分别评定 2 个检查项目的等级，并取其中较低一级作为该构件构造的安全性等级。

3）位移项目鉴定评级。评定不适于继续承载的位移时，检查项目为最大挠度与侧向弯曲矢高，根据现行标准评定等级。

4）裂缝项目鉴定评级。裂缝项目评定时，应得出受拉构件及拉弯构件、受弯构件及偏压构件、受压构件的斜率评定等级。

5）腐朽项目鉴定评级。评定腐朽项目的检查项目有表层腐朽（主要出现在上部承重结构构件和木桩）和心腐（出现在任何构件），根据腐朽面积与结构原截面积评定等级。

6）虫蛀项目鉴定评级。评定虫蛀项目时，通过目测、敲击、仪器探测等方法检查有无蛀孔、蛀洞，根据实际情况评定等级。

5.构件正常使用性评级

建筑结构构件使用性评级所涉及的构件为混凝土构件、钢结构构件与砌体结构构件。对被鉴定的结构构件进行计算和验算，应符合《混凝土结构设计规范》（GB 50010—2002）的规定和鉴定标准的要求。验算结果应按现行标准、规范规定的限值评定等级。若验算结果与观察不符，应进一步检查设计和施工方面可能存在的差错。

（1）混凝土结构构件使用性鉴定评级。混凝土结构构件的正常使用性鉴定，应按位移和裂缝两个检查项目分别评定每一受检构件的等级，并取其中较低一级作为该构件使用性等级。

1）位移项目鉴定评级。混凝土构件使用性评级中的位移，主要指受弯构件的挠度及柱顶的水平位移。

混凝土桁架和其他受弯构件的正常使用性按其挠度检测结果评定时，除需要现场实测构件的挠度外，还应计算构件在正常使用极限状态下的挠度值，将挠度值与计算值及现行设计规范中的限值比较，根据现行标准评定等级。

混凝土柱的正常使用性需要按其柱顶水平位移（或倾斜）鉴定评级时，若该位移的出现与整个结构有关，应根据现行标准中上部承重结构侧向位移评级的内容进行评定，取与上部承重结构相同的级别作为该柱的水平位移等级；若该位移的出现只是孤立事件，依据现行标准，可根据其检测结果直接评级。

2）裂缝项目鉴定评级。裂缝对混凝土结构的影响，主要是结构耐久性和观感上的不适。《混凝土结构设计规范》（GB 50010—2010）对正常使用极限状态下的最大裂缝宽度规定了验算的限值，并作为鉴定评级中划分 > 级与 c 级的界限。

对沿主筋方向出现的锈蚀裂缝，应直接评为 c 级；若一根构件同时出现两种裂缝，应分别评级，并取其中较低一级作为该构件的裂缝等级。

当混凝土结构构件的正常使用性按其裂缝宽度检测结果评定时，若检测值小于计算值及现行设计规范限值时，可评为 a 级；若检测值大于或等于计算值，但不大于现行设计规范限值时，可评为 b 级；若检测值大于现行设计规范限值时，应评为 C 级；若计算有困难或计算结果与实际情况不符时，宜根据现行标准中钢筋混凝土构件裂缝宽度等级的评定内容评定等级；混凝土结构构件碳化深度的测定结果，主要用于鉴定分析，不参与评级。但若构件主筋已处于碳化区内，则应在鉴定报告中指出，并应结合其他项目的检测结果提出处理的建议。

（2）钢结构构件使用性鉴定评级。钢结构构件的正常使用性鉴定，应按位移和锈蚀（腐蚀）两个检查项目，分别评定每一受检构件的等级，并以其中较低一级作为该构件使用性等级。对钢结构受拉构件，还应以长细比作为检查项目参与上述评级。

1）位移项目鉴定评级。钢结构构件的位移，同混凝土一样，主要是指受弯构件的挠度和柱顶的水平位移。当受弯构件的正常使用性按挠度评定时，同样将挠度的实测值与计算值及《钢结构设计规范》（GB 50017—2003）的允许限值进行比较，然后按混凝土构件挠度评级相同的规定进行。

当钢桁架或其他受弯构件的正常使用性按其挠度检测结果评定时，若检测值小于计算值及现行设计规范限值时，可评为 a 级；若检测值大于或等于计算值，但不大于现行设计规范限值时，可评为 b 级；若检测值大于现行设计规范限值时，应评为 c 级；一般构件的鉴定中，对检测值小于现行设计规范限值的情况，直接根据其完好程度定为 a 级或 b 级。

当钢柱的正常使用性需要按其柱顶水平位移（或倾斜）检测结果评定时，若该位移的出现与整个结构有关，应根据现行标准中上部承重结构侧向位移评级的内容进行评定，取与上部承重结构相同的级别作为该柱的水平位移等级；若该位移的出现只是孤立事件，则可根据其检测结果直接评级，评级所需的位移限值可依据现行标准中所列的层间数值确定。

2）锈蚀（腐蚀）项目鉴定评级。涂漆是建筑钢结构的主要防锈措施。防锈漆层一般分为底漆、中间漆和面漆。因底漆与钢材间有良好的附着力，防锈主要靠底漆；中间漆主要是增加漆膜厚度，增强保护力；面漆既可阻止侵蚀介质进入钢材表面，又可起装饰作用。因此钢结构构件的使用性按其锈蚀（腐蚀）的检查结果评定时，主要考虑涂漆的完好或脱落程度，具体评级内容以现行标准为准。

3）受拉构件长细比项目鉴定评级。当钢结构受拉构件的正常使用性按其长细比的检测结果评定时，应依据现行标准，根据其实际完好程度确定。

（3）砌体结构构件使用性鉴定评级。砌体结构构件的正常使用性鉴定，应按位移、非受力裂缝和风化（或粉化）3 个检查项目，分别评定每一受检构件的等级，并取其中最低一级作为该构件使用性等级。

1）位移项目鉴定评级。当砌体墙、柱的正常使用性按其顶点水平位移（或倾斜）的检测结果评定时，应根据现行标准中上部承重结构侧向位移评级的内容进行评定，取与上部承重结构相同的级别作为该柱的水平位移等级；若该位移只是孤立事件，则可根据其检测结果直接评级。

2）非受力裂缝项目鉴定评级及风化或粉化项目鉴定评级，依据现行标准，根据实际情况评定等级。

（4）木结构构件使用性鉴定评级。木结构构件的正常使用性鉴定，应按位移、干缩裂缝和初期腐朽 3 个检查项目的检测结果，分别评定每一受检构件的等级，并取其中最低一级作为该构件的使用性等级。

1）位移项目鉴定评级。位移项目鉴定评级时，通过得出的构件挠度检测结果评定等级。

2）干缩裂缝项目鉴定评级。干缩裂缝项目鉴定评级时，以干缩裂缝的深度为主，根据有无裂缝、是否为微缝等情况评定等级。

3）初期腐朽项目鉴定评级。当发现木结构构件有初期腐朽迹象，或虽未腐朽，但所处环境较潮湿时，应直接定为 c 级，并应在鉴定报告中提出防腐处理和防潮通风措施的建议。

6.子单元安全性鉴定评级

民用建筑安全性的第二层次鉴定评级，应按地基基础（含桩基和桩，下同）、上部承重结构和围护系统的承重部分划分为 3 个子单元。各子单元安全性鉴定分为 4 个等级，分别用 A、B、C、D 表示。当仅要求对某个子单元的安全性进行鉴定时，该子单元与其他相邻子单元之间的交叉部位也应进行检查，并应在鉴定报告中提出处理意见，若不要求评定围护系统可靠性，也可不将围护系统承重部分列为子单元，而将其安全性鉴定并入上部承重结构中。各子单元安全性与使用性的具体评级原则应严格依据现行标准。

（1）地基基础安全性鉴定评级。地基基础是地基与基础的总称。地基是承担上部结构荷载的一定范围内的地层，应具备不产生过大的沉降变形、承载能力及斜坡稳定性三个方面的基本条件。基础是建筑物中间地基传递荷载的下部结构，应具有安全性和正常使用性。地基基础子单元的安全性鉴定，包括地基、桩基和斜坡 3 个检查项目，以及基础和桩两种主要构件。地基基础（子单元）的安全性等级应根据对地基基础（或桩基、桩身）和地基稳定性的评定结果，按其中最低一级确定。

1）地基、桩基安全性鉴定评级。地基、桩基的安全性鉴定根据其变形和承载能力两个指标评级，一般情况下，宜根据地基、桩基沉降观测资料或其不均匀沉降在上部结构中的反应的检查结果进行鉴定评级。

当现场条件适宜于按地基、桩基承载力进行鉴定评级时，可根据岩土工程勘察档案和有关检测资料的完整程度，适当补充近位勘探点，进一步查明土层分布情况，并采用原位测试和取原状土做室内物理力学性质试验的方法进行地基检验，根据以上资料并结合当地工程经验对地基、桩基的承载力进行综合评价。若现场条件许可，还可通过在基础（或承台）下进行载荷试验以确定地基（或桩基）的承载力。当发现地基受力层范围内有软弱下卧层时，应对软弱下卧层地基承载能力进行验算。

2）基础安全性鉴定评级。基础的鉴定评级有直接评定和间接评定。

直接评定：对浅埋基础（或短桩），可通过开挖进行检测、评定；对深基础（或桩），可根据原设计、施工、检测和工程验收的有效文件进行分析。也可向原设计、施工、检测人员进行核实；或通过小范围的局部开挖，取得其材料性能、几何参数和外观质量的检测数据。若检测中发现基础（或桩）有裂缝、局部损坏或腐蚀现象，应查明其原因和程度。根据以上核查结果，对基础或桩身的承载能力进行计算分析和验算，并结合工程经验做出综合评价。

间接评定主要针对一些容易判断的情况，不经过开挖检查，而是根据地基评定结果并结合工程经验进行评定。当地基（或桩基）的安全性等级已评为 A 级或 B 级，且建筑场地的环境正常时，可取与地基（或桩基）相同的等级；当地基（或桩基）的安全性等级已评为 CU 级或 DU 级，且根据经验可以判断基础或桩也已损坏时，可取与地基（或桩基）相同的等级。

3）斜坡评定。对建造在斜坡上或毗邻深基坑的建筑物，应验算地基稳定性。调查对象应为整个场区，取得工程勘察报告并注意场区的环境。

（2）上部承重结构安全性鉴定评级。上部承重结构（子单元）的安全性鉴定评级，应根据其所含各种构件的安全性等级、结构的整体性等级，以及结构侧向位移等级 3 个方面进行确定。

（3）围护系统承重部分的安全性鉴定评级。围护系统承重部分的安全性评级，应根据该系统专设的和参与该系统工作的各种构件的安全性等级，以及该部分结构整体性的安全性等级进行评定。应当注意的是，围护系统承重部分的安全性等级，不得高于上部承重结构等级。

7. 子单元使用性鉴定评级

民用建筑第二层次的使用性鉴定，同样包括地基基础、上部承重结构和维护系统 3 个子单元。各子单元使用性鉴定分为 3 个等级，分别用 A、B、C 表示。当仅要求对某个子单元的使用性进行鉴定时，该子单元与其他相邻子单元之间的交叉部分也应进行检查，并在鉴定报告中提出处理意见。

（1）地基基础使用性鉴定评级。地基基础的正常使用性，可根据其上部承重结构或围护系统的工作状态进行评估。若安全性鉴定中已开挖基础（或桩）或鉴定人员认为有必要开挖时，也可按开挖检查结果评定单个基础（或单桩、基桩）及每种基础（或桩）的使用性等级。

（2）上部承重结构使用性鉴定评级。上部承重结构（子单元）的正常使用性鉴定，应从其所含各种构件的使用性等级和结构的侧向位移等级两个方面进行评定。当建筑物的使用要求对振动有限制时，还应评估振动（颤动）的影响。

（3）围护系统使用性鉴定评级。围护系统的正常使用性鉴定评级，应从该系统的使用功能等级及其承重部分的使用性等级两个方面进行评定。

8. 鉴定单元安全性及使用性鉴定评级

鉴定单元是民用建筑可靠性鉴定的第三层次，鉴定单元的评级，应根据各子单元的评级结果，以及与整栋建筑有关的其他问题，分安全性和使用性分别进行评定。鉴定单元的安全性分成 4 个等级，分别用 A、B、C、D 表示。鉴定单元的使用性分成 3 个等级，分别用 A1、B1、C1 表示。

（1）鉴定单元安全性鉴定评级。民用建筑鉴定单元的安全性鉴定评级，应根据其地基基础、上部承重结构和围护系统承重部分 3 个方面的安全性等级，以及与整个建筑有关的其他安全问题进行评定。鉴定单元的安全性等级，应根据各方面评定结果，按下列原则确定。

1）一般情况下，应根据地基基础和上部承重结构的评定结果按其中较低等级确定。

2）当鉴定单元的安全性等级按上款评为 AMJ 级或 IL 级但围护系统承重部分的等级为 C 级或 D 级时，可根据实际情况将鉴定单元所评等级降低一级或二级，但最后所定的等级不得低于 C 级。

3）对于建筑物处于有危房的建筑群中，且直接受到其威胁；或建筑物朝某一方向倾斜，且速度开始变快的情况可直接评为 D1 级建筑。

4）当新测定的建筑物动力特性与原先记录或理论分析的计算值相比，建筑物基本周期显著变长或建筑物振型有明显改变时，可判定其承重结构可能有异常，应进一步检查、鉴定后，再评定该建筑物的安全性等级。

（2）鉴定单元使用性鉴定评级。民用建筑鉴定单元的正常使用性鉴定评级，应根据地基基础、上部承重结构和围护系统 3 个子单元的使用性等级，以及与整幢建筑有关的其他使用功能问题进行评定。鉴定单元使用性评级按 3 个子单元中最低的等级确定。

当鉴定单元的使用性等级评为 A 级或 B 级，但房屋内外装修已大部分老化或残损；或者房屋管道、设备已需全部更新时，宜将所评等级降为 C 级。

9. 可靠性鉴定评级

民用建筑的可靠性鉴定应按标准划分的层次，以其安全性和正常使用性的鉴定结果为依据，确定该层次的可靠性等级。当不要求给出可靠性等级时，民用建筑各层次的可靠性可采取直接列出其安全性等级和使用性等级的形式予以表示；当需要给出民用建筑各层次的可靠性等级时，可根据其安全性和正常使用性的评定结果，按下列原则确定。

（1）当该层次安全性等级低于 bu 级、BU 级或 BMJ 级时，应按安全性等级确定。

（2）除上述情形外，可按安全性等级和正常使用性等级中较低的等级确定。

10. 适修性评估

在民用建筑可靠性鉴定中，若委托方要求对 C 级和 D 级鉴定单元，或 C 级和 D 级子单元（或其中某种构件）的处理提出建议时，宜对其适修性进行评估。可按下列处理原则提出具体建议：

（1）对适修性评为 A，、B，或 A′、B′ 的鉴定单元和子单元（或其中的构件），应修复使用。

（2）对适修性评为 C 的鉴定单元和 C′ 子单元（或其中某种构件），应分别做出修复与拆换两个方案，经技术、经验评估后再作选择。

（3）对适修性评为 C~D′、D~D′ 和 C~D′;、D~D′ 的鉴定单元和子单元（或其中某种构件），宜考虑拆换或重建。

（4）对有纪念意义或有文物、历史、艺术价值的建筑物，不进行适修性评估，而应予以修复和保存。

三、工业建筑可靠性鉴定

工业建筑是为工业生产服务，可进行和实现各种生产工艺过程的建筑物和构筑物。建筑物包括单层和多层厂房等；构筑物包括贮仓、水池、槽罐结构、塔类结构、炉窑结构、构架和支架等。工业建筑可靠性鉴定是根据调查检测和可靠性分析结果，按照一定的评定标准和方法，逐步评定工业建筑各个组成部分以及工业建筑整体的可靠性，确定相应的可靠性等级，指明工业建筑中不满足要求的具体部位和构件，提出初步处理意见，最后得出鉴定报告。

1. 工业建筑可靠性鉴定

工业建筑可靠性鉴定的适用范围见表5-2。

表5-2   工业建筑可靠性鉴定的适用范围

鉴定要求	适用范围
应进行可靠性鉴定	达到设计使用年限拟继续使用时
	用途或使用环境改变时
	进行改造或增容、改建或扩建时
	遭受灾害或事故时
	存在较严重的质量缺陷或者出现较严重的腐蚀、损伤、变形时
宜进行可靠性鉴定	使用维护中需要进行常规检测鉴定时
	需要进行全面、大规模维修时
	其他需要掌握结构可靠性水平时
结构存在问题仅为局部，根据需要进行专项鉴定	结构进行维修改造有专门要求时
	结构存在耐久性损伤影响其耐久年限时
	结构存在疲劳问题影响其疲劳寿命时
	结构存在明显振动影响时
	结构需要长期监测时
	结构受到一般腐蚀或存在其他问题时

2. 工业建筑鉴定的程序和内容

根据现行《工业建筑可靠性鉴定标准》（GB 50144—2008），工业建筑的可靠性鉴定程序按鉴定的目的、范围和内容，应在接受鉴定委托时根据委托方提出的鉴定原因和要求，经协商后确定，一般以技术合同的形式予以明确。在工业建筑可靠性鉴定中，若发现调查检测资料不足或不准确时，应及时进行补充调查、检测。

（1）初步调查应包括下列基本工作内容。

1）应查阅资料，包括图纸资料，如工程地质勘察报告、设计图、竣工资料、检查观测记录、历次加固和改造图纸和资料、事故处理报告等；工业建筑的历史情况，包括施工、维修、加固、改造、用途变更、使用条件改变以及受灾害等情况。

2）考察现场，调查工业建筑的实际状况、使用条件、内外环境、目前存在的问题。

（2）详细调查与检测宜根据实际需要选择下列工作内容。

1）详细研究相关文件资料。

2）详细调查结构上的作用和环境中的不利因素，以及它们在目标使用年限内可能发生的变化，必要时测试结构上的作用或作用效应。

3）检查结构布置和构造、支撑系统、结构构件及连接情况，详细检测结构存在的缺陷和损伤，包括承重结构或构件、支撑杆件及其连接节点存在的缺陷和损伤。

4）检查或测量承重结构或构件的裂缝、位移或变形，当有较大动荷载时测试结构或构件的动力反应和动力特性。

5）调查和测量地基的变形，检测地基变形对上部承重结构、围护结构系统及吊车运行等的影响。必要时可开挖基础检查，也可补充勘察或进行现场荷载试验。

6）检测结构材料的实际性能和构件的几何参数，必要时通过荷载试验检验结构或构件的实际性能。

7）检查围护结构系统的安全状况和使用功能。

可靠性分析与验算，应根据详细调查与检测结果，对建筑物、构筑物的整体和各个组成部分的可靠度水平进行分析与验算，包括结构分析、结构或构件安全性和正常使用性校核分析、所存在问题的原因分析等。

3. 工业建筑物鉴定的层次和等级划分

现行《工业建筑可靠性鉴定标准》（GB 50144—2008）将工业建筑物划分为构件、结构系统和鉴定单元 3 个层次，各层分级并逐步综合进行可靠性评定。构件是鉴定的基础层次；结构系统是鉴定的中间层次，由构件组成，一般可按地基基础、上部承重结构和围护结构系统进行鉴定；鉴定单元是鉴定的最高层次，根据被鉴定建筑物的构造特点和承重体系的种类，将该建筑物划分成一个或若干个可以独立进行鉴定的区段，每一区段为一鉴定单元。

其中结构系统和构件两个层次的鉴定评级，包括安全性等级和使用性等级评定，或合并为可靠性鉴定以评估结构的可靠性；安全性分 4 个等级，使用性分 3 个等级，各层次的可靠性分 4 个等级，并应按相应规定的评定项目分层次进行评定。当不要求评定可靠性等级时，可直接给出安全性和正常使用性评定结果。工业建筑可靠性鉴定的构件、结构系统、鉴定单元详细的评级标准与原则应查阅《工业建筑可靠性鉴定标准》（GB 50144—2008）。

4. 建筑结构构件的鉴定评级

单个构件的鉴定评级，应对其安全性等级和使用性等级进行评定，或将两者合并综合评定构件的可靠性，评定时均依据《工业建筑可靠性鉴定标准》（GB 50144—2008）评定等级。

（1）混凝土结构鉴定评级。混凝土结构或构件的鉴定评级包括安全性评级和使用性评级。其中安全性评级中有承载力、构造和连接 2 个项目，并取其中较低等级作为构件的安全性等级；使用性评级中有裂缝、变形、缺陷和损伤、腐蚀 4 个项目评定，同样取其中的最低等级作为构件的使用性等级。

1）承载能力项目鉴定评级。承载能力是混凝土结构项目评级中的主要项目，对结构安全性及可靠性具有关键意义，应计算出构件的抵抗力 R 与作用效应为 5 的比值 $R/(\gamma_0 S)$ 评定等级。

2）构造和连接项目鉴定评级。构件的构造合理、可靠，是构件能够安全承载的保障。混凝土构件的构造和连接项目包括构造、预埋件、连接节点的焊缝或螺栓等。评级时，应根据对构件安全使用的影响评定等级，并取较低等级作为构造和连接项目的评定等级。

3）裂缝项目鉴定评级。混凝土构件的受力裂缝宽度应依据现行标准中钢筋混凝土构件裂缝宽度评定，采用热轧钢筋配筋的预应力混凝土构件裂缝宽度评定，采用钢绞线、热处理钢筋、预应力钢丝配筋的预应力混凝土构件裂缝宽度评定三部分的内容，根据实际情况评定等级。

混凝土构件因钢筋锈蚀产生的沿筋裂缝在腐蚀项目中评定，其他非受力裂缝应查明原因，判定裂缝对结构的影响，可根据具体情况进行评定。

4）混凝土结构和构件的变形分为整体变形和局部变形两类。整体变形是指反映结构整体工作情况的变形，如结构的挠度和侧移等；局部变形是指反映结构局部工作情况的变形，如构件应变、钢筋的滑移。混凝土构件的变形项目评级应依据现行标准评定。

5）缺陷和损伤项目鉴定评级。混凝土构件缺陷和损伤项目，根据实际情况评定等级。

6）腐蚀项目鉴定评级。腐蚀项目包括钢筋锈蚀和混凝土腐蚀两部分，根据实际情况评定等级，该项等级应取钢筋锈蚀和混凝土腐蚀评定结果中的较低等级。

（2）钢结构鉴定评级。钢结构或构件的鉴定评级包括安全性评级和使用性评级。其中安全性评级以承载力（构造和连接）项目评定，并取其中较低等级作为构件的安全性等级；钢构件的使用性等级应按变形、偏差、腐蚀和一般构造等项目进行评定，并取其中最低等级作为构件的使用性等级。

1）承载能力项目鉴定评级。承重构件的钢材应符合建造时的钢结构设计规范和相应产品标准的要求，如果构件的使用条件发生根本的改变，还应该符合国家现行标准规范的要求，否则，应在确定承载能力和评级时考虑其不利影响。

钢构件的承载能力项目评级，应计算出构件的抵抗力 R 与作用效应（$\gamma_0 S$）的比值 $R/(\gamma_0 S)$ 评定等级。在确定构件抗力时，应考虑实际的材料性能和结构构造，以及缺陷损伤、腐蚀、过大变形和偏差的影响。

2）变形项目鉴定评级。钢构件的变形是指荷载作用下梁板等受弯构件的挠度，应根据实际情况评定等级。

3）偏差项目鉴定评级。钢构件的偏差包括施工过程中存在的偏差和使用过程中出现的永久变形，应根据实际情况评定等级。

4）腐蚀和防腐项目、一般构造项目的鉴定评级，根据实际情况评定等级。

（3）砌体结构鉴定评级。砌体结构的安全性等级应按承载能力、构造和连接2个项目评定，并取其中的较低等级作为构件的安全性等级。砌体构件的使用性等级应按裂缝、缺陷和损伤、腐蚀3个项目评定，并取其中的最低等级作为构件的使用性等级。

1）承载能力项目鉴定评级。砌体构件的承载能力项目应计算出构件的抵抗力 R 与作用效应 $\gamma_0 S$ 的比值 $R/(\gamma_0 S)$ 评定等级。

2）砌体构件构造与连接项目鉴定评级。砌体构件构造与连接项目的等级应根据墙、柱的高厚比，墙、柱、梁的连接构造，砌筑方式等涉及构件安全性的因素评定等级。

3）裂缝项目鉴定评级。砌体构件的裂缝项目应根据裂缝的性质评定等级。裂缝项目的等级应取各种裂缝评定结果中的较低等级。

4）缺陷和损伤项目鉴定评级。砌体构件的缺陷和损伤项目应根据实际情况评定。缺陷和损伤项目的等级应取各种缺陷、损伤评定结果中的较低等级。

5）腐蚀项目鉴定评级。砌体构件的腐蚀项目应根据砌体构件的材料类型与实际情况评定等级。腐蚀项目的等级应取各材料评定结果中的较低等级。

5. 建筑结构系统的鉴定评级

结构系统的鉴定评级属于工业建筑物鉴定的第二层次，此鉴定评级过程是在构件鉴定的基础上进行的。结构系统鉴定时，应对其安全性等级和使用性等级进行评定，或将两者合并综合评定其可靠性等级。

A. 地基基础鉴定评级

（1）地基基础安全性鉴定评级。地基基础安全性评定主要通过地基变形和建筑物现状、承载力等项目进行评定，评定结果按最低等级确定。评定时，应先根据地基变形观测资料和建筑物、构筑物现状进行评定；必要时，可按地基基础的承载力进行评定。其中，对于建在斜坡场地上的工业建筑，应对边坡场地的稳定性进行检测评定；对有大面积地面荷载或软弱地基上的工业建筑，应评价地面荷载、相邻建筑以及循环工作荷载引起的附加沉降或桩基侧移对工业建筑安全使用的影响。

1）地基变形和建筑物现状项目鉴定评级。当地基基础的安全性按地基变形观测资料和建筑物、构筑物现状的检测结果评定时，应按现行标准评定等级。

2）承载能力项目鉴定评级。在需要按承载能力评定地基基础的安全性时，考虑到基础隐蔽难以检测等实际情况，不再将基础与地基分开评定，而视为一个共同工作的系统进行整体综合评定。对地基承载力的确定应考虑基础埋深、宽度以及建筑荷载工期作用的影响；对于基础，可通过局部开挖检测，分析验算其受冲切、受剪、抗弯和局部承压的能力；地基础的安全性等级应综合地基和基础的检测分析结果确定其承载功能，并考虑与地基基础问题相关的建筑物实际开裂损伤状况及工程经验，按如下规定进行综合评定：在验算地基基础承载力时，建筑物的荷载大小按结构荷载效应的标准组合取值；当场地地下水位、水质或土压力等有较大改变时，应对此类变化产生的不利影响进行评价。

（2）地基基础使用性鉴定评级。地基基础的使用性等级宜根据上部承重结构和围护结构使用状况评定。

（3）地基基础可靠性鉴定评级。评定出建筑物地基基础的安全性等级和使用性等级，当不要求给出可靠性等级时，地基基础的可靠性可采用直接列出其安全性等级和使用性等级的形式共同表达。

B. 上部承重结构鉴定评级

（1）上部结构安全性的鉴定评级。上部承重结构的安全性等级，应按结构整体性和承载功能两个项目评定，并取其中较低的评定等级作为上部结构的安全性等级，必要时可考虑过大水平位移或明显振动对该结构系统或其中部分结构安全性的影响。

1）结构整体性鉴定评级。结构整体性的评定应根据结构布置和构造、支撑系统两个项目，根据实际情况评定等级，并取结构布置和构造、支撑系统两个项目中的较低等级作为结构整体性的评定等级。

2）结构承载功能鉴定评级。上部承重结构承载功能的等级评定，精确的评定应根据结构体系的类型及空间作用等，按照国家现行标准规范规定的结构分析原则和方法以及结构的实际构造和结构上的作用确定合理的计算模型，通过结构作用效应分析和结构抗力分析，并结合该体系以往的承载状况和工程经验进行。在进行结构抗力分析时还应考虑结构、构件的损伤、材料劣化对结构承载能力的影响。

第一种情况：当单层厂房上部承重结构是由平面排架或平面框架组成的结构体系时，可先根据结构布置和荷载分布将上部承重结构分为若干框排架平面计算单元，然后将平面计算单元中的每种构件按构件的集合及其重要性区分为重要构件集（同一种重要构件的集合）或次要构件集（同一种次要构件的集合）。

各平面计算单元的安全性等级，宜按该平面计算单元内各重要构件集中的最低等级确定。当平面计算单元中次要构件集的最低安全性等级比重要构件集的最低安全性等级低二级或三级时，其安全性等级可按重要构件集的最低安全性等级降一级或降二级确定。

第二种情况：对多层厂房上部承重结构承载功能进行等级评定时，应沿厂房的高度方向将厂房划分为若干单层子结构，宜以每层楼板及其下部相连的柱子、梁为一个子结构；子结构上的作用除本子结构直接承受的作用外，还应考虑其上部各子结构传到本子结构上的荷载作用。

子结构承载功能等级的确定与第一种情况一致。最后，整个多层厂房的上部承重结构承载功能的评定等级可按子结构中的最低等级确定。

（2）上部结构使用性的鉴定评级。上部承重结构的使用性等级应按上部承重结构使用状况和结构水平位移两个项目评定，并取其中较低的评定等级作为上部承重结构的使用性等级，必要时应考虑振动对该结构系统或其中部分结构正常使用性的影响。

1）上部承重结构使用状况。第一种情况：对单层厂房上部承重结构使用状况的等级评定，可按屋盖系统、厂房柱、吊车梁 3 个子系统中的最低使用性等级确定；当厂房中采用轻级工作制吊车时，可按屋盖系统和厂房柱两个子系统的较低等级确定。其中屋盖系统、吊车梁系统包含相关构件和附属设施，包括吊车检修平台、走道板、爬梯等。第二种情况：对多层厂房上部承重结构使用状况的等级评定，可按上部结构承载功能鉴定评级第二种情况使用的原则和方法划分出若干单层子结构；单层子结构使用状况的等级可按本部分上述第一种情况的规定评定。

2）结构水平位移鉴定评级。当上部承重结构的使用性等级评定需考虑结构水平位移影响时，可采用检测或计算分析的方法得出位移或倾斜值进行评定。当结构水平位移过大，达到 C 级标准的严重情况时，应考虑水平位移引起的附加内力对结构承载能力的影响，并参与相关结构的承载功能等级评定。

3）考虑振动的影响。当振动对上部承重结构的安全、正常使用有明显影响需要进行鉴定时，则应进行现场调查检测：调查振动对上部结构的影响范围，调查振动对人员正常活动、设备仪器正常工作以及结构和装饰层的影响情况，需要时进行振动响应和结构动力特性测试。

当判定结果超出专门标准规定限值时，需要考虑振动对上部承重结构整体或局部的影响。若评定结果对结构的安全性有影响，应在上部承重结构承载功能的评定等级中予以考虑；若评定结果对结构的正常使用性有影响，则应在上部结构使用状况的评定等级中予以考虑。

当振动影响上部承重结构安全时，如结构产生共振现象，结构振动幅值较大或疲劳强度不足等，应进行安全性等级评定。当仅进行振动对结构安全影响评定而未做常规可靠性鉴定时，若振动影响涉及整个结构体系或其中某种构件，其评定结果即为振动对上部结构影响的安全性等级；当考虑振动对结构安全的影响且参与上部承重结构的常规鉴定评级时，可将其评定结果参照上部承重结构安全性等级的相应规定评定等级。

当上部承重结构产生的振动对人体健康、设备仪器正常工作以及结构正常使用产生不利影响时，应进行结构振动的使用性评定。结构振动的使用性等级根据影响情况进行评定，并取其中最低等级作为结构振动的使用性等级。当仅进行振动对结构正常使用影响评定而未做常规可靠性鉴定时，若振动影响涉及整个结构体系或其中某种构件，其评定结果即为振动对上部承重结构影响的使用性等级；当考虑振动影响结构正常使用且参与上部承重结构的常规鉴定评级时，可将其影响评定结果的因素参与上部承重结构使用性等级的评定。

（3）上部结构可靠性鉴定评级。评定出建筑物上部承重结构的安全性等级和使用性等级后，当不要求给出可靠性等级时，上部结构的可靠性可采用直接列出其安全性等级和使用性等级的形式共同表达。

上部承重结构的可靠性评级应分别根据每个结构系统的安全性等级和使用性等级评定结果，按下列原则确定：

1）一般情况下，应按安全性等级确定，但仅当系统的使用性等级为 C 级，安全性等级不低于 B 级时，宜定为 C 级；

2）位于生产工艺流程重要区域的结构系统，可按安全性等级和使用性等级中的较低等级确定或调整。

C.围护结构系统鉴定评级

（1）围护结构安全性鉴定评级。围护结构系统的安全性等级，应按承重围护结构的承载功能和非承重围护结构的构造连接两个项目进行评定，并取两个项目中较低的评定等级作为该围护结构系统的安全性等级。

承重围护结构承载功能的评定等级，应根据其结构类别按本章建筑结构鉴定评级中相应构件和上部结构承载功能鉴定评级中相关构件集的评定规定进行评定。

承重围护结构构造连接项目的评定等级，可按实际情况评级，并按其中最低等级作为该项目的安全性等级。

（2）围护结构使用性鉴定评级。围护结构系统的使用性等级，应根据承重围护结构的使用状况、围护系统的使用功能两个项目评定，并取两个项目中较低评定等级作为该围护结构系统的使用性等级。

承重围护结构使用状况的等级评定，应根据其结构类别现行标准中构件和上部承重、结构使用状况中有关子系统的评级内容评定等级。

围护系统（包括非承重围护结构和建筑功能配件）使用功能的等级评定，宜根据各项目对建筑物使用寿命和生产的影响程度确定出主要项目和次要项目，逐项评定。一般情况下，宜将屋面系统确定为主要项目，墙体及门窗、地下防水和其他防护设施确定为次要项目。

最后，系统的使用功能等级可取主要项目的最低等级，若主要项目为 A 级或 B 级，次要项目一个以上为 C 级，宜根据需要的维修量大小将使用功能等级降为 B 级或 C 级。

（3）围护结构可靠性鉴定评级。评定出建筑物上部围护结构的安全性等级和使用性等级后，当不要求给出可靠性等级时，上部承重结构的可靠性可采用直接列出其安全性等级和使用性等级的形式共同表达。

围护结构的可靠性评级应分别根据每个结构系统的安全性等级和使用性等级评定结果，按下列原则确定：

1）一般情况下，应按安全性等级确定，但仅当系统的使用性等级为 C 级，安全性等级不低于 B 级时，宜定为 C 级；

2）位于生产工艺流程重要区域的结构系统，可按安全性等级和使用性等级中的较低等级确定或调整。

1）工业建筑结构的综合鉴定评级

鉴定单元的可能性等级应根据其地基基础、上部承重结构和围护结构系统的可靠性评级评定结果，以地基基础、上部承重结构为主，按下列原则确定。

（1）当围护结构系统与地基基础和上部承重结构的等级相差不大于一级时，可按地基基础和上部承重结构中的较低等级作为该鉴定单元的可靠性等级。

（2）当围护结构系统比地基基础和上部承重结构中的较低等级低二级时，可按地基基础和上部承重结构中的较低等级降一级作为该鉴定单元的可靠性等级。

（3）当围护结构系统比地基基础和上部承重结构中的较低等级低三级时，可根据实际情况，按地基基础和上部承重结构中的较低等级降一级或降二级作为该鉴定单元的可靠性等级。

6. 工业构筑物鉴定评级

工业构筑物的鉴定评级，应将构筑物的整体作为一个鉴定单元，并根据构筑物的结构布置及组成划分为若干结构系统进行可靠性等级评定，构筑物鉴定单元的可靠性等级按主要结构系统的最低评定等级确定；当非主要结构系统的最低评定等级低于主要结构系统的最低评定等级两级时，鉴定单元的可靠性等级应按主要结构系统的最低评定等级降低一级确定。

构筑物结构系统的可靠性评定等级，应包括安全性等级和使用性等级评定。一般情况下，结构系统的可靠件等级应根据安全性等级和使用性等级评定结果以及使用功能的特殊要求，按安全性等级确定；但仅当系统的使用性等级为 C 级，安全性等级不低于 B 级时，宜定为 C 级；对位于生产工艺流程重要区域的结构系统，可按安全性等级和使用性等级中的较低等级确定或调整。

A. 工业构筑物鉴定的层次和等级划分

烟囱、贮仓、通廊、水池等工业构筑物的鉴定评级层次、结构系统划分、检测评定项目、可靠性等级宜符合相应的要求。

B. 烟囱

烟囱的可靠性鉴定应分为地基基础、筒壁及支撑结构、隔热层和内衬、附属设施 4 个结构系统进行评定。其中，地基基础、筒壁及支撑结构、隔热层和内衬为主要结构系统，应进行可靠性等级评定；附属设施可根据实际状况评定。

地基基础的安全性等级及使用性等级应按现行标准中地基基础鉴定评级有关规定进行评定，其可靠性等级可按安全性等级和使用性等级中的较低等级确定。

烟囱筒壁及支撑结构的安全性等级应按承载能力项目的评定等级确定；使用性等级应按损伤、裂缝和倾斜 3 个项目的最低等级确定；可靠性等级可按安全性等级和使用性等级中的较低等级确定。

烟囱筒壁及支撑结构承载能力项目应根据结构类型按照现行标准中重要结构构件的

分级标准评定等级，烟囱隔热层和内衬的安全性等级与使用性等级应根据构造连接和损坏情况，按现行标准中围护结构系统鉴定评级相关规定进行评定；其他防护设施的评定，可靠性等级可按安全性等级和使用性等级中的较低等级确定。

囱帽、烟道口、爬梯、信号平台、避雷装置、航空标志等烟囱附属设施，可根据实际状况评定。

烟囱鉴定单元的可靠性鉴定评级，应按地基基础、筒壁及支撑结构、隔热层和内衬3个结构系统中可靠性等级的最低等级确定。囱帽、烟道口、爬梯、信号平台、避雷装置、航空标志等附属设施评定可不参与烟囱鉴定单元的评级，但在鉴定报告中应包括其检查评定结果及处理建议。

C. 贮仓

贮仓的可靠性鉴定，应分为地基基础、仓体与支承结构、附属设施3个结构系统进行评定。地基基础、仓体与支承结构为主要结构系统，应进行可靠性等级评定；附限设施可根据实际状况评定。

地基基础的安全性等级及使用性等级应按上述工业建筑结构系统中相关规定进行评定，其可靠性等级可按安全性等级和使用性等级中的较低等级确定。

仓体与支承结构的安全性等级应按结构整体性和承载能力两个项目评定等级中的较低等级确定；使用性等级应按使用状况和整体侧移（倾斜）变形2个项目评定等级中的较低等级确定；可靠性等级可按安全性等级和使用性等级中的较低等级确定。

仓体与支承结构整体性等级可按工业建筑上部结构有关规定进行评定；仓体及支承结构承载能力项目应根据结构类型按照现行标准中重要结构构件的分级标准评定等级，对于贮仓，计算结构作用效应时，应考虑倾斜所产生的附加内力。

使用状况等级可按变形和损伤、裂缝两个项目中的较低等级确定。仓体结构的变形和损伤应按内衬及其他防护设施完好程度、仓体结构的变形和损伤程度评定等级。对于仓体及支承结构为钢筋混凝土结构或砌体结构的裂缝项目，应根据结构类型按现行标准中结构鉴定评级相关规定评定等级。仓体与支承结构整体侧移（倾斜）应根据贮仓满载状态或正常贮料状态的倾斜值评定等级。

贮仓附属设施包括进出料口及连接、爬梯、避雷装置等，可根据实际状况评定。

贮仓鉴定单元的可靠性鉴定评级应按地基基础、仓体与支承结构两个结构系统中可靠性等级中较低的等级确定。此外，进出料口及连接、爬梯、避雷装置等附属设施评定可不参与鉴定单元的评级，但在鉴定报告中应包括其检查评定结果及处理建议。

D. 通廊

通廊的可靠性鉴定应分为地基基础、通廊承重结构、围护结构3个结构系统进行评定。地基基础、通廊承重结构应为主要结构系统。

地基基础的安全等级及使用性等级应按现行标准工业建筑地基基础鉴定评级中相关

规定进行评定，其可靠性等级可按安全性等级和使用性等级中的较低等级确定。

通廊承重结构可按工业建筑上部结构中，单层厂房上部承重结构鉴定评级的规定进行安全性等级和使用性等级评定，当通廊结构主要连接部位有严重变形、开裂或高架斜通廊两端连接部位出现滑移错动现象时，应根据潜在的危害程度将安全性等级评定为 C 级或 D 级。可靠性等级一般情况应按安全性等级确定；但当系统的使用性等级为 C 级，安全性等级不低于 B 级时，宜定为 C 级。

通廊围护结构应按工业建筑围护结构系统的规定进行安全性等级和使用性等级评定，可靠性等级一般情况应按安全性等级确定；但当系统的使用性等级为 C 级，安全性等级不低于 B 级时，宜定为 C 级。

通廊结构构件应根据结构种类按工业建筑结构鉴定评级中相关规定进行安全性等级和使用性等级评定。

通廊鉴定单元的可靠性鉴定评级，应按地基基础、通廊承重结构两个结构系统中可靠性等级中较低的等级确定；当围护结构的评定等级低于上述评定等级两级时，通廊鉴定单元的可靠性等级可按上述评定等级降低一级确定。

E. 水池

水池的可靠性鉴定应分为地基基础、池体、附属设施 3 个结构系统进行评定。地基基础、池体为主要结构系统，应进行可靠性等级评定；附属设施可根据实际状况评定。

地基基础的安全性等级及使用性等级应按工业建筑地基基础鉴定评级中相关规定进行评定，其可靠性等级可按安全性等级和使用性等级中的较低等级确定。

池体结构的安全性等级应按承载能力项目的评定等级确定，使用性等级应按损漏项目的评定等级确定，可靠性等级可按安全性等级和使用性等级中的较低等级确定。

池体结构承载能力项目应根据结构类型按工业建筑结构鉴定评级中相关规定的重要结构构件的分级标准评定等级。

池体损漏应对浸水与不浸水部分分别评定等级，池体损漏等级按浸水及不浸水部分评定等级中的较低等级确定。评定过程中，对于浸水部分池体结构应根据有无裂缝、有无渗漏、表面或表面粉刷有无风化老化等评定等级；对于池盖及其他不浸水部分池体结构应根据结构材料类别按工业建筑结构鉴定评级中相关规定对变形、裂缝、缺陷损伤、腐蚀等评定等级。

第三节　抗震鉴定

现有建筑抗震鉴定，就是针对已建各类建筑的结构特点、结构布置、构造和抗震承载力等因索，采用相应的逐级鉴定方法做出评价，进行综合抗震能力分析，对不符合抗震鉴定要求的建筑提出相应的抗震减震对策和处理意见。参考我国现行国家标准《建筑抗震鉴定标准》（GB 50023—2009）（以下简称《标准》）的有关规定，主要介绍多层砌体房屋抗震鉴定、多层钢筋混凝土房屋抗震鉴定、内框架和底层框架砖房抗震鉴定、单层砖柱厂房与空旷砖房抗震鉴定、单层钢筋混凝土柱厂房抗震鉴定、烟囱和水塔的抗震鉴定。

国家标准规定，不同后续使用年限的现有建筑，具抗震鉴定方法应符合下列要求：

（1）后续使用年限 30 年的建筑（以下简称 A 类建筑），应采用《标准》各章规定的 A 类建筑抗震鉴定方法。

（2）后续使用年限 40 年的建筑（以下简称 B 类建筑），应采用《标准》各章规定的 B 类建筑抗震鉴定方法。

（3）后续使用年限 50 年的建筑（以下简称 C 类建筑），应按现行国家标准《建筑抗震设计规范》（GB 50011—2010）的要求进行抗震鉴定。

4.3.1 抗震鉴定范围、方法和流程

（1）抗震鉴定范围。需要进行抗震鉴定的"现有建筑"主要有以下几类。

1）已接近设计年限的建筑。如 20 世纪五六十年代设计建造的房屋。

2）原设计未考虑抗震设防或抗震设防偏低的房屋。如新中国成立初期设计建筑的房屋，这类房屋一般未考虑抗震设防或按当时的苏联规范进行抗震设计，设防标准达不到现行国家标准规定的要求。

3）当地设防烈度提高的建筑。如汶用地震发生后，对部分地震灾区的设防烈度进行了调整，对于设防烈度提高地区的房屋需进行抗震鉴定。

4）设防类别已提高的建筑。如汶用地震发生后，修订了《建筑工程抗震分类标准》，中小学建筑由原来的标准设防类提高到重点设防类，这类建筑需进行抗震鉴定。

5）需进行大修改造的建筑。由于使用条件发生变化、结构布局发生变化，这类房屋也需要进行抗震鉴定。

（2）抗震鉴定方法。抗震鉴定方法可分为两级：第一级鉴定应以宏观控制和构造鉴定为主进行综合评价；第二级鉴定应以抗震验算为主结合构造影响进行综合评价。当符合第一级鉴定要求时，可评为满足抗震要求，不再进行第二级鉴定，否则应由第二级鉴定进行判断。

（3）抗震鉴定流程。一般来说，抗震鉴定是对房屋所存在的缺陷进行"诊断"，主要按照下列流程进行。

1）原始资料收集，如勘察报告、施工图、施工记录和竣工图、工程验收资料等，资料不全时，要有针对性地进行必要的补充实测。对结构材料的实际强度应按现场检测确定。

2）建筑现状调查，调查建筑现状与原始资料相符的程度、施工质量及使用维护情况，发现相关的非抗震缺陷。比如，建筑有无增建或改建以及其他变更结构体系和构件情况；

构件混凝土浇筑和砖墙体砌筑质量，有无蜂窝麻面情况；构件有无剥落、开裂、腐蚀等现象；建筑有无不均匀沉降、变形缝宽度不足或缝隙被堵塞。

3）综合抗震能力分析。应根据各类结构的特点、结构布置、构造和抗震承载力等因素，根据后续使用年限采用相应逐级鉴定方法，进行建筑综合抗震能力的分析。

4）对现有建筑的整体抗震性能做出评价并提出处理意见。

原始资料收集—建筑现状态调查—抗震能力分析—评价并提出处理意见。

二、现有建筑的抗震鉴定

1. 多层砌体房屋抗震鉴定

（I）适用范围。适用于烧结普通黏土砖、烧结多孔砖、混凝土中型空心砌块、混凝土小型砌块、粉煤灰中型实心砌块砌体承重的多层房屋。

横墙间距不超过三开间的单层砌体房屋，可按本节的原则进行抗震鉴定，超过三开间时应按三层空旷房屋的要求进行鉴定。

（2）抗震鉴定检查重点。多层砌体房屋的抗震鉴定应先从鉴定概念着手，根据我国砌体房屋的震害特征，不同烈度下多层砌体房屋的破坏部位变化不大而程度有显著增加，其检查重点一般不按烈度划分。

1）层数和高度。抗震分析表明，层数和高度是影响砌体房屋抗震程度最主要的因素。因此，多层砌体房屋的抗震鉴定首先是对总高度和层数进行检查。当层数超过鉴定限值时，即评定为不满足鉴定要求，需采用加固和其他措施处理。当层数未超过鉴定限值，但总高度超过鉴定限值时，应提高鉴定要求。

2）抗震墙的厚度和间距。区分抗震墙与非抗震墙：厚度 120mm 的砌体由于稳定性差，不能视作抗震墙。通过对抗震墙厚度的检查，以确定房屋的层数与总高度限值，并为第二级鉴定的抗震验算提供依据。

通过对抗震墙间距的检查，判断属于刚性体系房屋还是非刚性体系房屋。对刚性体系房屋，满足第一级鉴定的各项要求时可不进行第二级鉴定；对非刚性体系房屋，应进行两级鉴定和综合能力的评定。

3）材料强度和砌体质量。重点检查墙体砌筑砂浆的强度等级和砌筑质量。墙体砌筑材料的强度等级一般应结合图纸和施工记录，按国家现行的有关检测进行现场检测，砌筑质量可通过现场观察判断。

4）墙体交接处的连接。检查墙体交接处是否咬槎砌筑，有无拉结措施，交接处是否有严重削弱截面的竖向孔道（如烟道、通风道等）。

5）易倒易损结构或构件。检查突出屋面地震中易倒塌伤人的部件，如女儿墙、出屋面烟囱的设置。鉴于地震中楼梯间是重要的疏散通道，该部位也是检查的重点。

位于 7~9 度区的多层砌体房屋，还应重点检查以下内容：墙体布置的规则性，是否规则对称，是否有明显扭转效应；楼、屋盖处的圈梁布置是否闭合，设置位置是否满足鉴定标准要求；楼、屋盖与墙体的连接构造，如圈梁布置标高及与楼、屋盖构件的连接。

（3）多层砌体房屋的综合抗震能力评定。多层砌体房屋按房屋高度和层数、结构体系的合理性、墙体材料的实际强度、房屋的整体性连接构造的可靠性、局部易损易倒部位构件自身及其与主体结构连接构造的可靠性、墙体承载能力进行综合分析，对整幢房屋的抗震能力进行鉴定。

2. 多层和高层钢筋混凝土房屋的抗震鉴定

（1）适用范围。适用于 A、B 类多层和高层钢筋混凝土房屋的抗震鉴定，包括现浇和装配式的钢筋混凝土框架、填充墙框架、框架 - 抗震墙及抗震墙结构。C 类钢筋混凝土房屋可按 B 类房屋的鉴定原则进行。

（2）抗震鉴定的检查重点。不同地震烈度的影响下，钢筋混凝土房屋的破坏部位不同。因此，钢筋混凝土房屋的抗震鉴定，应依据其设防烈度重点检查下列薄弱部位。

1）6 度时，重点检查局部易掉落伤人的构件、部件以及楼梯间非结构构件的连接构造。

2）7 度时，除检查上述项目外，还应检查梁柱节点的连接形式、框架跨数、不同结构体系之间的连接构造。

3）8、9 度时，除检查上述项目外，还应检查梁的配筋、柱的配筋、材料强度、各构件间的连接、结构体型的规则性、短柱分布、使用荷载的大小和分布等，9 度时还应检查框架柱的轴压比。

（3）钢筋混凝土房屋的综合抗震能力评定。钢筋混凝土房屋的抗震鉴定分为两级，第一级鉴定按结构体系的合理性、结构构件材料的实际强度等级、结构构件的纵向钢筋和横向箍筋的配置和构件连接的可靠性、填充墙等与主体结构的连接进行抗震构造措施的鉴定；第二级鉴定以构件抗震承载力为主，结合第一级鉴定的情况对整栋房屋的抗震能力进行综合分析。

三、内框架和底层框架砖房抗震鉴定

（1）适用范围：

1）适用于丙类设防的建筑。内框架房屋和底层框架房屋不利于抗震，《标准》中关于内框架房屋和底层框架房屋的鉴定方法只适用于丙类设防的建筑，对于乙类设防的房屋一般不得采用内框架房屋和底层框架结构形式，如仍按乙类建筑继续使用，需采用改变结构形式的方法进行加固。

2）适用于 6~9 度区的黏土砖墙和钢筋混凝土柱混合承重的内框架砖房、底层框架

砖房、底层框架 - 抗震墙砖房。6~8 度区由砌块和钢筋混凝土柱混合承重的房屋，可参考本节的原则进行鉴定，但 9 度区的砌块类建筑不适用；底部设置钢筋混凝土墙的底层框架房屋，可结合本部分及上述多层和高层钢筋混凝土房屋的抗震鉴定的规定鉴定。

（2）重点检查内容。内框架和底层框架房屋的鉴定，同样要从抗震概念鉴定着手，对于这类房屋的抗震薄弱环节，应根据不同的烈度、结构类型和震害经验，进行重点检查。

1）抗震鉴定总体要求：

①房屋高度与层数。同多层砌体房屋一样，高度和层数是控制内框架和底层框架房屋震害的重要措施，高度越高，层数越多，震害就越严重，因此必须对高度和层数严格控制。

②抗震横墙的厚度和间距。墙体厚度是其稳定性的保证，不同于多层砌体房屋，内框架和底层框架房屋较多层砌体房屋稳定性要相符，对墙体厚度的控制要求比多层砌体要严一些。控制横墙间距的目的：一是控制楼屋盖的变形，保证地震作用通过楼屋盖向主要的抗侧力构件传递；二是达到对墙量的控制，保证结构的水平抗震承载能力。

③墙体的砂浆强度等级和砌筑质量。检查方法同多层砌体房屋抗震鉴定。

④底层楼盖类型。对于底层框架或底层内框架房屋，应保证上部地震作用通过底层楼盖传递到底层的抗震墙上，要求底层楼盖有较好的刚度。

⑤底层与第二层的侧移刚度比。要控制底层与第二层的侧移刚度比：一是防止底层产生明显的塑性变形集中；二是防止薄弱层由底层转移到第二层。

⑥结构的均匀对称性。包括结构平面质量和刚度分布的均匀对称，墙体（包括填充墙）等抗侧力构件布置的均匀对称，以减小扭转效应。

⑦屋盖类型和纵向窗间墙宽度。对于内框架房屋，顶层是结构的最薄弱部位，震害最为严重，应保证屋盖的刚性体系、纵向墙体平面内及平面外的承载能力。

2）7~9 度时，还应检查框架的配筋、圈梁及其他连接构造。

（3）内框架和底层框架房屋的抗震鉴定方法。A 类和 B 类内框架和底层框架砖房的具体两级鉴定方法参照相关标准进行。

4. 单层钢筋混凝土柱厂房的抗震鉴定

（1）适用范围。适用于装配式的单层钢筋混凝土柱厂房，包括由屋面板、三角钢架、双梁和牛腿柱组成的锯齿形厂房。柱子为钢筋混凝土柱，屋盖为由大开间屋面板、屋面梁构成的无檩体系或槽板等屋面瓦与檩条、各种屋架构成的有檩体系。

（2）抗震鉴定时的重点检查部位。抗震鉴定时，下列薄弱部位应重点检查：

1）6 度时，应检查钢筋混凝土天窗架的形式和整体性、排架柱的选型，并注意出入口等处的高大山墙山尖部分的拉结。

2）7 度时，除按上述要求检查外，还应检查屋盖中支承强度较小构件连接的可靠性，并注意出入口等处的女儿墙、高低跨封墙等构件的拉结构造。

3）8度时，除按上述要求检查外，还应检查各支撑系统的完整性、大型屋面板连接的可靠性、高低跨牛腿（柱肩）和各种柱变形受约束部位的构造，并注意圈梁、抗风柱的拉结构造及平面不规则、墙体布置不均匀等和对相连建筑物、构筑物导致质量不均匀、刚度不协调的影响。

4）9度时，除按上述要求检查外，还应检查柱间支撑的有关连接部位和高低跨柱列上柱的构造。

（3）单层钢筋混凝土柱厂房的两级鉴定方法。A类和B类钢筋混凝土房屋具体鉴定方法参照相应标准进行。

5. 单层砖柱厂房和空旷房屋的抗震鉴定

（1）适用范围。本部分适用于砖柱（墙垛）承重的单层厂房和砖墙承重的单层空旷房屋。其中，单层厂房包括仓库、泵房等，单层空旷房屋包括剧场、礼堂、食堂等。从横向来看，单层砖柱厂房和空旷房屋均为由屋盖、砖柱（墙垛或墙体）组成的单跨砖排架抗侧力结构体系；单层空旷房屋的横墙间距还应大于三个开间，当不超过三个开间时，应按单房砌体房屋进行鉴定。

（2）抗震鉴定的重点检查部位。进行抗震鉴定时，对影响房屋整体性、抗震承载力和易倒塌的下列关键薄弱部位应重点检查。

1）6度时，应检查女儿墙、门脸和出屋面小烟囱和山墙山尖，单层砖柱厂房还应重点检查变截面柱和不等高排架柱的上柱。

2）7度时，除检查上述项目外，还应检查舞台口大梁上的砖墙、承重山墙，单层砖柱厂房还应检查与排架柱刚性连接但不到顶的砌体隔墙、封檐墙。

3）8度时，除检查上述项目外，还应检查承重柱（墙垛）、舞台口横墙、屋盖支撑及其连接、圈梁、较重装饰物的连接及对相连附属房屋的影响。

4）9度时，除检查上述项目外，还应检查屋盖的类型等。

（3）单层砖柱厂房和空旷房屋的抗震鉴定方法。单层砖柱厂房和单层空旷房屋的抗震鉴定均分为两级，具体两级鉴定方法可参照相应标准进行。

6. 烟囱的抗震鉴定

（1）适用范围。本部分适用于普通类型的独立砖烟囱和钢筋混凝土烟囱，特殊形式的烟囱及重要的高大烟囱（高度超过60m以上的砖烟囱或高度超过100m以上的钢筋混凝土烟囱）应采用专门的鉴定方法。

（2）烟囱外观质量要求。

1）烟囱的筒壁不应有明显的裂缝、倾斜和歪扭情况。

2）破砌体完整，不应有松动，墙体无严重酥碱。

3）钢筋混凝土烟囱不应有严重的腐蚀和剥落，混凝土保护层无掉落，钢筋无露筋和锈蚀。

不符合要求时，如为局部缺陷应进行修补和修复，其他情况可结合抗震加固或其他措施进行处理。

（3）烟囱的两级抗震鉴定方法。烟囱的抗震鉴定包括抗震构造鉴定和抗震承载力验算。当符合本部分各项规定时，应评为满足抗震鉴定要求；当不符合时，可根据构造和抗震承载力不符的程度，通过综合分析确定采取加固或其他相应对策。

三、抗震鉴定处理对策

对符合抗震鉴定要求的建筑可继续使用。

对不符合抗震鉴定要求的建筑提出了 4 种处理对策。

（1）维修。指结合维修处理。适用于仅有少数、次要部位局部不符合鉴定要求的情况。

（2）加固。指有加固价值的建筑。大致包括：

1）无地震作用时能正常使用。

2）建筑虽已存在质量问题，但能通过抗震加固使其达到要求。

3）建筑因使用年限久或其他原因（如腐蚀等），抗侧力体系承载力降低，但楼盖或支持体系尚可利用。

4）建筑各局部缺陷虽多，但易于加固或能够加固。

（3）改造。指改变使用性能，包括将生产车间、公共建筑改为不引起次生灾害的仓库，将使用荷载大的多层房屋改为使用荷载小的次要房屋等。改变使用性质后的建筑，仍应采用适当的加固措施，以达到该类建筑的抗震要求。

（4）更新。指无加固价值而仍需使用的建筑或在计划中近期要拆迁的不符合鉴定要求的建筑，需采取应急措施。比如，在单层房屋内设防护支架；烟囱、水塔周围划为危险区；拆除装饰物、危险物及荷载等。

第四节　危房鉴定

危险房屋（以下简称危房）是其结构因种种原因已遭受严重损坏，或承重结构已属危险构件，随时可能丧失稳定和承载力，不能保证正常居住和使用安全的房屋。为了有效利用已有房屋，正确了解和判断房屋结构的危险程度，为及时治理危房提供技术依据，确保居住和使用者生命和财产安全，必须对房屋的危险性做出鉴定。

在进行危房鉴定时，一般应遵循如下鉴定原则：

（1）房屋危险性鉴定应以整幢房屋的地基基础、结构构件危险程度的严重性鉴定为基础，结合历史状态、环境影响以及发展趋势，全面分析，综合判断。

（2）在地基基础或结构构件发生危险的判断上，应考虑它们的危险是孤立的还是相关的。当构件的危险是孤立时，则不构成结构系统的危险；当构件的危险相关时，则应联系结构危险性判定其范围。

（3）全面分析、综合判断时，应考虑下列因素。

1）各构件的破损程度。

2）破损构件在整幢房屋中的地位。

3）破损构件在整幢房屋所占数量和比例。

4）结构整体周围环境的影响。

5）有损结构的人为因素和危险状况。

6）结构破损后的可修复性。

7）破损构件带来的经济损失。

一、危房鉴定的方法和流程

1. 鉴定方法

危房鉴定一般采用三级综合模糊评判模式进行综合鉴定，具体如下。

（1）第一层次应为构件危险性鉴定，其等级评定分为危险构件（Td）和非危险构件（Fd）两类。危险构件是指其承受能力、裂缝和变形不能满足正常使用要求的结构构件。每一种构件考察若干类因素（构成因素子集），构件危险评定是根据所考察的因素直接列出一系列构件危险的标志，一旦构件出现其中的一种现象，则判断构件出现了危险点，或称危险构件；若该构件没有一个危险点，则可判定为非危险构件。

（2）房屋按照组成部分被划分成地基基础、上部承重结构和围护结构3个组成部分。第二层次应为房屋组成部分的危险性鉴定，其等级评定分为a、b、c、d四级。其中：

1）a级：无危险点。

2）b级：有危险点。

3）c级：局部危险。

4）d级：整体危险。

（3）第三层次应为房屋危险性鉴定，其等级评定为A、B、C、D四级。其中：

1）A级：结构承载力能满足正常使用要求，未发现危险点，房屋结构安全。

2）B级：结构承载力基本满足正常使用要求，个别结构构件处于危险状态，但不影响主体结构，基本满足正常使用要求。

3）C级：部分承重结构承载力不能满足正常使用要求，局部出现险情，构成局部危房。

4）D级：承重结构承载力已不能满足正常使用要求，房屋整体出现险情，构成整体危房。

2.鉴定流程

房屋危险性鉴定应依次按下列流程进行。

（1）受理委托：根据委托人要求，确定房屋危险性鉴定内容和范围。

（2）初始调查：收集调查和分析房屋原始资料，并进行现场勘查。

（3）检测调查：对房屋现状进行现场检测，必要时，采用仪器测试和结构验算。

（4）鉴定评级：对调查、勘查、检测、验算的数据资料全面分析，综合评定，确定其危险等级。

（5）处理建议：对被鉴定的房屋，应提出原则性的处理建议。

（6）出具报告：报告式样应符合相关规定。

二、构件危险性鉴定

构件危险性鉴定是三级综合鉴定的第一（最低）层次，上述已经介绍危险构件是指其承受能力、裂缝和变形不能满足正常使用要求的结构构件。构件危险性鉴定是建立在危险点的判别之上的，《危险房屋鉴定标准》（JGJ 125—1999）对各类构件分别列出了危险现象的标志，若构件出现其中一种现象（标志），便可将该构件评为危险构件。为便于判别，这些标志大多定量表示，也有部分标志是用语言描述的，这需要鉴定人员根据现场的观察与检测来做出判断，所以进行鉴定工作时一定要做好房屋的调查、勘查和检测工作。

上面已经提到房屋按照组成部分被划分成地基基础、上部承重结构和围护结构3个组成部分，在进行分级评判鉴定时，应将房屋的3个组成部分分别划分为若干构件。以下分别介绍地基基础、上部承重结构和围护结构的构件危险性鉴定；对后两者根据结构材料性质不同，按混凝土结构、砌体结构、钢结构构件分别介绍。

1.地基基础

（1）地基基础危险性鉴定应包括地基和基础两部分。

（2）地基基础应重点检查基础与承重砖墙连接处的斜向阶梯形裂缝、水平裂缝、竖向裂缝状况，基础与框架柱根部连接处的水平裂缝状况，房屋的倾斜位移状况，地基滑坡、稳定、特殊土质变形和开裂等状况。

（3）当地基部分有下列现象之一时，应评定为危险状态：

1）地基沉降速度连续2个月大于2mm/月，并且短期内无终止趋势；

2）地基产生不均匀沉降，其沉降量大于现行国家标准《建筑地基基础设计规范》（GBJ 7—81）规定的允许值，上部墙体产生沉降裂缝宽度大于10mm，且房屋局部倾斜率大于1%；

3）地基不稳定产生滑移，水平位移量大于10mm，并对上部结构有显著影响，且仍有继续滑动迹象。

（4）当房屋基础有下列现象之一时，应评定为危险点：

1）基础承载能力小于基础作用效应的 85%[$R/(\gamma_0 S) < 0.85$]；

2）基础老化、腐蚀、酥碱、折断，导致结构明显倾斜、位移、裂缝、扭曲等；

3）基础已有滑动，水平位移速度连续 2 个月大于 2mm/月，并在短期内无终止趋势。

2. 砌体结构构件

（1）砌体结构构件的危险性鉴定应包括承载能力、构造与连接、裂缝和变形等内容。

（2）需对砌体结构构件进行承载力验算时，应测定砌块及砂浆强度等级，推定砌体强度，或直接检测砌体强度。实测砌体截面有效值，应扣除因各种因素造成的截面损失。

（3）砌体结构应重点检查砌体的构造连接部位，纵横墙交接处的斜向或竖向裂缝状况，砌体承重墙体变形和裂缝状况以及拱脚裂缝和位移状况。注意其裂缝宽度、长度、深度、走向、数量及其分布，并观测其发展状况。

（4）砌体结构构件有下列现象之一时，应评定为危险点：

1）受压构件承载力小于其作用效应的 85%［$R/(\gamma_0 S) < 0.85$］；

2）受压墙、柱沿受力方向产生缝宽大于 2mm、缝长超过层高 1/2 的竖向裂缝，或产生缝长超过层高 1/3 的多条竖向裂缝；

3）受压墙、柱表面风化、剥落，砂浆粉化，有效截面削弱达 1/4 以上；

4）支承梁或屋架端部的墙体或柱截面因局部受压产生多条竖向裂缝，或裂缝宽度已超过 1mm；

5）墙柱因偏心受压产生水平裂缝，缝宽大于 0.5mm；

6）墙、柱产生倾斜，其倾斜率大于 0.7%，或相邻墙体连接处断裂成通缝；

7）墙、柱刚度不足，出现挠曲鼓闪，且在挠曲部位出现水平或交叉裂缝；

8）砖过梁中部产生明显的竖向裂缝，或端部产生明显的斜裂缝，或支承过梁的墙体产生水平裂缝，或产生明显的弯曲、下沉变形；

9）砖筒拱、扁壳、波形筒拱、拱顶沿母线裂缝，或拱曲面明显变形，或拱脚明显位移，或拱体拉杆锈蚀严重，且拉杆体系失效；

10）石砌墙（或土墙）高厚比：单层大于 14，二层大于 12，且墙体自由长度大于 6cm，墙体的偏心距达墙厚的 1/6。

3. 混凝土结构构件

（1）混凝土结构构件的危险性鉴定应包括承载能力、构造与连接、裂缝和变形等内容。

（2）需对混凝土结构构件进行承载力验算时，应对构件的混凝土强度、碳化和钢筋的力学性能、化学成分、锈蚀情况进行检测；实测混凝土构件截面有效值，应扣除因各种因素造成的截面损失。

（3）混凝土结构构件应重点检查柱、梁、板及屋架的受力裂缝和主筋锈蚀状况，柱的根部和顶部的水平裂缝，屋架倾斜以及支撑系统稳定等。

（4）混凝土构件有下列现象之一时，应评定为危险点：

1）构件承载力小于作用效应的 85%（$R/(\gamma_0 S) < 0.85$）；

2）梁、板产生超过 4/150 的挠度，且受拉区的裂缝宽度大于 1mm；

3）简支梁、连续梁跨中部受拉区产生竖向裂缝，其一侧向上延伸达梁高的 2/3 以上，且缝宽大于 0.5mm，或在支座附近出现剪切斜裂缝，缝宽大于 0.4mm；

4）梁、板受力主筋处产生横向水平裂缝和斜裂缝，缝宽大于 1mm，板产生宽度大于 0.4mm 的受压裂缝；

5）梁、板因主筋锈蚀，产生沿主筋方向的裂缝，缝宽大于 1mm，或构件混凝土严重缺损，或混凝土保护层严重脱落、露筋；

6）现浇板面周边产生裂缝，或板底产生交叉裂缝；

7）预应力梁、板产生竖向通长裂缝；或端部混凝土松散露筋，其长度达主筋直径的 100 倍以上；

8）受压柱产生竖向裂缝，保护层剥落，主筋外露锈蚀；或一侧产生水平裂缝，缝宽大于 1mm，另一侧混凝土被压碎，主筋外露锈蚀；

9）墙中间部位产生交叉裂缝，缝宽大于 0.4mm；

10）柱、墙产生倾斜、位移，其倾斜率超过高度的 1%，其侧向位移量大于 h/500；

11）柱、墙混凝土酥裂、碳化、起鼓，其破坏面大于全截面的 1/3，且主筋外露、锈蚀严重，截面减小；

12）柱、墙侧向变形，其极限值大于 h/1250，或大于 30mm；

13）屋架产生大于 A/200 的挠度，且下弦产生横断裂缝，缝宽大于 1mm；

14）屋架支撑系统失效导致倾斜，其倾斜率大于屋架高度的 2%；

15）压弯构件保护层剥落，主筋多处外露锈蚀；端节点连接松动，且伴有明显的变形裂缝；

16）梁、板有效搁置长度小于规定值的 70%。

4. 钢结构构件

（1）钢结构构件的危险性鉴定应包括承载能力、构造和连接、变形等内容。

（2）当需进行钢结构构件承载力验算时，应对材料的力学性能、化学成分、锈蚀情况进行检测。实测钢构件截面有效值，应扣除因各种因素造成的截面损失。

（3）钢结构构件应重点检查各连接节点的焊缝、螺栓、铆钉等情况；应注意钢柱与梁的连接形式、支撑杆件、柱脚与基础连接损坏情况，钢屋架杆件弯曲、截面扭曲、节点板弯折状况和钢屋架挠度、侧向倾斜等偏差状况。

（4）钢结构构件有下列现象之一时，应评定为危险点：

1）构件承载力小于其作用效应的 90%〔$R/(\gamma_0 S) < 0.9$〕；

2）构件或连接件有裂缝或锐角切口；焊缝、螺栓或铆接有拉开、变形、滑移、松动、剪坏等严重损坏；

3）连接方式不当，构造有严重缺陷；

4）受拉构件因锈蚀，截面减少大于原截面的 10%；

5）梁、板等构件挠度大于 $L_0/250$，或大于 450mm；

6）实腹梁侧弯矢高大于 $L_0/600$，且有发展迹象；

7）受压构件的长细比大于现行国家标准《钢结构设计规范》（GB 50017—2003）规定值的 L2 倍；

8）钢柱顶位移，平面内大于 h/150，平面外大于 h/500，或大于 40mm；

9）屋架产生大于 $L_0/250$ 或大于 40mm 的挠度；屋架支撑系统松动失稳，导致屋架倾斜，倾斜量超过 15°。

三、结构危险性鉴定

房屋危险性鉴定应根据被鉴定房屋的构造特点和承重体系的种类，按其危险程度和影响范围，按照本节相关内容进行鉴定。危房以幢为鉴定单位，按建筑面积进行计算。综合评定时要根据本节要求划分的房屋组成部分，确定构件的总量，并分别确定其危险构件的数量。

进行房屋的综合评定时，首先要计算房屋危险构件的百分数，其次进行房屋组成部分的等级评定，最后进行房屋的综合等级评定，得出结论。

第五章　土木工程结构检测与鉴定实践

第一节　土木工程结构需检测鉴定与加固的原因

自我国改革开放以来，由于社会经济的高速发展和人民生活水平的提高，我国建筑业发展十分迅速。目前建筑业进入了空前繁荣时期，人们对建筑的数量、质量和使用功能等提出了越来越多的新要求，在不断发展新技术的同时，建筑业也正面临着如何对已有的土木工程结构进行检测鉴定维护和改造加固的问题。土木工程结构需检测鉴定与加固的原因有下列几个方面。

一、自然灾害

1. 地震

地震是一种不分国界的全球性自然灾害，它是迄今最具破坏性和危险性的灾害。我国 46% 的城镇和许多重大工程设施分布在地震带上，有 2/3 的大城市处于地震区，200 余个大城市位于 M7 级以上地震区，20 个百万以上人口的特大城市位于地震烈度大于 8 度的高强地震区。历次地震均不同程度地对当地土木工程结构造成了损坏。

2. 风灾

全球有超过 15% 的人口居住在热带暴风雨危险的地区，也包括我国沿海地区。另外，东起台湾、西达陕甘、南迄两广、北至漠河，以及湘黔丘陵和长江三角洲，均有强龙卷风。据统计，风灾平均每年损坏房屋 30 万间，经济损失达 10 多亿元。

3. 水灾

我国大陆海岸线长达 18000km，全国 70% 以上的城市，55% 的国民经济收入分布在沿海地带，每年仅因海洋灾害造成的直接经济损失超过 20 亿元，我国目前有 1/10 的国土，100 多座大中城市的高程在江河洪水位之下。我国每年因水灾房屋倒塌数十万到数百万起，比地震倒房严重得多。

4. 火灾

随着国民经济的发展和城市化进程的加速，人口和建筑群的进一步密集，建筑物的火灾概率大大增加，我国平均每年火灾6万余起，其中建筑物火灾就占总数的60%左右，因火场温度和持续时间不同而造成的灾害不同，其中不少使建筑物提前夭折，使更多的建筑物受到严重损坏。

二、建筑使用功能改变

随着经济建设的发展，在新建的同时还强调对已有建筑的技术改造，在改造过程中，往往要求增加房屋高度、增加荷载、增加跨度、增加层数，即实施对房屋的改造。当前国内外发展生产，提高生产力的重心，已从新建逐步转移到对已有建筑的改造，以取得更大的投资效益。据一些资料统计，改造比新建可节约投资约40%，缩短工期约50%，收回投资比新建快3~4倍。当然有些工业建筑改造要求更高，如一些改造要求在不停产情况下进行，工业生产的高度自动化，高效率，高产值，对结构维修改造，除对建筑坚固、适用、耐久的要求外，就是对施工时间、空间耗费的要求，处理不当就可能给工业生产带来巨大经济损失，更不要说拆了重建。同样民用建筑、公共建筑的改造也日益受到人们的重视，抓好旧房的增层改造，向现有房屋要面积，是一条重要的出路，我国城市现有的房屋中，有20%~30%具备增层改造条件，增层改造不仅可节省投资，同时还可以减少土地征用。对缓解日趋紧张的城市用地矛盾也有重要的现实意义。

三、设计施工和管理的失误

设计人员在设计建筑物时，必须面对各种不确定性进行分析，影响土木工程结构安全和正常使用因素较多，如材料强度、构件尺寸的缺陷、安装的偏差、计算的模型、施工的质量及其他各种因素等，这些因素的影响均是随机发生的，所以风险不利事件或破坏的概率事实上是不可能避免的，完全正常的设计、施工和使用，在基准使用期内也可能产生破坏，当然这是按比较小的能接受的发生概率。然而现在仍存在下列可能使安全性降低的因素。①设计人员的失误，结构内力计算错误、荷载组合错误、结构方案不正确，数学力学模型选择考虑不周、荷载估计失误、基础不均匀沉降考虑不周、构造不当、在设计上受各种因素影响片面强调节约材料降低一次性投资等，导致安全度降低。②工程地质勘察存在问题，如不认真进行地质勘察，随便确定地基承载力、勘察的孔间距太大，勘察深度不足，不能全面准确反映地基实际情况，基础设计失误，甚至违反规定，不搞地质勘察即进行设计等。这些使失效概率大大增加，而更多的是尽管没有发生垮塌但是给使用留下大量隐患，造成结构的先天不足。③违章在结构上下部任意开孔、挖洞、乱割，乱吊重物，超载，温湿度变化，环境水冲刷、冻融、风化、碳化以及由于缺乏建筑物正确的管理、检查、鉴定、维修、保护和加固的常识所造成的对建筑物管理和使用不当。

此外，结构的先天不足还来源于施工，不严格执行施工质量验收规范、不按图施工、偷工减料、使用劣质材料、钢筋偏移、保护层厚度不足、配合比混乱等。建筑市场的混乱，尤其劣质材料充斥市场，如结构材料物理力学性能不良、化学成分不合格、水泥标号不足、安定性不合格、钢筋强度低、塑性差等，使房屋倒塌率偏高。正在施工或刚竣工就出现严重质量事故的现象在全国屡见不鲜（约 60% 的事故就出现在施工阶段或建成尚未使用阶段），所有这些都给建筑物留下大量隐患。更有甚者是违反基本建设程序，诸如不进行可行性研究，无证设计或越级设计、无图施工、盲目蛮干，均给工程留下隐患，造成严重后果。

四、环境侵蚀和损伤积累

建筑物的缺陷还来自恶劣的使用环境，如高温、重载、腐蚀（氯离子侵蚀）、粉尘、疲劳，违章在结构上下部任意开孔、挖洞、乱割，乱吊重物，超载，温湿度变化，环境水冲刷、冻融、风化、碳化以及由于缺乏建筑物正确的管理、检查、鉴定、维修、保护和加固的常识所造成的对建筑物管理和使用不当，致使不少建筑物安全度出现了问题。

五、老房屋达到设计基准期

20 世纪五六十年代修建的大批工业厂房、公共建筑和民用建筑，已有数十亿平方米进入中老年期，其维护加固，已提到议事日程上。20 世纪五六十年代，全国共建成各类工业项目 50 多万个，各类公共建筑项目百万个，累计竣工的工业和民用建筑数十亿平方米，其中，相当比例的房屋已进入中老年期，不少房屋已是危破房，其治理早已到了刻不容缓的地步，所以不少地方的城市建设已进入从新区开发转为新区开发与旧房治理相结合的轨道。

对已修建好的各类建筑物、构筑物进行维修、保护，保持其正常使用功能，延长其使用寿命，对我国而言，不但可以节约投资，而且能够减少土地的征用，对缓解日益紧张的城市用地矛盾有着重要的意义。由此可见，土木工程结构加固越来越成为建筑行业中的一个重要分支，因而对土木工程结构加固方法、材料与施工工艺的研究，已成为与国家建设、人民生活息息相关的一个重要课题，随着社会财富的增加和人民生活水平的不断提高，必须对其提出更多、更高的要求，必须对此进行深入研究。

综上所述，不论是对新建筑物工程事故的处理，还是对已用建筑物是否危房的判断；不论是为抗御灾害所需进行的加固，还是为灾后所需进行的修复；不论是为适应新的使用要求而对建筑物实施的改造，还是对建筑进入中老年期进行正常诊断处理，都需要对建筑物进行检测和鉴定，以期对结构可靠性作出科学的评估，都需要对建筑物实施准确的管理检测鉴定维护和改造、加固，以保证建筑物的安全利正常使用。

第二节 土木工程结构的检测方法及依据

土木工程结构的检测就是依据现行标准,应用检测专用仪器对现存结构的损伤情况进行诊断。为了正确分析结构损伤原因,需要对现场和损伤结构进行实地调查,运用仪器对受损结构或构件进行检测。现存结构的鉴定与新建结构的设计是不同的,新建结构设计可以自由确定结构形式,调整杆件断面,选择结构材料,而现存结构鉴定只有通过现存调查和检测才能获得结构有关参数。因此,现存结构的可靠性鉴定和耐久性评估,必须建立在现场调查和结构检测的基础上。

一、土木工程结构现状调查

首先,应察看工程现场,了解工程所在场地特征和周围环境情况,检查施工过程中各项原始记录和验收记录,掌握施工实际状况。其次,应审查图纸资料,复核地质勘查报告与实际地基情况是否相符,检查结构方案是否合理,设计计算是否正确,构造措施是否得当。最后,应调查工程结构使用情况,使用过程中有无超载现象,结构构件是否受到人为伤害,使用环境是否恶化等。调查时可根据结构实际情况或工程特点确定重点调查内容,如混凝土结构应着重检查混凝土强度等级、裂缝分布、钢筋位置;砌体结构应着重检查砌筑质量、裂缝走向、构造措施;钢结构应着重检查材料缺陷、节点连接、焊接质量。将结构基本情况调查清楚之后,再根据需要用仪器做进一步的检查。

二、土木工程结构仪器检测方法

利用仪器对结构进行现场检测可测定土木工程结构所用材料的实际性能,由于被检测结构在检测后一般均要求能够继续使用,所以现场检测必须以不破坏结构本身使用性能为前提,目前多采用非破损检测方法,常用的检测内容和检测手段有如下几种。

1. 混凝土强度检测

非破损检测混凝土强度的方法是在不破损混凝土结构的前提下,通过仪器测得混凝土的某些物理特性,如测得硬化混凝土表面的回弹值或声速在混凝土内部的传播速度等,按照相关关系推出混凝土强度指标。目前实际工程中应用较多的有回弹法、超声法、超声一回弹综合法,并已制定出相应的技术规程。半破损检测混凝土强度的方法是在不影响结构构件承载力的前提下,在结构构件上直接进行局部微破坏实验,或者直接取样实验获取数据,推算出混凝土强度指标。目前使用较多的有钻芯取样法和拔出法,并已制定出相应的技术规程。

利用超声仪还可以进行混凝土缺陷和损伤检测。混凝土结构在施工过程中因浇捣不密实会造成蜂窝、麻面甚至孔洞，在使用过程中应温度变化和荷载作用会产生裂缝。当混凝土内部存在缺陷和损伤时，超声脉冲通过缺陷时产生的绕射，传播的声速发生改变，并在缺陷界面产生反射，引起波幅和频率的降低。根据声速、波幅和频率等参数的相对变化，可评判混凝土内部的缺陷状况和受损程度。

2. 混凝土碳化及钢筋锈蚀检测

混凝土结构暴露在空气中会产生碳化，当碳化深度到达钢筋时，破坏了钢筋表面起保护作用的钝化膜，钢筋就有锈蚀的危险。因此，评价现存混凝土结构的耐久性时，混凝土的碳化深度是重要依据。混凝土碳化深度利用酚酞试剂检测，在混凝土构件上钻孔或凿开断面，涂抹酚酞试剂，根据颜色变化情况即可确定碳化深度。

钢筋锈蚀会导致保护层胀裂剥落，削弱钢筋截面，直接影响承载能力和使用寿命。混凝土中钢筋锈蚀是一个电化学过程。钢筋锈蚀会在表面产生腐蚀电流，利用仪器可测得电位变化情况，再根据钢筋锈蚀程度与测量电位之间的关系，可以判断钢筋是否锈蚀及锈蚀程度。

3. 砌体强度检测

砌体强度检测可采用实物取样实验，在墙体适当部位切割试件，运至实验室进行试压，确定砌体时间抗压强度。近些年，原位测定砌体强度技术有了较大发展，原位测定实际上是一种少破损或半破损的方法，试验后砌体稍加修补便可继续使用。例如，顶剪法利用千斤顶对砖砌体作现场顶剪，量测顶剪过程中的压力和位移，即可求得砌体顶剪及抗压强度；扁顶法采用一种专门用于检测砌体强度的扁式千斤顶，插入砖砌体灰缝中，对砌体施加压力直至破坏，根据加压的大小，确定砌体抗压强度。

4. 钢材强度测定及缺陷检测

为了解已建钢结构钢材的力学性能，最理想的方法是在结构上截取试样进行拉压试验，但这样会损伤结构，需要补强。钢材的强度也可采用表面硬度法进行无损检测，由硬度计端部的钢球受压时在钢材表面留下凹痕推断钢材的强度。钢材的焊缝缺陷可采用超声波法检测，其工作原理与检测混凝土内部缺陷相同。由于钢材密度比混凝土大得多，为了能够检测钢材或焊缝中较小的缺陷，要求选用较高的超声频率。

三、土木工程结构检测依据

土木工程结构的检测应以国家及有关部门颁布的标准、规范或规程为依据，按照其规定的方法、步骤进行检测和计算，在此基础上对结构的可靠性作出科学的评判。我国已颁布了《土木工程结构检测技术标准》（GB/ 50344—2004）、《砌体工程现场检测技术标准》（GB/ 50315—2011）、《钢结构现场检测技术标准》（GB/ 50621—

2010）、《建筑基桩检测技术规范》（JGJ l06—2003）；《砌体基本力学性能试验方法标准》（GB/ 50129—2011）、《建筑基坑工程监测技术规范》（GB 50497—2009）、《混凝土强度检验评定标准》（GB/ 50107—2010）、《回弹法检测混凝土抗压强度技术规程》（JGJ/ 23—2011）、《超声法检测混凝土缺陷技术规程》（CECS 21：2000）、《超声回弹综合法检测混凝土强度技术规程》（CECS 02：2005）、《钻芯法检测混凝土强度技术规程》（CECS 03：2007）、《剪压法检测混凝土抗压强度技术规程》（CECS 278：2010）、《贯入法检测砌筑砂浆抗压强度技术规程》（JGJ/ 136—2001）、《建筑工程饰面砖粘结强度检验标准》（JGJ 110—2008）、《混凝土中钢筋检测技术规程》（JGJ/ 152—2008）、《木结构试验方法标准》（GB/ 50329—2002）、《混凝土结构试验方法标准》（GB/ 50152—2012）等一系列检测标准和技术规程，这是对大量结构物科学研究和工程检测实践所做的总结。

第三节 土木工程结构的鉴定方法及依据

已有建筑物的可靠性鉴定方法，正在从传统经验法和实用鉴定法向概率法过渡；目前采用的仍然是传统经验法和实用鉴定法，概率鉴定法尚未达到应用阶段。

一、传统经验法

传统经验法的特点，是在不具备检测仪器设备的条件下，对土木工程结构的材料强度及其损伤情况，进行目测调查或结合设计资料和建筑年代的普遍水平，凭经验进行评估取值，然后按相关设计规范进行验算；主要从承载力、结构布置及构造措施等方面，通过与设计规范的比较，对建筑物的可靠性作出评定。这种方法快速、简单、经济，适用于对常规的低层简单旧房的普查和定期检查。由于未采用现代测试手段，鉴定人员的主观随意性较大，鉴定质量由鉴定人员的专业素质和经验水平决定，鉴定结论容易出现争议。

二、实用鉴定法

实用鉴定法的特点，是依据相关标准，运用现代检测技术手段，对结构材料的强度、老化、裂缝、变形、锈蚀等情况通过实测确定。对于按新、旧规范设计的房屋，均按现行规范进行验算校核。根据现行鉴定标准，实用鉴定法将鉴定对象从构件到鉴定单元划分成三个层次，每个层次划分为3~4个等级。评定顺序是从构件开始，通过调查、检测、验算确定等级，然后按该层次的等级评定上一层次的等级，最后评定鉴定单元的可靠性等级。实用鉴定法包括初步调查、详细调查、补充调查、检测、试验、理论计算等多个环节。

初步调查的目的是简单了解建筑物的现状和历史，为进一步的详细调查做准备。初步调查一般进行资料搜集和现场调查工作，最后填写初步调查表。需要搜集的资料包括原设计图纸、设计变更通知、地质报告、施工验收记录、改造加固图纸、维修记录等。现场调查主要是了解建筑物的概况、破损部位、程度范围及周围环境等。

详细调查的内容包括细部检查、材料检测、结构试验、计算分析等。在详细调查实施之前，应制订详细的调查方案，列出检测、调查的部位、数量，据此准备现场记录用的表格。检测记录结构构件的变形，如构件的破损特征、裂缝宽度和分布、挠度、倾斜、构件几何尺寸、砖墙风化腐蚀深度、砂浆饱满度等；检测记录材料性能，如混凝土强度、碳化深度、保护层厚度、钢筋锈蚀程度、砌体强度等；调查记录结构荷载，如有无后期屋面增加保温、防水层，地面超厚装修，改变用途的活荷载变化等；进行环境调查，主要是周围场地环境，腐蚀气体成分，室内温湿度，局部高温、积水、渗漏，机械振动等；进行地基基础调查，首先根据地面上结构变形，判断是否有地基不均匀沉降、周期性的胀缩变化，然后决定是否进行基础开挖检查或地质勘察。

三、概率法

概率法也称可靠度鉴定法，是将结构物的作用效应 S 和结构抗力 R 作为随机变量，运用概率论和数理统计原理，计算出 RVS 时的失效概率，用来描述结构物可靠性的鉴定方法。可靠度鉴定法是理想的方法，由于作用效应和结构抗力的不确定性、检测手段的局限性及计算模型与实际工作状态间的差异，使可靠度鉴定法目前尚难以进入实用阶段。对于可靠度鉴定法的研究已引起专家的高度重视，开发的具有新性能的可靠检测仪器，也是推进可靠度鉴定法的重要方法。目前我国结构物可靠性鉴定的任务十分艰巨，所采用的鉴定方法仍然是传统经验法和实用鉴定法，其中实用鉴定法是目前最常用的方法，概率法尚未进入实用阶段。

四、土木工程结构鉴定依据

土木工程结构的鉴定应以国家及有关部门颁布的标准、规范或规程为依据，按照其规定的方法、步骤进行鉴定和计算，在此基础上对结构的可靠性作出科学的评判。我国已颁布了《民用建筑可靠性鉴定标准》（GB 50292—1999）、《工业建筑可靠性鉴定标准》（GB 50144—2008）、《危险房屋鉴定标准》（JGJ 125-99）（2004 版）、《建筑抗震鉴定标准》（GB 50023—2009）、《地震灾后建筑鉴定与加固技术指南》（建标（2008）132 号）、《火灾后土木工程结构鉴定标准》（CECS 252：2009）、《房屋裂缝检测与处理技术规程》（CECS 293：2011）等一系列鉴定标准，这是对大量结构物科学研究和工程鉴定实践所做的总结。

第四节　土木工程结构可靠性鉴定的类型和等级

一、鉴定的类型

1.结构可靠性分类

建筑物的鉴定，常分为安全性鉴定和正常使用性鉴定。结构的安全性、适用性和耐久性能否达到规定要求，是以结构的两种极限状态来划分的，其中承载力极限状态主要考虑安全性功能，正常使用极限状态主要考虑适用性和耐久性功能，这两种极限状态均规定有明确的标志和限值。

（1）承载能力极限状态

承载能力极限状态对应于结构或构件达到最大承载力或产生不适于继续承载的变形，当结构或构件出现下列状态之一时，即认为超过了承载能力极限状态。

1）整个结构或结构的一部分作为刚体失去平衡（如倾覆等）。

2）结构构件或连接因材料强度被超过而破坏，或因过度的塑性变形而不适于继续承载。

3）结构转变为机动体系。

4）结构或结构构件丧失稳定（如压屈等）。

（2）正常使用极限状态

正常使用极限状态对应于结构或构件达到正常使用或耐久性能的某项规定限值。当结构或构件出现下列状态之一时，即认为超过了正常使用极限状态。

1）影响正常使用或外观的变形。

2）影响正常使用或耐久性能的局部破坏（包括裂缝）。影响正常使用的振动。

4）影响正常使用的其他特定状态。

2.鉴定的类别及适用范围

按照结构功能的两种极限状态，结构可靠性鉴定可以分为两种，即安全性鉴定和使用性鉴定。根据不同的鉴定目的和要求，安全性鉴定与使用性鉴定可分别进行，或选择其一进行，或合并为可靠性鉴定。各类别的鉴定有不同的使用范围，按不同要求，选用不同的鉴定类别。

（1）可仅进行安全性鉴定的情况

1）危房鉴定及各种应急鉴定。

2）房屋改造前的安全检查。

3）临时性房屋需要延长使用期的检查。

4）使用性鉴定中发现有安全问题。

（2）可仅进行使用性鉴定的情况

1）建筑物日常维护的检查。

2）建筑物使用功能的鉴定。

3）建筑物有特殊使用要求的专门鉴定。

（3）应进行可靠性鉴定的情况

1）建筑物大修前的全面检查。

2）重要建筑物的定期检查。

3）建筑物改变用途或使用条件的鉴定。

4）建筑物超过设计基准期继续使用的鉴定。

5）为制定建筑群维修改造规划而进行的普查。

当鉴定评为需要加固处理或更换构件时，根据加固或更换的难易程度、修复价值及加固修复对原建筑功能的影响程度，可补充结构的适修性评定，作为工程加固修复决策时的参考或建议。当要确定结构继续使用的寿命时，还可进一步作结构的耐久性鉴定。有时根据需要还可以进行专项鉴定，如抗震鉴定。

二、鉴定评级的层次与等级划分

将土木工程结构体系按照结构失效的逻辑关系，划分为相对独立的 3 个层次，即构件、子单元和鉴定单元 3 个层次。

构件是鉴定的第 1 层次，也是最基本的鉴定单位。它可以是 1 个构件，如 1 根梁、柱或 1 片墙；也可以是 1 个组合件，如 1 根屋架。子单元由构件组成，是鉴定的第 2 层次，一般将建筑物划分为地基基础、上部承重结构和围护系统 3 个子单元。鉴定单元由子单元组成，是鉴定的第 3 层次。鉴定单元通常是指一个完整的建（构）筑物，也可根据建筑物的构造特点和承重体系的种类，将建筑物划分为 1 个或若干个可以独立进行鉴定的区段，将每 1 个区段视为 1 个鉴定单元。对安全性或可靠性鉴定，每个层次划分为 4 个等级；对使用性鉴定，每个层次划分为 3 个等级。鉴定从第 1 层次开始，根据构件各检查项目的评定结果，确定单个构件等级；根据子单元各项目及各种构件的评定结果，确定子单元等级；再根据子单元的评定结果，确定鉴定单元等级。

构件或子单元的检查项目是针对影响其可靠性的因素所确定的调查、检测或验算项目，如混凝土构件的安全性鉴定，涉及承载能力、构造、不适于继续承载的位移及裂缝4个检查项目。检查项目的评定结果最为重要，它不仅是各层次、各组成部分鉴定评级的依据，而且是处理所查出问题的主要依据。子单元和鉴定单元的评定结果，由于经过了综合，是被鉴定建筑物进行宏观决策和科学管理的依据。

1. 安全性鉴定

民用建筑安全性鉴定分为构件、子单元和鉴定单元3个层次，每个层次分成4个等级进行鉴定。构件的4个安全等级用 au、bu、cu、du 表示，子单元的4个安全性等级用 Au、Bu、Cu、DU 表示，鉴定单元的4个安全等级用 Asu、Bsu、Csu、Dsu 表示。安全性鉴定评级的层次、等级划分及工作内容详见《民用建筑可靠性鉴定标准》（GB 50292—1999）。

已有建筑物在鉴定后，通常采用加固措施一般还要继续使用，不论从保证其下一个目标使用期所必需的可靠度或是从标准规范的适用性和合法性来说，均不能采用已被废止的原设计、施工规范作为鉴定的依据。现行的设计、施工规范可以作为鉴定的依据之一，但其针对的是已建或既有建筑工程，不可能系统地考虑已有建筑物所能遇到的各种问题。鉴定工作应该依据的是鉴定标准，鉴定标准概括了现行设计、施工规范中的有关规定：也体现原设计、施工规范中行之有效，而由于某种原因已被现行规范删去的有关规定；此外，针对已有建筑物的特点和工作条件，鉴定标准还有专门的规定。

2. 使用性鉴定

民用建筑使用性鉴定按构件、子单元和鉴定单元3个层次，每个层次分成3个等级进行鉴定。由于使用性鉴定的内容和复杂程度相对比较简单，所以使用性鉴定分级的挡数比安全性和可靠性鉴定少一挡。

构件的3个使用性等级用 as、bs、cs 表示，子单元的3个使用性等级用 As、Bs、Cs 表示，鉴定单元的3个使用性等级用 Ass、Bss、Css 表示。使用性鉴定评级的层次、等级划分及工作内容、各层次分级标准详见《民用建筑可靠性鉴定标准》（GB 50292—1999）。

3. 可靠性鉴定

土木工程结构可靠性鉴定按构件、子单元和鉴定单元3个层次，每个层次分为4个等级进行鉴定。各层次的可靠性鉴定评级，以该层次的安全性和使用性等级的评估结果为依据综合确定。构件的4个可靠性等级用 a、b、c、d 表示，子单元的4个可靠性等级用 A、B、C、D 表示，鉴定单元的4个可靠性等级用Ⅰ、Ⅱ、Ⅲ、Ⅳ表示。可靠性鉴定评级的层次、等级划分及工作内容、各层次分级标准详见《民用建筑可靠性鉴定标准》（GB 50292—1999）。

4. 适修性鉴定

所谓适修性，是指一种能反映残损结构适修程度与修好价值的技术与经济的综合特性。对于这一特性，建筑物所有或管理部门尤为关注。因为残损结构的鉴定评级固然重要，但鉴定评级后更需要关于结构能否修复及是否值得修复的评价意见。

民用建筑适修性子单元和鉴定单元，分别按 4 个等级进行评定，子单元或其中某组成部分 4 个适修性等级，鉴定单元 4 个适修性等级，各层次适修性的评级标准详见《民用建筑可靠性鉴定标准》（GB 50292—1999）。

第五节　土木工程结构构件安全性鉴定评级

构件是可靠性鉴定最基本的鉴定单位。这里所指的构件可以是 1 个单件，如 1 根梁或某层的单根柱；也可以是 1 个组合件，如 1 棉屋架；还可以是 1 个片断，如 1 片墙或 1 段条形基础。鉴定时划分的单个构件，应包括构件自身及其连接、节点。

一、混凝土构件安全性评级

混凝土构件的安全性涉及多方面因素，主要是构件的承载能力、构造、位移（或变形）和裂缝 4 种因素，鉴定标准将这 4 种因素作为 4 个检查项目，分别规定了安全等级标准。混凝土构件的安全性鉴定，就是先评定该构件各个检查项目的安全性等级，然后取其中较低的等级作为该构件的安全性等级。

二、钢构件安全性评级

钢结构构件的安全性评定，是在其承载能力、构造及变形 3 个检查项目逐个评定的基础上，取最低等级作为该构件的安全性等级。

对于冷弯薄壁型钢结构、轻钢结构和钢桩，以及处于有腐蚀性介质的工业区或高湿、临海地区的钢结构，由于钢材锈蚀发展很快，以致在较短的时间内便可能会危及结构构件的承载安全，尤其是冷弯薄壁型钢结构和轻钢结构，自身截面尺寸小，对锈蚀十分敏感，因此增加锈蚀作为 1 个检查项目，使锈蚀不仅列为钢结构适用性鉴定的检查项目，同时也成为安全性鉴定的检查项目。

三、砌体构件安全性评级

砌体结构构件的安全性鉴定，应按承载力、构造、不适于继续承载的位移和裂缝 4 个检查项目，分别评定每一个受检构件等级，取其中最低一个等级作为该构件的安全性等级。

四、木构件安全性评级

木结构构件的安全性鉴定，应按承载能力、构造、不适于继续承载的位移、斜纹或斜裂、腐朽及虫蛀 6 个检查项目，分别评定每一个受检构件等级，取其中最低一个等级作为该构件的安全性等级。

腐朽及虫蛀是严重威胁木结构安全的重要因素，在经常受潮且通风不良的条件下，腐朽的发展异常迅速。在虫害严重的地区，木材内部可能很快被蛀空。处于这两种情况下的木结构，一般只需 3~5 年便会完全丧失承载能力。因此在检测木结构建筑物时，应进行防腐、防虫处理。

第六节　构件正常使用性鉴定评级

构件的正常使用性鉴定分 3 个等级，分别用 a、b、c 表示，与构件安全性鉴定分级相比，取消了相应于"必须立即采取措施"的 d 级。每种构件的使用性鉴定，都包含对 2~3 个检查项目的评级，每个检查项目都是影响该类构件使用的控制因素，如混凝土构件使用性鉴定的检查项目是位移和裂缝两项，钢结构构件是位移和锈蚀两项，砌体结构构件有位移、非受力裂缝和风化三项，木结构构件有位移、干缩裂缝和初期腐蚀三项。对构件的使用性鉴定，首先评定该构件各检查项目的使用性等级，然后取其较低一级作为该构件的使用性等级。

由于国内外对土木工程结构正常使用极限状态的研究不够深入，对正常使用性准则与建筑物各功能之间关系的认识不充分，目前鉴定分级的原则是在广泛进行调查实测与分析的基础上，参考国外的观点。对构件使用性等级中 a 级与 b 的评定，以下列量值之一作为划分的界限。

1）偏差允许值或计算值或其同量值的定值。

2）构件性能检验合格值或共同量值的议定值。

3）当无上述量值可依时，选用经过验证的经验值。

构件使用性等级中 bs 级与 cs 级的划分，是以现行设计规范对正常使用极限状态规定的限值为界限的。如混凝土结构设计规范对受弯构件正常使用极限状态下的最大挠度和最大裂缝宽度，均有明确具体的限值规定。若某个检查项目的现场实测值超过规范限值，则评定为 cs 级。因为在一次现场检测中，恰好遇到荷载与抗力均处于规定的使用极限状态的可能性极小，通常的情况是荷载较小、材料应力较低。此时若检测结果已达到现行设计规范的限值，则说明该项功能已下降。

一、混凝土构件使用性评级

混凝土结构构件的正常使用鉴定，应按位移和裂缝两个检查项目，分别评定每一个受检构件的等级，取其中较低一级作为该构件的使用性等级。混凝土结构构件碳化深度的测定结果，不参与评级，但若构件主筋已处于碳化区，则应在鉴定报告中指出，并应结合其他项目的检测结果提出处理意见。

二、钢构件使用评级

钢结构构件的正常使用性鉴定，应按位移和锈蚀（腐蚀）两个检查项目，分别评定每一个受检构件的等级，取其中较低一级作为该构件的使用等级。对钢结构受拉构件，尚应以长细比作为检查项目参与上述评级，因为柔细的受拉构件在自重作用下可能产生过大的变形和晃动，不仅影响外观，甚至会妨碍相关部位的正常工作。

三、砌体构件使用性评级

砌体结构构件的正常使用性鉴定，应按位移、非受力裂缝和风化（或粉化）三个检查项目，分别评定每一个受检构件的等级，取其中较低一级作为该构件的使用等级。受力裂缝未列入检查项目，是因为砌体结构构件的脆性性质，决定了砌体受力裂缝一旦出现，不论其宽度大小，都将影响甚至危及结构安全，而对使用功能的影响已成为非常次要的问题。

砌体墙、柱的正常使用性按其水平位移（或倾斜）的评级方法与混凝土柱相同，此处不再赘述。

四、木构件使用性评级

木结构构件的正常使用性鉴定，应按位移、干缩裂缝和初期腐朽三个检查项目的检测结果，分别评定每一个受检构件的等级，取其中较低一级作为该构件的使用等级。

木构件的挠度使用性评级不像混凝土等构件挠度评级那样，采用检测值与计算值及现行设计规范限值相比较的方法。因为木结构作为一种传统结构，我国积累有大量的使用经验。另外，计算木桁架的挠度，要考虑木材径、弦向干缩和连接松弛变形的影响，这些数据在已有建筑物的旧木材中很难确定。

第七节 子单元安全性鉴定评级

子单元是民用建筑可靠性鉴定的第 2 层次。一个完整的建筑物或其中的一个区段可划分为 3 个部分，即地基基础子单元、上部承重结构子单元和围护系统子单元。每个子单元和鉴定义可分为安全性鉴定和使用性鉴定两种。子单元安全性鉴定委员会按 4 个等级评定。

一、地基基础安全性评级

地基基础是地基与基础的总称。地基是承担上部结构荷载的一定范围内的地层。基础是建筑物传递荷载的下部结构。地基应具备不产生过大的沉降变形、承载能力及斜坡稳定三个方面的基本条件。基础作为结构构件应具有安全性和正常使用性。地基基础子单元的安全性鉴定，包括地基、基础和斜坡稳定三个检查项目的安全性评级，检查项目中的最低一级作为子单元的安全性等级。

二、上部承重结构安全性评级

上部承重结构子单元的安全性鉴定评级，应根据其所包含的各种构件的安全性等级、结构的整体性等级，以及结构侧向位移等级三个方面进行确定。

三、围护系统的承重部分安全性评级

围护系统承重部分子单元的安全性鉴定评级，按该系统专设的和参与该系统工作的各种构件的安全性等级以及该部分结构的整体性安全等级进行评定了一种构件的安全性等级是根据每一受检构件的评定结果及构件类别的规定进行评级。围护系统承重部分的结构整体性等级按以下规定进行评定。

当上述各种构件和结构整体性的评定结果仅有 AU 级或 BU 级时，围护系统承重部分的安全性等级按占多数的级别确定；当含有 CU 级或 DU 级时，可按下列规定评级：

1）若 CU 级或 DU 级属于主要构件，按最低等级确定。

2）若 CU 级或 DU 级属于一般构件，可根据实际情况按占多数的级别确定。

围护系统承重部分的安全性等级，不得高于上部承重结构的等级。

第八节 子单元使用性鉴定评级

民用建筑第 2 层次的使用性鉴定，同样包括地基基础、上部承重结构和围护系统三个子单元。各子单元使用性鉴定分成 3 个等级，分别用 AS、BS、CS 表示。

一、地基基础使用性评级

地基基础使用性不良所造成的问题，主要是导致上部承重结构和围护系统不能正常使用。因此，一般可通过调查上部承重结构和围护系统是否存在使用性问题及此类问题与地基基础之间是否有因果关系，来判断地基基础的使用性是否满足设计要求。此外，在地基土受到腐蚀性介质的浸入等情况下，鉴定人员认为有必要开挖检查时，也可按上部结构同类材料构件的使用性鉴定方法，评定基础的使用性等级。但一般情况下不必进行开挖检查。

地基基础的使用性等级，应按以下原则确定。

1）当上部承重结构和围护系统的使用性检查未发现问题或所发现的问题与地基基础无关时，可根据实际情况定为 AS 或 BS 级。

2）当上部承重结构和围护系统所发现的问题与地基基础有关时，可根据上部承重结构和围护系统所评定的等级，取其中较低一级作为地基基础使用性等级。

3）当一种基础按开挖检查结果所评的等级，低于按上述方法评定的级别时，应取基础开挖检查所评的等级作为地基基础的使用性等级。

二、上部承重结构使用性评级

上部承重结构子单元的使用性鉴定，应根据其所包含的各种构件的使用性等级、结构的侧向位移等级以及振动影响三个方面进行。

三、围护系统使用性评级

围护系统子单元的正常使用性鉴定，应根据其使用功能和承重部分的使用性两个方面进行。按围护系统使用功能的要求，可划分 7 个检查项目。鉴定时，可根据委托方的要求只评定其中的部分项目，也可在对各个项目评级的基础上，确定围护系统使用功能的等级。

第九节 鉴定单元安全性及使用性评级

鉴定单元是民用建筑可靠性鉴定的第 3 层次，也是最高层次。鉴定单元的评级，应根据各子单元的评级结果以及与整栋建筑有关的其他问题，分安全性和使用性分别进行评定。鉴定单元的安全性分成 4 个等级，分别用 Asu、Bsu、Csu、Dsu 表示。鉴定单元的使用性分成 3 个等级，分别用 Ass、Bss、Css 表示。

一、鉴定单元安全性评级

鉴定单元的安全性评级，应根据地基基础、上部承重结构及围护系统的承重部分 3 个子单元的安全性等级，以及与整栋建筑有关的其他安全问题进行评定。

在 3 个子单元中，地基基础和上部承重结构是鉴定单元的两个主要组成部分，因此，一般情况下，取地基基础与上部承重结构子单元中的较低等级作为鉴定单元的安全性等级。

若按上述原则进行评定的结果为 Asu 级或 Bsu 级，而围护系统承重部分的等级为 Cu 或 Du 级，则可根据实际情况将鉴定单元所评等级降一级或二级，但最终所确定的等级不得低于 Csu 级。

当现场宏观勘察认为，建筑物处于有危险的建筑群中，且直接受其威胁，或建筑物朝一方向倾斜，且速度开始变快时，可直接评定为 DSU 级。

二、鉴定单元正常使用性评级

鉴定单元的使用性评级，应根据地基基础、上部承重结构及围护系统 3 个子单元的使用性等级以及与整栋建筑有关的其他使用问题进行评定；按三个子单元最低的使用性等级确定。

当按上述原则确定的鉴定单元使用性等级为 Ass 级或 Bss 级，但房屋内外装修已大部分老化或残损，或房屋的管道、设备已需要全部更新时，宜将所评等级降为 Css 级。

第十节　可靠性评级与适修性评估

一、可靠性评级

建筑物可靠性由安全性和正常使用性组成。在评定出各个层次的安全性等级和使用性等级后，方可再确定该层次的可靠性等级；当不要求给出可靠性等级时，可采取直接列出其安全性等级和使用性等级的形式共同表达。当需要给出各层次的可靠性等级时，可根据其安全性和正常使用性的评定结果，按下列原则确定。

1）当该层次的安全性等级低于 bu 级、Bu 级或 Bsu 时，应按安全性等级确定。

2）除上述情况外，可按安全性等级与正常使用性等级中的较低等级确定。

二、适修性评估

在民用建筑可靠性鉴定中，若委托方要求对安全性不符合鉴定标准要求的鉴定单元或子单元或某种构件，提出处理意见时，宜对其适修性进行评估。可按下列处理原则提出具体意见：

1）对适修性评定为 Ar、Br 的鉴定单元，评为 A′、B′ 的子单元或其中某种构件，应予以修复使用。

2）对适修性评定为 Cr 的鉴定单元和评为的 C′ 子单元或其中某种构件，应分别作出修复和拆除两种方案，经技术、经济评估后再作选择。

3）对安全性和适修性评定为 Csu-Dr、Dsu-Dr 的鉴定单元及 Cu-Dr、Du-D′ 的子单元或其中某种构件，宜考虑拆换或重建。

4）对有纪念意义或有文物、历史、艺术价值的建筑物，不进行适修性评估，而应予以修复和保存。

第六章 土木工程结构加固与改造

第一节 加固改造行业的现状及发展

大多数建筑物随着时间的流逝，会因劣化、损伤等多种原因造成使用性能下降，或因技术条件限制无法继续使用。这时，一般应根据现状对其进行修复、防护或加固改造处理，以满足不同的使用要求。这里，修复指的是拆换或修理已经劣化、损坏的结构材料或结构构件、配件，包括结构功能加固、外观修复以及恢复结构构件、配件和材料的其他内在特性；防护则指对材料或结构构件、配件采取保护措施，使其免受恶劣环境的直接作用；而加固改造则是指对旧的建筑物或结构、构件等进行改建拆换，使其适应新的使用功能要求。

一、土木工程结构加固改造工作程序

根据有关文献和我国近几年的工程实践经验，加固改造工作的一般程序可概括为现状鉴定、加固改造设计、施工与工程效果检验4步。

1. 现状鉴定

进行现状鉴定的目的是为制定加固改造方案提供技术依据。由于工程对象的规模、复杂程度等具体情况不同，鉴定工作的难易程度也不同。一般情况下，鉴定工作涉及现状初步调查及已有资料收集、现场调查检测、实验室试验分析、结构计算分析、资料整理分析、编制鉴定报告等内容。

对现状情况进行初步调查，收集已有的资料，可以为后续工作奠定基础，其中包括现场的初步检查，收集和整理与建筑物有关的所有原始设计、施工资料、图纸、使用记录等，并向知情人员进行调查。一旦收集到所有的相关资料，就要系统地详细审阅，并根据需要制订出有关的检测方案。

现场检查检测，视具体条件，可能是简单的目测，也可能是按既定计划实施的细致复杂的过程。在所有的检测项目中，最主要的目标是确定导致可见损坏的原因，以及确

认结构的整体性和工作性能。如果问题简单，那么根据经验，简单的目测检查结果即可作为修复处理的参考，但在大多数项目中，需要进行检测鉴定工作，以便对结构性能进行全面的检测。

在此之后，要对现场和实验室试验数据以及现场的观察记录进行仔细整理，并认真总结分析，充分运用已有的专业知识，采用适当的推理机制，对面临的工程问题做出正确的判断。

结构计算分析是根据现场检测的数据依据现行标准对结构进行计算分析，依据现行规范条件确定结构的安全度。

鉴定报告是被检测对象现状鉴定的最终成果，它是制定加固改造的主要技术依据。鉴定报告的主要内容一般应包括：工程对象受损的范围、程度；工程对象的整体技术状态；造成结构及结构材料劣化、损坏的主要原因；应采取的处理措施或对策。

2. 土木工程结构加固改造设计

在现状鉴定的基础上，设计的主要任务是制订加固改造方案，选择加固、改造材料及施工方法，绘制加固、改造施工图。

制订设计方案难度很大，必须考虑各种影响因素，包括技术方面、经济方面的因素，以及其他纯粹实践经验方面的因素。设计过程中要充分考虑到施工期间对建筑物正常使用时可能产生的影响。

确定设计方案对加固改造使用材料的要求与对新建工程材料的要求是不同的，设计人员必须考虑多种材料与原结构的相容性问题；此外，还要考虑材料对施工速度的影响，考虑加固改造过程中的施工难度和原结构的安全问题。

3. 土木工程结构加固改造施工

在通常情况下，已有建筑物加固改造施工是一项专业性很强的技术，并非任何施工单位都能胜任。为了保证设计意图的全面实现，施工单位既要有良好的技术素质，又要有专业工程经验。

施工之前还应进行详细的施工组织设计，制定完善的施工操作规程。在一般情况下，应尽可能地满足现有的操作规程、规范要求。但是，若适用的加固材料和方法没有包括在现有的规程、规范中，则应从类似的工程项目中获取基于实践经验的详细数据资料，这种技术资料必须以具有一定资质单位的证明为依据，并据此制定有关操作规程。

4. 土木工程结构加固改造验收与工程效果检验

加固或改造完成之后要按照既定的标准进行验收。为了保证加固效果，对一些重要部位或者施工质量产生怀疑时，还要采取必要的检验手段对工程效果进行检验，如进行各种承载力原位试验等。

二、加固改造行业现状分析

我国已有建筑物现代加固改造技术研究正处于全面起步阶段，发展迅速，已取得了一些成果，该行业正逐步趋于成熟。

已有建筑物是国民经济基础的重要组成部分。进入 20 世纪 80 年代以来，我国国民经济开始高速增长，一些危旧建筑开始不能适应高速发展的生产需要，有的还对生产造成了严重危害。一些有识之士开始对已有建筑物的诊断、修复、改造等技术进行系统研究。近年来，投身于这一行业的人越来越多。为了统一有关技术标准，提高行业的总体水平，1990 年成立了"全国建筑物鉴定与加固标准技术委员会"，已编或正在编制的各种标准达 100 多种。标准委员会还制定了本领域的规范体系表，包括材料检验、现场抽样方法、构件实测、结构可靠性鉴定、结构加固设计、加固改造施工及验收等方面的一系列规范、标准。"全国建筑物鉴定与加固标准技术委员会"已举办多次学术活动进行技术研讨和交流。所有这些都有力地推动了我国行业技术的发展。

与发达国家相比，我国在已有建筑物加固改造行业等方面的总体水平还不高，集中表现在以下几个方面。

1）目前，主要技术力量集中在少数专业研究院（所）、高等学校及少数大型设计院、生产企业，并且发展不均衡，有的工程由于加固或改造方案选择失误，对结构整体造成了不应有的损失。

2）从事建筑物加固改造的施工单位多数是从事一般基本建设的施工队伍，或者是松散组织的临时工、民工队伍。操作工人对建筑物加固改造施工并不熟悉，加之改造加固工程所涉及的项目内容零星繁杂，施工组织和管理的难度比较大，在施工过程中管理措施跟不上，造成工程质量低，设计意图不能完全实现，甚至违背设计意图。

3）对建筑物进行加固改造的第一步是对工程对象的现状进行鉴定。目前，建筑物诊断技术水平参差不齐，有时迫于工程需要，匆忙得出结论，增加了技术风险，有的甚至造成重大失误。

4）虽有较完善的规范标准体系，但执行标准监管缺失，施工操作的随意性太大。特别是采用新材料、新技术时，施工操作人员在现场进行操作，工程的质量在很大程度上取决于个体操作人员的素质和责任心，在大多数情况下很难获得最佳加固效果，最终导致工程质量低劣。

5）虽然有些单位也开发了一些专用的机具、器材，但总的来说，还没有满足工程应用的需要，有的是质量不能满足要求，也有的是使用不便，影响了机具、材料的推广应用。

6）结构耐久性不足而造成的危害尚未被人们完全认识，混凝土结构也需要进行积极防护的观念还没被人们接受。在发达国家，会对许多露天混凝土结构采取主动防护措施，以增加建筑物的使用寿命，如采用涂环氧钢筋、在混凝上表面涂防护涂料等，这在国内工程上还很少应用。

受我国经济政策的影响，可以预料，已有建筑物加固改造工程规模的会继续扩大。这种趋势必然会对加固改造材料市场、专业改造技术服务业产生一定的影响。这既向我们提供了机会，也提出了挑战。所谓机会，意味着将有大量新技术、新材料、专门的服务机构产生，以满足市场的特殊需要，并以此带动整个行业水平的提高；所谓挑战，即大量新材料、新技术的涌现势必会对工程决策带来困难，由此可能会引起更多的新问题。在高度工业化的今天，人们对建筑物的功能要求越来越高，结构的形式越来越复杂，所处的使用环境更加恶劣。对已有建筑物进行加固改造是一个极其复杂的系统工程，这需要负责技术决策的有关人员具有高水平解决问题的综合能力，不但要精通土木工程结构理论，掌握各种修补材料的物理力学性能和耐久性能，需要懂得结构和结构材料劣化损坏的机理，同时还必须了解与使用环境有关的各种影响因素。这种技术难度大、决策过程复杂的系统工程绝非一般的个体责任者所能承担的。

第二节　土木工程结构加固的一般原则

一、方案制订的总体效应原则

制定建筑物的加固改造方案时，除要考虑可靠性鉴定结论和委托方提出的加固改造内容要求外，还要考虑加固后建筑物的总体效应。例如，对房屋的某一层柱子或墙体加固时，有时会改变整个结构的动力特性，从而产生薄弱层，对抗震带来很不利的影响；再如，对楼面或屋面进行加固改造时，会使墙体、柱及地基基础等相关结构承受的荷载增加。因此，制订加固方案时，应全面、详细分析整个土木工程结构的受力情况。

二、材料的选用和强度取值原则

1）加固改造设计时，原结构的材料强度按如下规定取用：若原结构材料种类和性能与原设计一致，则按原设计值取用；若原结构无材料强度资料，则可通过实测评定材料的强度等级，再按现行规范取值。

2）加固改造材料的要求。加固用的钢材应优先选用 HRB335 级热轧带肋钢筋或 HPB235（Q235）级的热轧钢筋；加固用的水泥应采用强度等级不低于 32.5 级的硅酸盐水泥和普通硅酸盐水泥。

3）加固用混凝土的强度等级，应比原结构的混凝土强度等级提高一级，且加固上部结构构件的混凝土的强度等级不低于C20，加固用混凝土内须加入早强、高强、低收缩、微膨胀、自流密实的外加剂使混凝土改性。

4）加固所用黏结材料及化学灌浆材料一般宜采用成品，其黏结强度应高于被黏结构混凝土的抗拉强度和抗剪强度。

三、荷载取值原则

加固结构承受的荷载，应进行实地调查后取值。一般情况下，当原结构按当时荷载规范取值时，在鉴定阶段对结构的验算仍按原规范取值；一经确定需要加固时，加固验算应按现行的《土木工程结构荷载规范》的规定取值。

四、承载力验算原则

进行承载力验算时，结构的计算简图应根据结构的实际受力状况和结构的实际尺寸确定。构件的截面面积应采用实际有效截面面积，即应考虑结构的损伤、缺陷、锈蚀等造成的不利影响。验算时，应考虑结构在加固时的实际受力程度、加固部分的受力滞后特点以及加固部分与原结构协同工作的程度，对加固部分的材料强度设计值进行适当的折减。还应考虑实际荷载偏心、结构变形、局部损伤、温度作用等所带来的附加内力。当加固后使结构的重量增大时，应对相关结构及建筑物的基础进行验算。

五、与抗震设防结合的原则

我国是一个多地震的国家，6度以上的地震区几乎遍及全国各地。1976年以前建造的建筑物，大多没有考虑抗震设防，1989年以前的抗震规范也只规定了7度以上地震区才设防。为了使这些建筑物遭遇地震时具有相应的安全保证，应结合抗震加固方案制订承载能力和耐久性加固、处理方案。

六、其他

由于高温、腐蚀、冻融、振动、地基不均匀沉降等原因造成的结构损坏，应在加固设计时提出相应的处理措施，随后再进行加固。

结构的加固应综合考虑其经济性，尽量不损伤原结构，并保留有利用价值的结构构件，避免不必要的构件拆除或更换。

第三节 土木工程结构加固技术及其选择

一、地基加固方法

当天然地基不能满足建筑物对它的要求时，需要进行地基处理，形成人工地基以满足建筑物对它的要求。当已有建筑物地基发生工程事故，需要对已有建筑物地基进行加固处理，以保证其正常使用和安全。

1. 换填法

当在建筑范围内土层上层存在淤泥、淤泥质土、湿陷性黄土、素填土、杂填土等为软弱上层，若其厚度不很大，软弱土层的承载力和变形区满足不了建筑物的要求时，可以采用换填强度较大的砂碎石、素土、灰上、高炉干渣、粉煤灰或其他性能稳定、无侵蚀性的材料，并压（夯、振）实至要求的密实度为止，成为良好的人工地基。

2. 排水固结

含淤泥、淤泥质土、冲填土等的软弱饱和黏性土层，这种土层的特点是含水量大、压缩性高、强度低、透水性差且不少情况埋藏深厚。由于其压缩性高透水性差，在建筑物荷载作用下会产生相当大的沉降和沉降差，而且沉降的延续时间很长，有可能影响建筑物的正常使用另外，由于其强度低，地基承载力和稳定性不能满足工程要求。因此，这种软黏土地基通常需要采取处理措施，排水固结法就是处理软黏土地基的有效方法之一。

3. 强夯法和强夯置换法

强夯法常用来加固碎石土、砂土、低饱和度的粉土与黏性土、湿陷性黄土、素填土和杂填土等各类地基。它不仅能提高地基的强度并降低其压缩性，而且能改善砂土的抗液化条件、消除湿陷性黄土的湿陷性等。

高饱和度的粉土与软塑-流塑的黏性土等地基，如淤泥和淤泥质土地基，强夯处理效果不显著，这时可采用在夯坑内填碎石、砂或其他粗颗粒材料，通过夯机能作用排开软土，从而在地基中形成碎石墩。强夯置换法主要用于这类土壤地基上对变形控制要求不严的工程，具有良好的处理效果。

4. 振冲法

振冲法形成的复合地基由桩体和周围土体共同承担上部荷载，桩体能适应较大变形，透水性好，且成桩过程中随地层软弱程度的不同，形成上下不同的桩，它们与土体共同作用有力地改善了地基的工程性能。如复合地基承载力显著提高，沉降量明显减少，地基的抗剪性能和排水效果提高。

振冲置换法适用于处理砂土、粉土、粉质黏土、素填土和杂填土等地基以及不排水抗剪强度不小于 20kPa 的饱和黏性土和饱和黄土地基。振冲加密适用处理砂土和粉土地基，不加填料振冲加密适用于处理黏粒含量不大于 10% 的中砂、粗砂地基。

5. 砂石桩法

砂石桩法适用于处理松散砂上、粉土、黏性土、素填土、杂填土等地基。对饱和黏土地基上变形控制要求不严的工程也可采用砂石桩置换处理。砂石桩法也可用于处理可液化地基。

6. 水泥粉煤灰碎石桩法

水泥粉煤灰碎石桩简称 CFG 桩，是在碎石桩基础上加入适量石屑、粉煤灰和水泥，加水拌和制成的一种具有一定黏结强度的桩，与周围地基土体形成复合地基。它比一般碎石桩复合地基的承载力强、变形量小。

水泥粉煤灰碎石桩法适用于处理黏性土、淤泥、淤泥质土、粉土、砂性土、杂填土以及湿陷性黄土地基中以提高地基承载力和减少地基变形为主要目的地基处理。若以消除液化为主要目的时，采用 CFG 桩不太经济。对淤泥质上应按地区经验或通过现场试验确定其适用性。

7. 夯实水泥土桩法

夯实水泥土桩地基处理时应用土料和水泥拌和形成混合料，通过各种机械成孔方法在土中成孔并填入混合料夯实形成桩体，当采用具有挤土效应的成孔工艺时，还可将桩间土挤密，形成复合地基，提高地基承载力、减少地基变形。夯实水泥土桩法适用于处理地下水位以上的粉土、素填土、杂填土、黏性土等地基。处理深度不宜超过 10m。

8. 水泥土搅拌法

水泥土搅拌法是用于加固饱和黏性土地基的一种新方法。它是利用水泥（或石灰）等材料作为固化剂，通过特制的搅拌机械，在地层深处就地将软土和固化剂（浆液或粉体）强制搅拌，由固化剂和软土间所产生的一系列物理化学反应，使软土硬结成具有整体性、水稳定性和一定强度的水泥加固上桩体，桩间土构成复合地基。从而达到提高地基强度和增大弹性模量的作用。

水泥土搅拌法适用于处理正常固结的淤泥与淤泥质土、粉土、饱和黄土、素填土、黏性上以及无流动地下水的饱和松散砂土等地基。

9. 高压喷射注浆法

高压喷射注浆法就是利用钻机把带有喷嘴的注浆管钻入至土层的预定深度后，以 20~40MPa 的压力把浆液（或水）从喷嘴中喷射出来，形成喷射流冲击破坏土层及预定形状的空间，当能量大、速度快及呈脉动状的喷射流的动压超过土体结构强度时，土粒便从土体剥落下来，一部分细黏土随浆液或水冒出地面，其余土颗粒在射流的冲击力、离心力和重力等作用下与浆液混合并按一定的浆土比例和质量大小有规律重新排列，凝固成新的加固体，从而达到加固土体的目的。

高压喷射注浆法适用于处理淤泥、淤泥质土、流塑、软塑或可塑黏性上、粉土、砂土、黄土、素填土和碎石土等地基。可用于既有建筑和新建建筑地基加固，深基坑、地铁等工程的土层加固或防水。

高压喷射注浆有强化地基和防漏的作用，可卓有成效地进行既有建筑和新建工程的地基处理、地下工程及堤坝的截水、基坑封底、被动区加固、基坑侧壁防漏或减小基坑位移等。

10. 石灰桩法

石灰桩是以生石灰为主要固化剂与粉煤灰或火山灰、炉渣、矿渣、黏性土等掺和料按一定比例均匀混合后，在桩孔中经机械或人工分层振压或夯实所形成的密实桩体。石灰桩的主要作用机理是通过生石灰吸水膨胀挤密桩周，继而经过离子交换和胶凝反应使桩间土强度提高，与桩间土共同作用形成复合地基。

石灰桩法适用于处理饱和黏性土、淤泥、淤泥质土、素填土和杂填土等地基；用于地下水位以上的上层时，宜增加掺合料的含水量并减少生石灰用量，或采取上层浸水等措施。石灰桩不适用于地下水下的砂类土。

11. 灰土挤密桩法和土挤密桩法

土桩和灰土桩挤密地基是用沉管、冲击或爆炸等方法在地基挤土，形成 28~60cm 的桩孔，然后向孔内夯填素土或灰上（所谓灰上，是用不同比例的消石灰和土掺合而形成），形成土桩或灰土桩。成孔时，桩孔部位的士被侧向挤出，从而使桩间土得到挤密。另外，对灰土桩而言，桩体材料石灰和土之间产生一系列物理和化学反应，凝结成一定强度的桩体。桩体和桩间挤密土共同组成的人工复合地层，属于深层加密处理的一种方法。

土桩主要适用于消除黄土地基的湿陷性，灰上桩主要适用于提高人工地基的承载力和水稳性，并消除黄土地基的湿陷性。

12. 柱锤冲扩桩法

柱锤冲扩桩法是通过用直径 300~500mm、长度 2~6m、质量 1~8t 的柱状锤，利用自行杆式起重机或其他专用设备，将柱（柱锤）提升至距地面一定高度后下落，在地基土中冲击成孔，并重复冲击至设计深度，在孔内分层填料、分层夯实形成桩体，同时对桩间土进行挤密，形成复合地基。

柱锤冲扩桩法适用于处理杂填土、粉土、黏性土、素填土和黄土等地基。

13. 单液硅化法和碱液法

单液硅化法是硅化加固法的一种，是指将硅酸钠溶液灌入土中，当溶液和含有大量水溶性盐类的土相互作用时，产生硅胶将土颗粒胶结，提高水的稳定性，消除黄土的湿陷性，提高土的强度。

碱液法是将加热后的碱液（NaoH 溶液），以无压自流方式注入地基土中，使土粒表面溶合胶结形成难溶于水的、具有高强度的钙铝硅酸盐络合物，从而达到消除黄土湿陷性，提高地基承载力的目的。

对于下列情况可采用单液硅化法或碱液法。

1）沉降不均匀的既有建（构）筑物和设备基础。

2）地基受水浸湿引起湿陷，需要立即阻止湿陷继续发展的建（构）筑物或设备基础。

3）拟建的设备基础和构筑物。

二、基础加固方法

1. 基础扩大托换

对许多既有建筑物或改建增层工程，常因基底面积不足而使地基承载力和变形不能满足要求，导致建筑物开裂或倾斜。此时，加固方法之一就是采用基础加宽的托换方法，一般这种托换方法施工简单、造价低廉、质量容易保证、工期较短，为经常采用的方法。

2. 基础加深加固

在许多既有建筑物或改造工程中，由于基底面积不足而使地基承载力和变形不能满足要求，此时也可采用加深基础，此方法是直接在被托换建筑物的基础下挖坑后浇筑混凝土的托换加固方法。以满足设计规范的地基承载力和变形要求。

3. 基础锚杆静压桩加固法

锚杆静压桩的优点是：施工时无振动，无噪声；设备简单，操作方便，移动灵活，可在场地和空间狭窄条件下施工；可应用于新、旧建筑物的地基加固和基础托换；并可在不停产和不搬迁的情况下进行施工处理。

4. 基础树根桩加固法

树根桩是一种小直径的钻孔灌注的钢筋混凝土桩，制桩时可竖向也可斜向，并在各方向上可倾斜任意角度，因而所形成的桩基形状如同树根。

树根桩适用于各种不同的土质条件，如淤泥、淤泥质土、黏性土、粉土、碎石土、黄土和人工填土等地基上既有建筑物的修复、增层、古建筑物的整修，地下铁道的穿越以及增加边坡稳定性等托换加固工程都可应用。

三、混凝土结构加固方法

1. 增大截面法

增大截面法是增大结构构件或构筑物截面面积进行加固的一种方法。它不仅可以提高被加固构件的承载能力，而且还可以增大截面刚度，改变自振频率，使正常使用的性能在某种程度上得到改善。这种加固方法广泛用于加固混凝土结构中的梁、板、柱和钢结构中的柱、屋架（补焊型钢）等。但采用这种方法会减少使用空间，当在梁板上浇捣混凝土后浇层时，还会增加结构自重。

2. 局部置换法

这种方法适用于承重构件受压区混凝土强度偏低或有严重缺陷的局部加固。采取这种方法加固梁式构件时，应对原构件加以有效的支顶。当采用本方法加固柱、墙等构件时，应对原结构、构件在施工全过程中的承载状态进行验算、观测和控制，置换界面处的混凝上不应出现拉应力，若控制有困难，应采取支顶等措施进行卸载。采用本方法加固混凝土结构构件时，其非置换部分的原构件混凝土强度等级，按现场检测结果不应低于该混凝土结构建造时规定的强度等级。

3. 绕丝加固法

该法适用于提高混凝土构件承载力和延性。其优点为构件加固后增加自重较少、外形尺寸变化不大；缺点是对矩形截面混凝土构件承载力提高不显著，限制了其应用范围。

4. 外加预应力加固法

预应力加固法是一种采用外加预应力钢拉杆（分水平拉杆、下撑式拉杆和组合式拉杆）或撑杆，对结构进行加固的方法。这种方法可在几乎不改变使用空间的条件下，提高结构构件的正截面及斜截面承载力。预应力能消除或减缓后加杆件的应力滞后现象，使后加杆件有效工作。预应力产生的负弯矩可以抵消部分荷载弯矩，减小原构件的挠度，缩小原构件的裂缝宽度，甚至可使裂缝完全闭合。因此，预应力加固法广泛用于混凝土梁、板等受弯构件以及混凝土柱（用预应力顶撑加固）的加固。此外，还可用于钢筋及钢屋架的加固。预应力加固法是一种加固效果好而且费用低的加固方法，具有广阔的应用前景。其缺点是增加了施加预应力的工序和设备。

5. 外粘型钢加固法

该法适用于梁、柱、墙、桁架和一般构筑物的加固。其优点为受力可靠，能显著提高结构，构件的承载力，对使用空间影响小，施工简便且湿作业少；缺点是对使用环境的温度有限制，且加固费用比较高。

6. 粘贴碳纤维增强复合材料加固法

碳纤维加固修复混凝土结构技术是一项新型、高效的结构加固修补技术。其中碳纤维布、板材应用较广，是利用浸渍树脂将碳纤维布粘贴于混凝土表面，共同工作达到对混凝土结构构件的加固补强。较传统的加固方法具有明显的高强、高效、施工便捷、适用面广等优越性。

该法适用于钢筋混凝土受拉和受弯构件承承力不足的加固，当利用其缠绕的约束作用时，也可以用于受压构件的加固。但是该方法也存在一些缺点。例如，使用环境温度有限制，且需做专门的防护处理。若防护不当，易遭受火灾和人为损坏。

7. 外粘钢板加固法

该法适用于受弯及受拉构件的加固。其优点为施工工期短、加固后基本不改变构件外形和使用空间；缺点是对使用环境的温度有限制，粘贴曲线表面的构件不易吻合，且钢板较薄，需做防锈处理等。

8. 外加钢丝绳网片加聚合砂浆围套法

外加钢丝绳网片加聚合砂浆围套法是在混凝土构件或砌体构件外加钢丝绳网，以聚合砂浆围套，聚合砂浆起到保护和锚固作用，以协同构件共同工作的一种加固方法。

9. 高性能复合砂浆钢筋网加固法

复合砂浆钢筋网加固法是在混凝土构件表面绑扎钢筋网，复合砂浆起到保护和锚固作用，使其共同工作整体受力，以提高结构承载力的一种加固方法。它是一种体外配筋，提高原构件的配筋量，从而相应提高结构构件的刚度、抗拉、抗压、抗弯和抗剪等方面性能的方法。既有类似于加大截面法，但增大面积又不大，对结构外观及房屋净空影响不大。该方法工艺简单，适用面广，可广泛用于梁、板、柱、墙等混凝土结构的加固，根据构件的受力特点和加固要求不同，可选用单侧加厚、双侧加厚、三面和四面外包等。与传统加固维修方法相比，该方法具有明显的技术优势，主要表现在以下方面：

1）施工便捷，施工工效高，湿作业较少，不需要大型施工机具，无须现场固定设施，施工占用场地少。

2）具有极佳的耐腐蚀性能及耐久性能。

3）适用面广。

4）施工质量有保证，由于钢筋网比较柔软，即使加固的结构表面不是非常平整，也基本可以保证有效的固定。

5）对结构形状和外观影响不大。

6）经济效益好，价格便宜。

7）具有很好的耐火性能和耐高温性能。

10. 改变结构传力途径加固法

改变结构传力途径加固法是指通过增设支点（柱或托架）的办法使结构受力体系（计算简图）得以改变的加固方法，因而也称为增设支点加固法。在梁、板跨中增设支点后，减少了计算跨度，从而能较大幅度地提高承载能力，并能减小和限制梁、板的挠曲变形。该方法适用于梁、板、桁架等结构的加固，其施工简单，受力可靠；缺点是使用空间受到一定的影响。

11. 喷射混凝土加固法

喷射混凝土加固法是借助喷射机械，利用压缩空气，将混凝土拌合料高速喷射到需加固结构（构件）表面进行加固补强的一种方法。

采用喷射混凝土加固法具有以下优点

①与其他材料或土木工程结构有较高的黏结强度，且能向任意方向和部位进行施工操作。

②可灵活地调整喷射层厚度，并能射入土木工程结构表面较大的洞穴、裂缝。

③喷射混凝土具有快凝早强的特点，能在短期内满足生产使用要求。

④施工工艺简便，不需要大型设备和宽阔的道路，管道输送可越过障碍物，通过子孔洞到达喷筑地点，节省了大量脚手架和输送道。

⑤喷射混凝土用于修补工程一般无须支设模板，可直接在基底上喷射，在许多情况下可不停顿生产而进行土木工程结构加固施工。

因此，采用喷射混凝土修复地震、火灾、腐蚀、超载、冲刷、震动、爆炸等因素而损坏的土木工程结构，修补因施工不良造成的混凝土与钢筋混凝土结构的严重缺陷，具有经济合理，快速高效，质量可靠等优点。

四、砌体结构加固方法

1. 增设扶壁柱法

扶壁柱法属于加大截面法的一种，当窗间墙或承重墙承载力不够，但破砌体尚未被压裂，或只有轻微裂缝者，可采用此方法加固，来提高砌体结构的承载能力和稳定性。常用的扶壁柱有砖砌和钢筋混凝土两种，其优点是施工工艺简单，造价低，但承载能力提高有限，且难满足抗震要求，多在非抗震设防区应用。

2. 钢筋网水泥砂浆面层加固法

钢筋网水泥砂浆面层加固法简称面层加固法，是采用钢筋网水泥砂浆（或细石混凝土）层外包于砌筑墙体的两面（或单面），由于通常对墙体作双面加固，所以加固后的墙俗称为夹板墙。夹板墙可以较大幅度地提高墙体的承载能力，抗侧刚度以及墙体的延性。

3. 外包钢筋混凝土加固法

外包钢筋混凝土加固法属于复合截面加固法的一种，其优点是施工工艺简单，应用性强，加固后砌体承载能力有较大的提高，适用于砌体墙、壁柱、柱的加固。其缺点是现场施工的湿作业时间长，对生产生活有一定影响，且加固后建筑物净空有一定减小。

4. 外包钢加固法

外包钢加固法属于传统的加固方法。其优点是施工速度快，现场工作量和湿作业少，受力较可靠，适用不允许增大原构件截面面积，却又要求大幅度提高截面承载力的砌体柱及窗间墙的加固，其缺点是用钢量大，加固费用高，并应注意对钢材的防护。

5. 增大砌体截面法

增大砌体截面法是采用相应的砌体材料增大原砌体构件截面的加固方法。增大砌体截面法主要用于砌体承载能力不足，但砌体尚未压裂，或仅轻微裂缝的情况。一般的独立砖柱、破壁柱、窗间墙和其他承重墙的承载能力不足时，均可采用此法加固，缺点是加固后会减小一定的净空。

6. 水泥灌浆法

水泥灌浆法是一种用于裂缝修补的加固方法。灌浆方法有重力灌浆和压力灌浆。常用的是压力灌浆，它是用压力设备把水泥浆液压入砖墙裂缝，使其与原砖墙黏合的修补方法。用灌浆法加固一般只能起到恢复原有结构功能的作用，对于需增加承载力的加固，不宜单独使用，其缺点是需要专门的灌浆设备。这种加固方法主要用于因地震、温度、沉降等原因引起的砖墙裂缝的修补。

7. 其他加固方法

托梁加垫，主要用于梁下砌体局部承压能力不足时的加固，梁垫有预制和现浇两种。托梁或加柱，主要用于砌体承载能力严重不足，砌体碎裂严重可能倒塌的情况。

增设预应力撑杆，主要用于大梁下砌体承载能力严重不足时。通过增设预应力型钢支柱，达到对原结构进行加固的目的。

增设钢拉杆，主要用于纵横墙接槎不好，墙稳定性不足的情况下加固。

改变结构方案，主要包括增加横墙和将砖柱承重改为砖墙承重。

五、钢结构加固方法

钢结构的加固方法主要有：改变计算图形，加大原结构构件截面和连接强度，钢构件焊缝连接补强，钢结构裂纹修复。当有成熟经验时，也可采用其他加固方法。

1. 改变结构计算简图

这种方法是指改变荷载分布状况、传力途径、节点性质和边界条件，增设附加杆件和支撑、施加预应力、考虑空间协同工作等措施对结构进行加固的方法。

改变结构计算简图的一般方法主要包括：对结构采用增加结构或构件的刚度的方法进行加固，对受弯构件采用改变其截面内力的方法进行加固，对桁架采用改变其杆件内力的方法进行加固，必要时，也可采取措施使加固构件与其他构件共同工作进行加固。

2. 钢构件增大截面加固法

采用这种加固方法加固钢构件时，所选的截面形式应符合加固技术要求并考虑已有缺陷和损伤的状况。加固的构件受力分析的计算简图，应反映结构的实际条件，考虑损伤及加固引起的不利变形，以及加固期间和加固前后作用在结构上的荷载及其不利组合。对于超静定结构尚应考虑因截面加大、构件刚度改变使体系内力重分布的可能，必要时应分阶段进行内力分析和计算。

3. 钢构件焊缝连接补强

钢构件焊缝连接补强主要是连接件的加固和加固件的连接，包括焊缝连接加固、螺栓和削钉连接加固以及加固件的连接。

连接件加固连接方法，即焊缝、销钉、普通螺栓和高强螺栓连接方法的选择，应根据结构加固的原因、目的、受力状态、构造及施工条件，并考虑结构原有的连接方法确定。

焊缝连接的加固，可依次采用增加焊缝长度、有效厚度或两者同时增加的方法实现。

螺栓或销钉需要更换或新增加固其连接时，应首先考虑采用适宜直径的高强度螺栓连接。当负荷下进行结构加固，需要拆除结构原有受力螺栓、销钉或增加、扩大钻孔时，除应设计计算结构原有和加固连接件的承载力外，还必须校核板件的净截面面积的强度。

加固件的连接，为加固结构而增设的板件（加固件），除须有足够的设计承载力外，还必须与被加固结构有可靠的连接以保证二者良好的共同工作。

4. 钢结构裂纹的修复与加固

构件因荷载反复作用及材料选择、构造、制造、施工安装不当等产生具有扩张性或脆断倾向性裂纹损伤时，应设法修复。修复前，必须分析产生裂纹的原因及其影响的严重性，针对性地采取改善结构的实际工作或进行加固措施，对不宜采用修复加固的构件，应予以拆除更换。为提高结构的抗脆性断裂和疲劳破坏的性能，在结构加固的构造设计和制造工艺方面应遵循下列原则：降低应力集中程度，避免和减少各类加工缺陷，选择不产生较大残余拉应力的制作工艺和构造形式以及厚度尽可能小的轧制板件等。

修复裂纹时应优先采用焊接方法；对网状、分叉裂纹区和有破裂、过烧和烧穿等缺陷的梁、柱腹板部位，宜采用铅板修补；用附加盖板修补裂纹时，一般宜采用双面盖板，此时裂纹两端仍须钻孔；当吊车梁腹板上部出现裂纹时，应先检查和采取必要措施，如调整轨道偏心等。

第七章 土木工程结构加固工程施工质量验收

土木工程结构加固成为建筑业中的一个越来越重要的分支，因而对土木工程结构加固方法、材料与施工工艺、加固工程设计、施工质量验收等的研究，已经成为与国家建设、人民生活息息相关的一个重要方面，随着社会财富的增加和人民生活水平的不断提高，必须对其提出更多、更高的要求，必须进行该领域的理论与实用的研究，提高加固改造工程的施工质量，为现代化建设服务。

土木工程结构加固工程设计，目前已有《混凝土结构加固设计规范》（GB 50367—2006）、《砌体结构加固设计规范》（GB 50702—2011）、《钢结构加固技术规范》（CECS 77：1996）、《混凝土结构后锚固技术规程》（JGJ 145—2004）、《古建筑木结构维护与加固技术规范》（GB 50165—1992）、《水泥复合砂浆钢筋网加固混凝土结构技术规程》（CECS 242：2008）、《碳纤维片材加固混凝土结构技术规程》（CECS l46：2003）（2007 版）等标准规范，与土木工程结构加固工程设计配套的《土木工程结构加固工程施工质量验收规范》（GB 50550—2010）的发布实施，为土木工程结构加固工程进行有效监管、质量评定及验收提供了重要的依据。

第一节 土木工程结构加固工程施工质量验收

一、加固工程质量验收划分

根据《土木工程结构加固工程施工质量验收规范》（GB 50550—2010）的要求，土木工程结构加固工程施工质量验收应划分为分部工程、子分部工程、分项工程和检验批。实践表明，工程质量验收划分越明细，越有利于正确评价工程质量。土木工程结构加固工程作为建筑工程的一个分部工程，应根据其加固材料种类和施工技术特点划分为若干子分部工程；每一子分部工程应按其主要工种、材料和施工工艺划分为若干分项工程；每一分项工程应按其施工过程控制和施工质量验收的需要划分为若干检验批。

二、土木工程结构加固工程质量验收程序和组织

土木工程结构加固工程质量验收程序和组织应按下列规定进行：

1）检验批和分项工程应由监理工程师组织施工单位专业技术负责人及专业质量负责人进行验收。

2）子分部工程应由总监理工程师组织施工单位项目负责人和技术、安全、质量负责人进行验收；该加固项目设计单位工程项目负责人及施工单位部门负责人也应参加。

3）各子分部工程质量验收完成后，施工单位应向建设单位提交分部工程验收报告，建设单位设计报告后，应指派其加固工程负责人组织施工（含分包单位）、设计、监理等单位负责人进行子分部工程质量验收。

4）子分部工程质量验收合格后，建设单位应负责办理有关建档和备案等事宜。

5）若参加质量验收各方对加固工程的安全和质量有异议，应商请当地工程质量监督机构协调处理。

三、土木工程结构加固工程施工质量验收要求

土木工程结构加固工程的施工质量应按下列要求进行竣工验收。

1）加固工程的施工质量应符合相关规范和相关专业验收标准的规定，以及加固设计文件的要求。

2）参与加固工程质量验收的各方人员应具备规定的资格。

3）加固工程质量的验收应在施工单位自行检查评定合格的基础上进行。

4）隐蔽工程已在隐蔽前由施工单位通知有关单位进行了验收，并已形成验收文件。

5）设计到结构的试块、度件以及有关材料，应按规定进行见证取样检测。

6）设计结构安全的检验项目，已按规定进行了见证取样检测，其检测报告的有效性已得到监理人员的认可。

7）检验批的质量应按主控项目和一般项目验收。

8）承担见证取样检测及有关结构安全检测的单位应具有相应的资质。

9）加固工程的观感质量应由验收人员进行现场检查，并应共同确认。

四、土木工程结构加固工程施工质量验收资料备案

土木工程结构加固子分部工程质量验收时，应提供下列文件和记录。

1）设计变更文件。

2）原材料、产品出厂检查合格证和进场复检报告。

3）结构加固各工序应检项目的进场检查记录或检验报告。

4）施工过程质量控制记录。

5）隐蔽工程验收记录。

6）加固工程质量问题的处理方案和验收记录。

7）其他指定提供的文件和记录。

五、检验批质量合格条件

检验批合格质量应符合下列规定。

1）主控项目和一般项目的质量经抽样检验合格。

2）具有完整的施工操作依据、质量检查记录。

检验批是工程验收的最小单位，是子分部工程乃至整个建筑工程质量验收的基础。检验批是施工过程中条件相同并有一定数量的材料、构配件或安装项目，由于其质量基本均匀一致，因此可以作为检验的基础单位，并按批验收。

1.主控项目和一般项目的质量经抽样检查合格

（1）主控项目

1）主控项目验收内容。

①建筑材料的技术性能与进场复检要求。如水泥、钢材的质量。

②涉及结构安全、使用功能的检测项目。如混凝土、砂浆的强度；钢结构的焊缝强度。

③一些重要的允许偏差项目，必须控制在允许偏差限制之内。

2）主控项目的验收要求：主控项目的条文是必须达到的要求，是保证安全和使用功能的重要检验项目，是对安全、卫生、环境保护和公众利益起决定性作用的检测项目，是确定该检验批主要性能的主要依据。主控项目中所有子项必须全部符合各专业验收规范规定的质量指标，方能判定该主控项目质量合格。反之，只要其中某一子项甚至某一抽查样本的检查结果为不合格，即行使对检验批质量的否决权。

（2）一般项目

1）一般项目验收内容：一般项目是指除主控项目外，对检验批质量有影响的检验项目，当其中缺陷（指超过规定质量指标的缺陷）的数量超过规定的比例，或样本的缺陷程度超过规定的限度后，对检验批质量会产生影响，主要包括以下内容。

①允许有一定偏差的项目，而放在一般项目中，用数据规定的标准，可以有允许偏差范围，并有不到20%的检查点可以超过允许偏差值，但也不能超过允许值的150%。

②对不能确定偏差值而又允许出现一定缺陷的项目，则以缺陷的数量来区分。

③其他一些无法定量的而采用定性的项目。

2）一般项目验收要求：一般项目也是应该达到检验要求的项目，只不过对不影响工程安全和使用功能的项目少数条文可以适当放宽一些。一般项目的合格判定条件：抽查样本的 80% 及以上（个别项目为 90% 以上，如混凝土规范中梁、板构件上部纵向受力钢筋保护层厚度等）符合各专业验收规范的质量指标，其余样本的缺陷通常不超过规定允许偏差值的 1.5 倍（个别规范规定为 1.2 倍，如钢结构验收规范等）。具体应根据各专业验收规范的规定执行。

检验批的质量是否合格主要取决于对主控项目和一般项目的检验结果。主控项目是对检验批的基本质量起决定性影响的检验项目，因此必须全部符合有关专业工程的验收规范的规定。这意味着主控项目不允许有不符合要求的检验结果，即这种项目的检查具有否决权。鉴于主控项目对基本质量的决定性影响，从严要求是必需的。

2. 具有完整的施工操作依据和质量检查记录

检验批质量合格的要求，除主控项目和一般项目的质量经抽样检验符合要求外，其施工操作依据的技术标准尚应符合设计、验收规范的要求。采用企业标准的不能低于国家、行业标准。质量控制资料反映了检验批从原材料到最终验收的各施工工序的操作情况，可起到检查情况以及保证质量所必需的管理制度正常执行等作用。对其完整性的检查，实际是对过程控制的确认，这是检验批合格的前提。只有上述两项均符合要求，该检验批质量方能判定合格。若其中一项不符合要求，该检验批质量则不得判定为合格。

有关质量检查的内容、数据、评定，由施工单位项目专业质量检查员填写，检验批验收记录及结论由监理单位监理工程师填写完整。

根据《土木工程结构加固工程施工质量验收规范》（GB 50550—2010）的规定，检验批质量验收记录应按相应规范格式填写。

六、分项工程质量合格条件

1. 分项工程质量合格要求

分项工程质量验收合格应符合下列规定。

1）分项工程所含的检验批均应符合合格质量的规定。

2）分析工程所含的检验批的质量验收记录应完整。

分项工程的验收在检验批的基础上进行。一般情况下，两者具有相同或相近的性质，只是批量大小不同而已。因此，将有关的检验批汇集构成分项工程。分项工程合格质量的条件比较简单，只要构成分项工程的各检验批的验收资料文件完整，并且均已验收合格，则分项工程验收合格。

2. 分项工程质量验收要求

分项工程是由其所含性质、内容一样的检验批汇集而成，是在检验批的基础上进行验收的，实际上分项工程质量验收是一个汇总统计的过程，并无新的内容和要求；因此，在分项工程质量验收时应注意。

1）核对检验批的部位、区段是否全部覆盖分项工程的范围，有没有漏验收到的部位。

2）一些在检验批中无法检验的项目，在分项工程中直接验收。如砖砌体工程中的全高垂直度、砂浆强度的评定等。

3）检验批验收记录的内容及签字人是否正确、齐全。

3. 分项工程质量验收记录

根据《土木工程结构加固工程施工质量验收规范》（GB 50550—2010）的要求，分项工程质量应由监理工程师（建设单位项目专业技术负责人）组织项目专业技术负责人等进行验收。

七、子分部工程质量合格条件

子分部工程的验收在其所含各分项工程验收的基础上进行。首先，分部工程的各分项工程必须已验收合格且相应的质量控制资料文件必须完善，这是验收的基本条件。此外，由于各分项工程的性质不尽相同，因此作为分部工程不能简单地组合加以验收，尚需增加以下两类检查项目。

涉及安全和使用功能的地基基础、主体结构、有关安全及重要使用功能的安装分部工程应进行有关见证取样、送样试验或抽样检测。关于观感质量验收，这类检查往往难以定量，只能以观察、触摸或简单量测的方式进行，并由个人的主观印象判断，对于"差"的检查点应通过返修处理等方法补救。

1. 子分部工程所含分项工程的质量均应验收合格

在工程实际验收中，这项内容也是项统计工作，在做这项工作时应注意以下三点：

1）要求子分部工程所含各分项工程施工均已完成；核查每个分项工程验收是否正确。

2）注意查对所含分项工程归纳整理有无缺漏，各分项工程划分是否正确，有无分项工程没有进行验收。

3）注意检查各分项工程是否均按规定通过了合格质量验收；分项工程的资料是否完整，每个验收资料的内容是否有缺漏项，填写是否正确；以及分项验收人员的签字是否齐全等。

2. 质量控制资料应完整

质量控制资料完善是工程质量合格的重要条件，在分部工程质量验收时，应根据各专业工程质量验收规范的规定，对质量控制资料进行系统的检查，着重检查资料的齐全、项目的完整、内容的准确和签署的规范。

质量控制资料检查实际也是统计、归纳工作，主要包括三个方面资料。

1）核查和归纳各检验批的验收记录资料，查对其是否完整。

有些龄期要求较长的检测资料，在分项工程验收时，尚不能及时提供的，应在分部（子分部）工程验收时进行补查。

2）检验批验收时，要求检验批资料准确完整后，方能对其开展验收。

对在施工中质量不符合要求的检验批、分项工程按有关规定进行处理后的资料归档审核。

3）注意核对各种资料的内容、数据及验收人员签字的规范性。

对于建筑材料的复验范围，各专业验收规范都作了具体规定，检验时按产品标准规定的组批规则、抽样数量、检验项目进行，但有的规范另有不同要求，这一点在质量控制资料核查时需引起注意。

3. 主体结构子分部工程有关安全及功能的检验和抽样检测结果应符合有关规定

这项验收内容，包括安全检测资料与功能检测资料两部分。有关对涉及结构安全及使用功能检验（检测）的要求，应按设计文件及各专业工程质量验收规范中所作的具体规定执行。抽测检测项目在各专业质量验收规范中已有明确规定，在验收时应注意以下三个方面的工作。

1）检查各规范中规定的检测的项目是否都进行了测试，不能进行测试的项目应该说明原因。

2）查阅各项检验报告（记录），核查有关抽样方案，测试内容，检测结果等是否符合有关标准规定。

3）核查有关检测机构的资质，取样与送样见证人员资格，报告出具单位责任人的签署情况是否符合要求。

4. 观感质量验收应符合要求

观感质量验收是指在子分部工程所含的分项工程完成后，在前三项检查的基础上，对已完工部分工程的质量，采用目测、触摸和简单量测等方法，所进行的一种宏观检查方式。子分部工程观感质量评价是这次验收规范修订新增加的内容。

子分部工程观感质量验收，其检查的内容和质量指标已包含在各个分项工程内，对分部工程进行观感质量检查和验收，并不增加新的项目，只不过是转换一下视角，用一种更直观、便捷、快速的方法，对工程质量从外观上作一次重复、扩大、全面检查，这是由建筑施工特点所决定的。在进行质量检查时，注意一定要在现场将工程的各个部位全部看到，能操作的应实地操作，观察其方便性、灵活性或有效性等；能打开观看的应打开观看，全面检查子分部工程的质量。

对子分部工程进行观感质量检查，有以下三个方面作用。

1）尽管子分部工程所包含的分项工程原来都经过检查与验收，但随着时间的推移、气候的变化、荷载的递增等，可能会出现质量变异情况，如材料收缩、结构裂缝、建筑物的渗漏、变形等；经过观感质量的检查后，能及时发现上述缺陷并进行处理，确保结构的安全和建筑的使用功能。

2）弥补受抽样方案局限造成的检查数量不足。

3）通过对加固工程的质量验收和评价，分清了质量责任，可减少质量纠纷。

八、加固分部工程质量合格条件

参与建设的各方责任主体和有关单位及人员，应该加以重视，认真做好加固分部工程质量的竣工验收，把好加固工程质量关。

加固分部工程质量验收，总体上讲还是一个统计性的审核和综合性的评价。是通过加固分部工程验收质量控制资料、有关安全、功能检测资料进行的必要的主要功能项目的复核及抽测以及总体程观感质量的现场实物质量验收。加固分部工程质量合格条件为：

1）加固分部工程所含子分部工程的质量均应验收合格。

2）质量控制资料应完整。

加固分部工程质量控制资料检查的项目应按要求，填写检查记录。

加固分部工程质量控制资料的检查应在施工单位自查的基础上进行，监理单位应填写核查意见，总监理工程师应给出质量控制资料"完整"或"不完整"的结论。

3）加固分部工程所含分项工程有关安全和功能的检测资料应完整。

4）主要功能项目的抽查结果应符合相关专业质量验收规范的规定。

5）观感质量验收应符合要求。

九、建筑工程质量不符合要求时的处理规定

当建筑工程质量不符合要求时，应按下列规定进行处理：。

（1）经返工重作或更换器具、设备的检验批，应重新进行验收。

（2）经有资质的检测单位检测鉴定能够达到设计要求的检验批，应予以验收。

（3）经有资质的检测单位检测鉴定达不到设计要求，但经原设计单位核算认为能够满足结构安全和使用功能的检验批，可予以验收。

（4）经返修或加固处理的分项、分部工程，虽然改变外形尺寸但仍能满足安全使用要求，可按技术处理方案和协商文件进行验收。

一般情况下，不合格现象在最基层的验收单位——检验批时就应发现并及时处理，否则将影响后续检验批和相关的分项工程、分部工程的验收。因此所有质量隐患必须尽快消灭在萌芽状态，这也是《建筑工程施工质量验收统一标准》（GB 50300—2001）"强化验收"与"过程控制"的体现。

第二节　加固材料质量验收

一、水泥与混凝土

1. 主控项目

1）结构加固工程用的水泥进场时应对其品种、级别、包装或散装仓号、出厂日期等进行检查，并应对其强度、安定性及其他必要的性能指标进行复验，其质量必须符合现行国家标准要求。加固用钢筋混凝土中严禁使用含氯化物的水泥、过期水泥和受潮水泥。

检查数量：按同一生产厂家、同一等级、同一品种、同一批号且连续进场的水泥，以 30t 为一批（不足 30t 按 30t 计），每批抽取一组试样。

检验方法：检查产品合格证，出厂检验报告和进场复验报告。

2）混凝土中掺用的外加剂，其质量及应用技术应符合现行国家标准《混凝土外加剂》（GB 8076—2008）及《混凝土外加剂应用技术规范》（GB 50119—2003）的要求。

结构加固用的钢筋混凝土不得使用含有氯盐、亚硝酸盐、碳酸盐和硫氰酸盐类成分的外加剂。

检查数量：按进场的批次和产品的抽样检验方法确定。

检验方法：检查产品合格证、出厂检验报告（包括与水泥适应性检验报告）和进场复验报告。

3）现场搅拌的混凝土中，不得掺入粉煤灰。当采用掺有粉煤灰的商品混凝土时，其粉煤灰应为 I 级灰，且烧失量不应大于 5%

检查数量：逐批检查。

检查方法：检查商品混凝上生产厂出具的粉煤灰等级及其烧失量的检验报告。

2. 一般项目

1）配制结构加固用的混凝土,其粗、细骨料的品种和质量,除应符合现行行业标准《普通混凝土用碎石或卵石质量标准及检验方法》（JGJ 53—1992）和《普通混凝土用砂石质量标准及检验方法》（JGJ 52—2006）的要求，还应符合下列规定。

①粗骨科的最大粒径：对拌和混凝土，不应大于 20mm；对喷射混凝土，不应大于 12mm；对掺加短纤维的混凝土，不应大于 10mm。

②细骨料应为中细砂，若用于喷射混凝土，还应要求其细度模数不小于 2.5。

检查数量：按进场的批次和产品的抽样检验方案确定。

检验方法：检查进场复验报告。

2）拌制混凝土宜采用饮用水，当采用其他水源时，其水质应符合现行行业标准《混凝土用水标准》（JGJ 63—2006）的规定。

检查数量：同一水源检查不应少于一次。

检验方法：送独立检测机构化验。

二、钢材

1. 主控项目

1）钢筋的品种、规格、性能应符合设计要求。钢筋进场时，应按现行国家标准《钢筋混凝土用钢第 2 部分：热轧带肋钢筋》（GB 1499.2—2007）等的规定抽样试件做力学性能复验，其质量除必须符合该标准的要求外，还应符合下列规定：

①对已有抗震设防要求的框架结构，其纵向受力钢筋的强度应符合现行国家标准《混凝土结构工程施工质量验收规范》（GB 50204—2002）（2011 版）的规定；

②对受力钢筋，在任何情况下，均不得采用改制钢筋（再生钢筋）和钢号不明的钢筋。

检查数量：按进场的批次和产品的抽样检验方案确定。

检验方法：检查产品合格证、出厂检验报告和进场复验报告。

2）结构加固用的型钢、钢板及其连接用的紧固件，其品种、规格和性能等应符合设计要求和现行国家标准《碳素结构钢》（GB/ 700—2006）、《低合金高强度钢》（GB/ 1591—2008）以及现行国家产品标准的规定。严禁使用改制钢材以及来源不明的钢材和紧固件。

型钢、钢板和连接的紧固件进场时，应按现行国家标准《钢结构工程施工质量验收规范》（GB 50205—2001）等的规定抽取试件做力学性能检验，其质量必须符合有关标准的规定。

检查数量：按进场的批次，逐批检查。

检验方法：检查产品合格证、中文标志、出厂检验报告和进场复验报告。

3）预应力加固专用的钢材进场时，应根据其品种分别按现行国家标准《钢筋混凝土用余热处理钢筋》（GB 13014—1991）、《预应力混凝土用钢丝》（GB/ 5223—2002）、《预应力混凝土用钢绞线》（GB/ 5224—2003）和《碳素结构钢》（GB/ 700—2006）、《低合金高强度钢》（GB/ 1591—2008）等的规定抽取试件做力学性能检验，其质量必须符合相应标准的规定。

检查数量：按进场批次和产品的抽样检验方案确定。

检验方法：检查产品合格证、出厂检验报告和进场复验报告。

4）当采用千斤顶张拉时，其预应力筋用的锚具、夹具和连接器等应按设计要求采用；其性能应符合现行国家标准《预应力筋用锚具、夹具和连接器》（GB/ 14370-2007）等的规定。

检查数量：按进场批次和产品的抽样检验方案确定。

检验方法：检查产品合格证、出厂检验报告和进场复验报告。

5）冷拔低碳退火钢丝进场时，应按现行国家标准《金属材料拉伸试验第 1 部分：室温试验方法》（GB/ 228.1—2010）规定的方法抽取试件做抗拉强度检验，其抗拉强度试验值必须不低于 570MPa。

检查数量：按进场批次进行抽样检验，且每批次不得少于 5 个试件。

检验方法：检查产品合格证、出厂检验报告和进场复验报告。

6）结构加固用的钢丝绳网应根据设计规定选用高强度不锈钢丝绳或航空用镀锌碳素钢丝绳在工厂预制成一定规格的网片。制作网片的钢丝绳，其结构型式应为 6×7+IWB 金属股芯右交互捻小直径不松散钢绳，或 1×19 单股左捻钢丝绳：其钢丝的公称强度不应低于现行国家标准《混凝土结构加固设计规范》（GB 50367—2006）的规定值。

钢丝绳网片进场时，应分别按现行国家标准《不锈钢丝绳》（GB/ 9944—2002）和行业标准《航空用钢丝绳》（YB 5197—2005）等的规定抽样试件作整绳破断拉力、弹性模量和伸长率检验。其质量必须符合上述标准和现行国家标准《混凝土结构加固设计规范》（GB 50367—2006）的规定。

检查数量：按进场批次和产品的抽样检验方案确定。

检验方法：检查产品合格证、出厂检验报告和进场复验报告。

7）结构加固用的钢丝绳网片，其经绳与纬绳的品种、规格、数量、位置以及相应的连接方法应符合设计要求，其连接质量应牢固，无松弛、错位。

检查数量：全数检查。

检验方法：观察，手拉。

2. 一般项目

1）加固用钢筋应平直、无损伤，表面不得有裂缝、油污以及颗粒状或片状老锈。

检查数量：使用前全数检查。

检验方法：观察。

2）型钢、钢板以及连接用的紧固件，其尺寸偏差及外观质量，应按现行国家标准《钢结构工程施工质量验收规范》（GB 50205—2001）的规定进行检查和合格评定。其检查数量及检验方法也应符合该规范的要求。

3）预应力筋和预应力撑杆，以及其锚固件、锚夹具等零部件，其外观质量应符合现行国家标准《混凝土结构工程施工质量验收规范》（GB 50204-2002）（2011 版）的规定。

4）冷拔低碳退火钢丝的表面不得有裂纹、机械损伤、油污和锈蚀，但钢丝允许有氧化膜。

检查数量：进场时和使用前全数检查。

检验方法：观察。

5）结构加固用的钢丝绳不得涂有油脂。

检查数量：全数检查。

检验方法：观察、触摸，用吸湿性好的薄纸擦拭。

三、焊接材料

1. 主控项目

1）钢筋用的焊接材料，其品种、规格、型号和性能应符合设计要求。钢筋焊接材料进场时应按现行国家标准《碳钢焊条》（GB/ 5117—2012）、《热强钢钢焊条》（GB/ 5118—2012）等的要求进行检查和验收。当设计有复验要求时，应按设计规定的抽样方案进行抽样检验。

检查数量：全数检查，复验时，按抽样方案确定。

检验方法：检查产品合格证、出厂检验报告和进场复验报告。

2）预应力撑杆焊接用的焊接材料，其性能和质量应符合规定。

2. 一般项目

焊条应无损伤、锈蚀、掉皮等影响焊条质量的缺陷；焊剂的含水率不得大于现行相应产品标准规定的允许值。

检查数量：使用前全数检查。

检验方法：观察及含水率测定。

四、胶黏剂

1. 主控项目

1)结构加固工程中使用的胶黏剂进场时,应对其品种、级别、型号、包装、中文标志、出厂日期、安全性能鉴定报告、出厂检验报告等进行检查,并应对其钢‐钢拉伸抗剪强度、钢–混凝土正拉黏结强度及耐湿热老化性能三个项目进行见证抽样进场复验；当胶黏剂用于纤维材料的黏接时,还应对纤维层间剪切强度进行复验：其复验结果必须符合现行国家标准《混凝土结构加固设计规范》（GB 50367—2006）的要求。

检查数量：按进场批次，每批见证抽样 3 件，每件每组分称取 500g，并按相同组分予以混合后送检。检验时，每一项目每批次的样品制作一组试件。

检验方法：检查产品安全性能鉴定报告、出厂检验报告和进场复验报告。

注：钢-钢黏结抗剪强度试验应按现行国家标准《胶黏剂拉伸剪切强度的测定（刚性材料对钢件材料）》（GB/7124—2008）规定的试验方法进行，钢-混凝土黏结正拉强度试验和纤维层间剪切强度试验应分别按规定的方法进行。

2）结构胶黏剂耐湿热老化性能的见证检验应符合下列规定。

①对未做过该性能试验的产品，应按相关规定，将见证抽取的试样送独立检测机构进行验证性试验。其实验方法及评定标准应符合相关规定。

②对已通过独立检测机构试验的产品，其进场复验，可按相关规定的《结构胶黏剂湿热老化性能现场快速复验方法及其评定标准》进行检测与评定。

③不得使用仅具有快速复验报告的胶黏剂。

3）结构加固工程中，严禁使用下列胶黏剂产品。

①过期或出厂日期不明的胶黏剂。

②包装破损或用塑料桶分装的胶黏剂。

③中文标志或产品使用说明书为复印件的胶黏剂。

④未附有不使用乙二胺、T31 等有害固化剂保证书的胶黏剂。

2. 一般项目

1）结构加固工程使用的胶黏剂应为原装品，且每一批第一件启封时，应有监理人员在场。若启封瞬间闻到浓烈的刺激性气味或恶臭，应视为安全性有问题的可疑产品，并立即送独立检测机构检测其固化剂中有无违禁成分。在检测结果出来前，该批胶应予暂时封存。若检测发现固化剂中含有违禁成分，该胶黏剂不得在结构加固工程中使用。

检查数量：每批次随机抽取一件。

检验方法：见证抽样送检，并检查固化剂成分检测报告。

2）结构胶黏剂的外观质量应色泽均匀，无结块、无分层沉淀。凡需切割桶底方能倒出搅拌的胶黏剂，均不得在结构加固工程中使用。

检查数量：全数检查。

检验方法：观察，并及时通知监理人员复验。

五、纤维材料

3. 主控项目

碳纤维织物、碳纤维预成型板以及 S 玻璃纤维或 E 玻璃纤维织物进场时，应对其品种、级别、型号、规格、安装、中文标志和出厂日期等进行检查，并应对下列性能指标进行复检。

1）纤维复合材的抗拉强度、弹性模量和极限伸长率。

2）纤维织物单位面积质量或预成型板的纤维体积含量。

复验结果必须符合国家标准《混凝土结构加固设计规范》（GB 50367—2006）的规定。在任何情况下均不得使用来源不明的碳纤维织物及玻璃织物。

检查数量：按进场批次，每批见证抽样 3 件，从每件中每一检验项 1 ≡ 1 裁取一组试样的用料。

检验方法：检鱼产品合格证、批号、出厂检验报告、包装和中文标志完整性以及进场复验报告；对进口产品还应检查报关单及商检报告所列的技术内容是否与进场检查结果相符。

4. 一般项目

1）纤维织物的外观质量应连续、排列均匀、无褶皱、断丝、结扣等缺陷。纤维织物的缺纬、脱纬，每 100mm 不得多于 3 处。

检查数量：全数检查。

检验方法：观察。

2）纤维预成型板的外观质量应符合下列要求。

①纤维连续、排列均匀、无褶皱、断丝、结扣。

②表面平整、色泽一致、树脂分布均匀，无颗粒、气泡、毛团。

③层间无裂纹，无异物夹杂。

④无破损或划痕。

检查数量：全数检查。

检验方法：观察。必要时，用放大镜复检。

六、水泥砂浆

1. 主控项目

1）结构加固用的水泥砂浆，其每一检验批按试块抗压试验推定的强度等级，不应低于设计强度等级。

检查数量：每一验收批不少于 3 组。

检验方法：检查每一验收批试块强度试验报告单。

2）配制砂浆用的水泥，其性能和质量应符合相关规定。其检查数量及检验方法也应按相关规定执行。

2. 一般项目

配制砂浆用砂、用水以及掺入的外加剂，其质量应符合现行国家标准《砌体工程施工质量验收规范》（GB50203—2002）的规定，其检件数量及检验方法也应按相关规定执行。

七、聚合物砂浆

1. 主控项目

1）聚合物砂浆进场时，应对其品种、型号、中文标志、安全性能试验报告、出厂日期、出厂检验合格报告、包装完整性等进行检查，并应对其劈裂抗拉强度、抗折强度以及其与混凝土的正拉黏结强度进行见证抽样复验。其复验结果必须符合现行国家标准《混凝土结构加固设计规范》（GB 50367—2006）的规定。

检查数量：按进场批次，每批不少于3组。

检验方法：检查产品主成分名称、产品安全性能试验报告、出厂检验报告及进场复验报告。

2）当采用镀锌钢丝绳（钢绞线）作为聚合物砂浆外加层的配筋时，聚合物砂浆中应掺入阻锈剂，但不得掺入以亚硝酸盐、亚量酸盐为主成分的阻锈剂或含有氯化物的外加剂。

检查数量：按进场批次，逐批检查。

检验方法：检查产品说明书对该产品主成分和有害成分的标示；若无此项标示，厂家应出具该外加剂不含有害成分的保证书，并由施工单位留档备查。

2. 一般项目

1）聚合物砂浆的用砂，应为0.12~3.0mm的石英砂，其使用的技术条件，应按设计强度等级经试配确定。

检查数量：按进场批次和试配试验方案确定。

检验方法：检查试配试验报告。

2）润湿混凝土表面拌和砂浆、浆膏的用水，其水质应符合规定。

八、裂缝修补剂

1. 主控项目

1）注射或压力灌注用的裂缝修补剂进场时，应对其品种、型号和出厂日期等进行检查，并应对其力学性能和工艺性能进行复验，其复验结果应符合现行国家标准《混凝土结构加固设计规范》（GB 50367—2006）的规定。

检查数量：按进场的批次和产品的抽样检验方案确定。

检验方法：检查产品合格证、出厂检验报告和进场复验报告。

2）封缝用胶黏剂进场时，应对其品种、型号、等级和出厂日期等进行检查，并应对其力学性能进行复验，其复验结果应符合现行国家标准《混凝土结构加固设计规范》

（GB 50367—2006）对纤维复合材料黏结用胶的 B 级胶规定。

检查数量：按进场的批次和产品的抽样检验方案确定。

检验方法：检查产品出厂检验报告、进场复验报告。

2. 一般项目

1）修补裂缝用的碳纤维织物和玻璃纤维织物进场时，应按相关规定进行复验。

2）修补裂缝用的填充密封材料的质量应符合国家现行相应产品标准的规定。

检查数量：按进场的批次和产品的抽样检验方案确定。

九、锚栓

1. 主控项目

1）锚栓进场时，应对其品种、型号、规格等进行检查，并应按现行相应产品标准的规定，抽取试件做锚栓抗拉强度标准值复验，其检验结果必须符合现行国家标准《混凝土结构加固设计规范》（GB 50367—2006）的规定。

检查数量：按进场批次和产品抽样检验方案确定。

检验方法：检查产品出厂检验报告和进场复验报告。

2）钢锚板的品种、规格、性能等应符合现行国家相应产品标准和设计要求；采用进口钢材制成的锚板，其质量还应符合合同指定标准的要求。

检查数量：全数检查。

检验方法：检查产品合格证、中文标志及出厂检验报告等。

3）对设计有复验要求的钢锚板，应进行抽样复验，其复验结果应符合现行国家标准《钢结构工程施工质量验收规范》（GB 50205—2001）的规定和设计要求。

检查数量：按进场批次和该规范抽样检验要求确定。

检验方法：检查进场复验报告。

2. 一般项目

1）锚栓外观表面应光洁、完整，不得有裂纹或其他局部缺陷；不应有绣迹和其他污垢；螺纹不应有损伤。

检查数量：按包装箱数抽查5%，且不应少于3箱。

检验方法：观察。

2）钢锚板应平直、完整；表面不得有锈蚀、裂纹；端边不得有分层、夹渣等缺陷。

检查数量：全数检查。

检验方法：观察。

十、混凝土界面黏结剂

1. 主控项目

1）承重结构加固用的混凝土界面黏结剂，应采用改性环氧类的界面黏结剂，或其他品种具有同等功效的界面剂。

2）界面黏结剂进场时，应对其品种、型号、中文标志、出厂日期、出厂检验报告以及包装完整性等进行检查，并应对下列项目进行见证抽样复验。

①正拉黏结强度及其破坏形式。

②剪切强度及其破坏形式。

③耐湿热老化性能现场快速复验。

复验结果必须分别符合规定要求。

检查数量：按进场批次，每100件随机抽取1件，从该件中取出一定数量界面剂进行复验。取样数量应足够制作每一检验项目一组试件。

检酚方法：检查中文标志内容、包装的完整性、出厂检验报告和进场复验报告。

3）若设计未要求使用界面黏结剂，施工时应在原混凝土表面凿毛并清理洁净后涂刷一道硅酸盐或普通硅酸盐水泥净浆。制浆的水泥强度等级不应低于42.5级。

检查数量：全数检查。

检验方法：检查水泥品种、强度等级、出厂日期及包装的完整性。

2. 一般项目

配制水泥净浆的用水，其水质应符合规定要求。

检查数量：同一水源检查不应少于一次，但使用自来水制浆可免检。

检验方法：送独立检测机构化验。

第八章 土木工程钢筋混凝土受弯构件承载力加固技术应用深度解析

第一节 钢筋混凝土梁、板承载力不足的原因及表现

一、承载力不足的原因

梁、板承载力不足，是指梁、板的承载力不能满足预定的或希望的承载能力要求，必须进行补强加固，才能保证构件的安全使用。承载力不足的外观表现是构件的挠度偏大，裂缝过宽、过长，钢筋严重锈蚀或受压区混凝土有压坏迹象等。本节列举工程实际中易出现承载力不足的受弯构件的外观表现及其原因分析。同时，介绍受弯构件正截面及斜截面的破坏特征。这些内容将有助于读者判定结构构件是否存在承载力不足，是否需要进行承载力加固。

（一）主要原因

梁、板承载力不足的原因引起梁、板等受弯构件承载力不足的主要原因，有下列四个方面。

1.施工方面原因

混凝土强度达不到设计要求，或钢筋少配、误配是引起梁、板等受弯构件承载力不足的施工方面原因。例如，吉林某车库一层为梁板柱现浇混凝土结构，二层为混合结构。该楼使用后，梁及板都出现了裂缝，并日趋严重，板的挠度达 1/82，人在上面行走，颤动很大，最大裂缝宽度达 1.5mm。查其原因为施工质量差，如混凝土设计标号为 C20，而实际有的仅为 C10，梁中设计配筋为 $1251mm^2$，而实际仅配 $763mm^2$，因而该车库无法使用，最后不得不加固。又如，施工中有时将板式阳台及雨篷板（或梁）的钢筋错位至板（或梁）的下部或中部，致使阳台及雨篷板根部严重开裂，甚至发生断裂倒塌事故。如湖南某县有一四层楼房阳台因根部断裂而倒塌，事后查明，其原因在于该阳台板根部设计厚度为 100mm，而实际只有 80mm，且钢筋位置下移了 32mm。

建筑物施工中，材料使用不当或失误是造成建筑物承载力不足的又一原因。例如，

随便用光圆钢筋代替螺纹钢筋；使用受潮或过期水泥；未经设计或验算，随便套用其他混凝土配合比；砂、石中的有害物质含量太大等，都将影响构件质量，导致承载力不足。

2. 设计方面原因

引起梁、板等受弯构件承载力不足的原因，在设计方面最主要的是计算简图与梁、板实际受力情况不符，或者荷载漏算、少算。例如，框架中的次梁通常为连续梁，若当作简支梁计算支座反力，并以此反力作用在大梁上，则将使中间支座的反力少算（有时可达 20% 以上），导致支承该次梁的大梁承载力不足。

设计中，细部考虑不周是引起局部损坏的原因。例如，在预应力钢筋锚固区附近，由于预应力筋和其他钢筋交错配置，当混凝土浇捣不密实时，就会引起局部破坏和损伤。

3. 严重超载

梁、板承载力不足的另一个原因，是使用过程中严重超载。例如，1958 年邯郸市某厂房屋盖，原设计为厚度 40mm 的泡沫混凝土，后改为厚度 100mm 的炉渣白灰。下雨后因浸水，容积密度大增，实际荷载达到设计荷载的 193%，造成屋盖倒塌。

4. 改变使用功能

结构使用功能的改变，也是导致梁、板承载力不足的原因。例如，厂房因生产工艺的改变，须增添或更新设备；桥梁因通车量的增加或大吨位汽车的通过；民用建筑的加层或功能的改变（如改作仓库、舞厅等），这些都会使梁、板所承受的荷载增大，导致其承载力不足。

（二）其他原因

造成构件承载力不足的原因，还有如下其他因素。

1. 地基的不均匀下沉，给梁带来附加应力。

2. 采用不成熟的构件。例如，槽瓦类构件。目前大部分槽瓦的内表面出现纵、横方面裂缝，这为下部受拉钢筋的锈蚀提供了条件，一般经十余年的碳化，保护层崩落，钢筋外露。当槽瓦用在有侵蚀性气体的车间时，钢筋锈蚀更加严重，甚至发生断裂、坠落事故。

3. 构件形式带来的影响。例如，采用薄腹梁虽有不少优点，但是在实际工程中，有一定数量的薄腹梁产生较严重的斜裂缝。当 69%~80% 的设计荷载作用于薄腹梁时，腹板中部附近即出现斜裂缝，并呈枣核形迅速向上、向下开展，在长期荷载作用下，斜裂缝的宽度有所增加，长度有所发展。如某锻工车间于 1971 年建成后，发现薄腹梁有斜裂缝，经过抹灰三个月观察发现，斜裂缝不停地发展，一直延伸到截面的受压区（离梁顶仅 150mm），最大裂缝宽度达 0.5mm。薄腹梁产生斜裂缝的主要原因，除凝土强度过低外，还有腹板设计过薄和腹筋配置不足等问题。

由于构件的斜截面受剪破坏呈脆性破坏，所以当薄腹梁的斜裂缝较宽时，一般应及时进行加固。

4.构件耐久性不足，导致钢筋严重锈蚀，甚至锈断，严重影响承载力。例如，1935年建成的宁波奉化桥，为钢筋混凝土 T 形梁桥，由于长期超载行驶，混凝土保护层开裂、剥落严重，主筋外露、锈蚀。第 1~3 孔边梁有 3 根主筋锈断，部分钢筋面积只剩下一半，大梁挠度值最大达 57mm。为此，1981 年采用预应力法进行了加固。

引起承载力不足的原因，除上述原因外，还有钢筋锚固不足、搭接长度不够、焊接不牢，以及荷载的突然作用等。

二、正截面破坏特征

试验观测发现，钢筋混凝土梁、板等受弯构件的裂缝出现，荷载常为极限荷载的 15%~25%。对于适筋梁，在开裂以后，随着荷载的增加出现良好的延性特征，并在梁破坏前，钢筋经历了较大的塑性伸长，给人以明显的预兆，但是，当实际配筋量大于计算值时，造成实际上的超筋梁。超筋梁的破坏始自受压区，破坏时钢筋尚未达到屈服强度，挠度不大。超筋梁的破坏是突然的，没有明显的预兆。

尽管规范规定不允许设计少筋梁，但由于施工中发生钢筋数量搞错、钢筋错位（如雨篷中上部钢筋错位至下部）等情况，造成实际上的少筋梁。少筋梁的破坏也是突然发生的。

超筋梁、适筋梁和少筋梁的挠度荷载关系曲线。构件的延性值随配筋率 ρ 的增大而减小。超筋梁、少筋梁与适筋梁的破坏形态有着本质的不同。超筋梁、少筋梁在破坏前挠度曲线没有明显的转折点，为脆性破坏。

在加固之前，首先应区分原梁是适筋梁还是超筋梁或少筋梁。当 $\rho min < \rho < \rho max$ 时为适筋梁，当 $\rho > \rho max$ 时为超筋梁，当 $\rho < \rho min$ 时为少筋梁。根据规范规定，梁端纵向受拉钢筋的最大配筋率不宜大于 2.5%。对于纵向受力钢筋的最小配筋率 ρmin，规范规定，对于受弯构件一侧的受拉钢筋，ρmin 取 0.2% 中的较大者。

如果是少筋梁，必须进行加固。加固方法选用本章所述的在拉区加筋的方法。

如果是适筋梁，则可根据裂缝宽度、构件挠度和钢筋应力来判定是否进行加固。裂缝宽度与钢筋应力之间基本呈线性关系，裂缝越宽，裂缝处钢筋应力越高。规范给出了在使用阶段钢筋应力的计算公式：

$\sigma s = M/0.87h_0As$

上式中，M——作用在构件上的实际弯矩；

As——实际纵向钢筋的截面面积；

h_0——梁截面的有效高度。

一般认为当 $\sigma s > 0.8fy$ 时时，应当进行承载力加固。适筋梁的承载力加固方法，可选用本章所述的各种方法，但当采用在拉区增加钢筋的方法加固时应注意加筋后不致成为超筋梁。

如果是超筋梁，由于在受拉区进行加筋补强不起作用，因此必须采用加大受压区截面的办法或采用增设支点的办法进行加固。

三、斜截面破坏特征

梁的斜截面抗剪试验表明，斜裂缝始自两种情况：一种是在构件的受拉边缘首先出现垂直裂缝，然后在弯矩和剪力的共同作用下斜向发展；另一种是腹剪斜裂缝。对于 T 形、I 形等腹板较薄的梁，常在梁腹中部和轴附近首先出现这类斜裂缝然后随着荷载的增加，分别向梁顶和梁底斜向伸展。

箍筋配置的数量，对梁的剪切破坏形态和抗剪承载力有着很大的影响。当箍筋的数量适当时，斜裂缝出现后由于箍筋的受力，限制了斜裂缝的开展，使荷载仍能有较大的增长。当荷载增加到某一数值时，会在几根斜裂缝中形成一根主要的斜裂缝（称为"临界斜裂缝"）。临界斜裂缝形成后，梁还能继续增加荷载。当与临界斜裂缝相交的箍筋屈服后，箍筋不再能控制斜裂缝的开展，致使截面压区混凝土在剪压作用下达到极限强度而发生剪切破坏。因此，斜截面的抗剪承载力，主要取决于混凝土强度、截面尺寸和配箍数量。另外，剪跨比和纵筋配筋率对斜截面抗剪承载力也有一定的影响。

当箍筋配置数量过多时（尤其对于薄腹梁），箍筋有效地制约了斜裂缝的扩展，因而出现了多条大致相互平行的斜裂缝，把腹板分割成若干个倾斜受压的棱柱体。最后，在箍筋未达到屈服的情况下，梁腹斜裂缝间的混凝土由于剪压应力过大而发生斜压破坏，因此，这种梁的抗剪承载力是由构件截面尺寸及混凝土强度所决定的。

当箍筋的配置数量过少时，斜裂缝一旦出现，箍筋承担不了原来由混凝土所负担的拉力，箍筋应力立即达到并超过屈服点，并产生脆性的斜拉破坏。

综上所述，配置箍筋的多少，决定了梁的剪切破坏形态。配置箍筋的数量，在规范中有明确的界限。

当外剪力较大，梁的截面尺寸又一定因而斜截面抗剪承载力不够而需要加固时，不能片面地用增加箍筋的方法进行加固。也就是说，当箍筋数量较多，已达上式的规定时，或梁的截面尺寸已不符合式中的条件时，增加的腹筋不能充分发挥作用，即梁剪坏时，附加箍筋的应力达不到屈服强度时，这种情况，应采用增大截面的方法进行加固。

第二节　预应力加固法解析

用预应力筋对建筑物的梁或板进行加固的方法，称为预应力加固法。这种方法不仅具有施工简便的特点，而且在基本不增加梁、板截面高度和不影响结构使用空间的条件下，可提高梁、板的抗弯、抗剪承载力和改善其在使用阶段的性能。这些优点的形成，主要是由于预应力所产生的负弯矩抵消了一部分荷载弯矩，致使梁、板弯矩减小，裂缝宽度缩小甚至完全闭合，当采用鱼腹式预应力筋加固梁时，其效果将更佳。因此，在梁的加固工程中，预应力加固法的运用日趋广泛。例如，某 I 形梁桥，跨度为 20m，在加固前跨中挠度达 5.4cm，裂缝最宽处达 0.5mm，采用 45 下撑式预应力筋进行加固后，最大的一跨除抵消恒载挠度外，还上拱 0.47cm。加固前是按双列汽 10 偏心布载，加固后可按双列汽 13 偏心布载。又如，某厂房的薄腹屋面梁，使用一年后出现许多裂缝，其中的一根薄腹梁上有 63 条裂缝，个别的贯穿整个腹板高度，裂缝最宽达 0.6mm。分析其原因，是由于腹板太薄、腹筋过少及混凝土强度偏低。采用下撑式预应力筋进行加固后，斜裂缝和垂直裂缝都有明显闭合，使用至今，效果良好。

本节在介绍预应力加固工艺的基础上，阐述预应力效应、加固构件承载力计算以及张拉量计算等。下面的论述，虽然是针对梁类构件展开的，但是所述原理及方法对板也是适用的。

预应力加固工艺预应力筋加固梁、板的基本工艺是：

在须加固的受拉区段外面补加预应力筋；张拉预应力筋，并将其锚固在梁（板）的端部。下面分别叙述预应力筋张拉及锚固的方法与工艺。

一、预应力筋张拉

通常，加固梁的预应力筋裸置于梁体之外，所以预应力张拉亦是在梁体之外进行的。张拉的方法有多种，常用的有：

1. 千斤顶张拉法

这是一种用千斤顶在预应力筋的顶端进行张拉并锚固的方法。它较适用于鱼腹筋。对于直线筋，由于在梁端放置千斤顶较为困难，因此往往不易实现。

为了解决上述矛盾，编者研制了一种外拉式千斤顶，加固时，将其放置在梁的中间部位，启动油泵即可完成张拉。

2. 横向收紧法

这是一种横向预加应力的方法。其原理是在加固筋两端被锚固的情况下，利用扳手和螺栓等简易工具，迫使加固筋由直变曲产生拉伸应变，从而在加固筋中建立预应力。

横向收紧法的工艺如下：

（1）将加固筋 2 的两端锚固在原梁上，加固筋可为弯折的下撑式，也可为直线式。

（2）每隔一定距离用撑杆 4（角钢或粗钢筋）撑在两根加固筋 2 之间。

（3）在撑杆间设置 U 形螺丝 3，把两根加固筋横向收紧拉拢，即在其中建立了预应力。

3. 竖向张拉法

它包括人工竖向张拉法和千斤顶竖向张拉法两种。人工竖向张拉法是指，人工竖向收紧张拉，带钩的收紧螺栓在穿过带加强肋的钢板后，被钩在加固筋上（拉杆的初始形状可以是直线的，亦可以是曲线形的），当拧动收紧螺栓的螺帽时，加固筋即向下移动，由直变曲或增加曲度，从而建立了预应力；固定在梁底面的上钢板，焊接在加固筋上的下钢板（其上焊有螺母），当拧动顶撑螺丝时，上下钢板的距离变大，迫使加固筋下移，从而建立了预应力。

其加固工艺为：

（1）加固筋被定位后，将其两端锚固在锚板上。

（2）用带钩的张拉架将千斤顶挂在加固筋上（千斤顶的端部带有斜形楔块）。

（3）启动千斤顶，将加固筋拉离支座。待张拉达到要求后，即在加固筋与支座间的缝隙内嵌入钢垫板即可。

4. 电热张拉法

电热张拉法的工艺为：对加固筋通以低电压的大电流，使加固筋发热伸长，伸长值达到要求后切断电流，并立即将两端锚固。随后，加固筋恢复到常温而产生收缩变形，从而在加固筋中建立了预应力。

二、预应力筋锚固

预应力筋的锚固方法，通常有以下几种。

1. U 形钢板锚固

U 形钢板锚固的工艺如下。

（1）将梁端头的混凝土保护层凿去，并在其上涂以环氧砂浆。

（2）把与梁同宽的 U 形钢板紧紧地卡在环氧砂浆上。

（3）将加固筋焊接或锚接在 U 形钢板的两侧。

2. 高强螺栓摩擦式黏结锚固

本方法是根据钢结构中高强螺栓的工作原理提出来的，其工艺为：

（1）在原梁及钢板上钻出与高强螺栓直径相同的孔。

（2）在钢板和原梁上各涂一层环氧砂浆或高强水泥砂浆后，用高强螺栓将钢板紧紧地压在原梁上，以产生黏结力和摩擦力。

（3）将预应力筋锚固在与钢板相焊接的凸缘上，或直接焊接在钢板上。

3. 焊接黏结锚固

焊接黏结锚固是把加固筋直接焊接在原钢筋应力较小区段上并用环氧砂浆黏结的锚固方法。在钢筋混凝土梁中，钢筋在某区段的应力很小，甚至为零（例如，连续梁反弯点处、简支梁的端部），这说明钢筋强度没有被充分利用，尚有潜力可挖。因此，把加固筋焊接在这些部位的原筋上，并用环氧砂浆将加固筋黏结在斜向的沟槽内。

4. 扁担式锚固

它是指在原梁的受压区增设钢板或钢板托套，将加固筋固定在钢板（或托套）上的一种锚固方法。施工时，应用环氧砂浆将钢板粘固在原梁上，以防钢板滑动。

5. 利用原预埋件锚固

若被加固的梁端有合适的预埋件，宜将加固筋焊接在此预埋件上，即可达到锚固的目的。

6. 套箍锚固

它是指把用型钢做成的钢框嵌套在原梁上，并将预应力筋锚固在钢框上的一种锚固方法。施工时，应除去钢框处的混凝土保护层，并用环氧砂浆固定钢框。

三、预应力加固效应及内力

由于预应力筋位于加固梁的体外，它在原梁中所产生的内力一般与荷载引起的内力相反，起到了"卸除"外载的作用，所以它会产生使加固梁挠度减小、裂缝闭合的效应。

1. 加固梁内力分析为下撑式预应力筋对加固梁引起的预应力内力。

2. 加固梁反拱与挠度

由于预应力使加固梁产生反拱，所以预应力加固不仅可以较有效地提高加固梁的强度，还可以减小挠度。在计算加固梁的挠度时，应分别计算张拉前的挠度 $f1$，预应力引起的反拱 fp，以及加固后在后加荷载作用下的挠度 $f2$，然后进行叠加。

1. $f1$ 的计算

在张拉前，梁上作用着未卸除的荷载，它引起的挠度为 $f1$。此时，梁的刚度虽然随卸除荷载的增多而略有提高，但是由于原梁已完成了长期变形，故在计算未卸除荷载引起的挠度时，应取用荷载长期作用下的刚度。加固前，梁的刚度与配筋率和未卸荷载的多少等因素有关，它是在某区间变化的。

$B1= (0.35 \sim 0.5) EcI0$

式中，Ec、I0——原混凝土的弹性模量和换算截面惯性矩。

2. fp 的计算

在张拉预应力的初始阶段，由于梁下部裂缝的存在，反向刚度极小，反向挠度发展很快。随着预拉力的增加，裂缝逐渐闭合，刚度增大，反向挠度增长速度变慢。为了简化计算，刚度宜取定值。考虑到反拱计算过大会影响构件的安全度，为此按结构力学方法计算反拱时，梁的刚度建议按下式计算：

$Bp=0.75EcI0$

3.f2 的计算

加固结束后，在后加荷载作用下，梁产生挠度 f2。在计算配时，刚度可分别按如下两种情况取用。

（1）对于预应力筋外露的梁（加固结束后，不再补浇混凝土，将加固筋黏结在原梁上的情况），加固结构实际上已变为组合结构，其拉杆为预应力筋，而原梁则如同拱结构一样参加工作。挠度可用结构力学方法计算。为了简化计算，也可以采用上述同样方法计算挠度，建议加固梁的刚度按下式计算：

$B2＝（0.7～0.8）EcI0$

（2）对于加固后又补浇混凝土，将预应力筋黏结在原梁上的加固梁，其刚度 B2 的计算较为复杂，目前可近似地根据预应力筋的变形和原梁的变形相协调的原则确定，同时考虑到后浇混凝土因受力较晚、变形较小的因素，B2 可近似地按下式计算：

$B2＝（0.6～0.7）ECI0＋0.9Ec2I2$

式中，$EC2$、12——补浇混凝土的弹性模量及该面积对原截面形心的惯性矩。

12 可近似地按下式计算：

$I2＝A2y2$

式中，$A2$、$y2$——补浇混凝土的截面积及其形心至原截面形心间的距离。

四、加固梁承载力计算

（一）正截面承载力计算

预应力加固梁的截面承载力计算方法因加固工艺不同可分为两种：一种为等效外荷载法，另一种为同一般预应力混凝土梁一样的承载力计算方法。

1.预应力筋外露的加固梁

对于加固结束后预应力筋裸露在体外工作的加固梁，预应力筋仅仅在锚固点及支撑点与原梁相接触。当梁随外荷载增加而发生挠曲时，梁中原筋亦随原梁曲率的增加而伸长，但预应力筋与梁中原筋的变形不同，它只与支撑点和锚固点处梁的变位有关。预应力筋的应力增量随荷载的增长率远没有梁中的原筋大（仅为18%~35%）。由于这种变形不协调的存在，对这类加固梁截面承载力计算采用等效外荷载法。

所渭等效外荷载，是指预应力对原梁的作用可用相应的外荷载代替，它们两者对原梁产生的内力（弯矩、剪力及轴力）是等效的。加固梁在承载力计算时，把预应力作为外荷载等效地作用于原梁上，然后按原梁尺寸及原梁的配筋情况来验算原梁的承载力。

预应力筋的应力应等于张拉结束后的应力与后加荷载引起的应力增量之和。但这种应力增量实际上是较小的，且每增加单位荷载的应力增长值近乎一致，它对预应力筋应力影响不大。当采用高强度预应力筋时，由于预应力筋的面积较小，则对总的预应力内力的影响将变得更小。为方便计算，在设计中可不必具体计算预应力筋应力增量，预应力筋内力直接计算。它虽略高于张拉结束后预应力筋的应力值，但是偏于安全的。

由于纵向预应力 NP 的存在，使原来的受弯构件变为偏心受压构件，并且它们多为大偏心受压构件，可按规范中的大偏心受压公式验算加固梁的承载力。

关于预应力筋外露梁的截面内力，还须指出，据我们最近的研究，外露筋加固梁的承载力，可按无黏结筋梁计算，并且加固筋的强度可取为 0.8fpy。

2. 预应力筋与原梁结成一体的加固梁

在预应力筋张拉结束后，若在其上补浇混凝土保护层，形成整体梁，则预应力筋与原梁共同变形，随着作用在加固梁上的外荷载的增加，预应力筋和梁中原筋以及压区混凝土的应力都在原有基础上增大。当梁被破坏时，受拉钢筋可能会出现两种情况：一种为预应力筋及梁中原受拉钢筋都达到屈服强度，即适筋梁；另一种为超筋梁。下面分别介绍其承载力计算方法。

3. 适筋梁

当梁的全部配筋处在适筋范围时，尽管预应力筋和梁中原筋达到屈服极限的时间可能不同，但破坏时两者都可达到屈服极限，其截面承载力计算方法与一般预应力混凝土梁相同。对于矩形及翼缘位于受拉区的倒 T 形梁，预应力与原梁结成一体的加固梁的截面内力一般可忽略不计。

4. 超筋梁

对于混凝土构件，超筋梁是不允许的，但在加固工程中，有时却难以避免。例如，当工程要求较大地提高梁的刚度时，则须施加较大的预应力，以致变成了超筋梁。由试验可知，这种因需要施加较多的加固筋而导致的超筋梁与通常所说的超筋梁尽管有所差别，但体外预应力筋对提高这种超筋梁的正截面承载力作用很小，因为加固后形成的超筋梁的正截面承载力被压区混凝土限制。为此，对于加固后形成的超筋梁可以采用界限配筋梁的承载能力。

（二）斜截面承载力计算

1. 预应力筋外露的加固梁

如上所述，预应力筋外露的加固梁受力特征如同偏心受压构件，因此加固梁的抗剪承载力较原梁有所提高。对于用直线预应力筋加固的梁，其提高作用决定于预应力产生的纵向力 NP。因此，这种梁斜截面抗剪承载力应为原梁的抗剪承载力与纵向力 NP 对梁的抗剪承载力的提高幅度之和。

2. 预应力筋与原梁结成一体的加固梁

对于补浇混凝土保护层的加固梁，其斜截面承载力与原梁相比，增加了斜筋及纵向力的影响。由于预应力筋与原梁已结成整体，故可用一般预应力混凝土梁的方法计算加固梁的斜截面承载力。

（三）张拉量计算

在加固工程中，一般是利用预应力筋的张拉量来控制张拉的应力。在相当一部分加固工程中，都采用人工横向张拉法和电热法。但是加固筋张拉量的计算，较一般预应力混凝土梁要复杂。这不仅是因为加固筋的张拉方法较多，施工不稳定因素多，还因为加固工程的环境复杂。例如，在预应力张拉过程中，原梁的裂缝必然产生闭合现象，这种现象对张拉量的影响是较大的。下面介绍加固梁预应力筋的张拉量计算公式。

1. 裂缝闭合引起缩短变形的计算方法

在对加固筋施加预应力时，原梁裂缝的闭合会引起原梁的缩短，这种缩短必然对加固筋张拉量有较大影响。通常，加固梁的裂缝都较宽，因张拉预应力而产生的闭合变形亦较大。这种闭合缩短变形有时会对预应力的效果产生较大的影响。例如，某跨度为6m 的梁，因裂缝较宽而须加固，加固前梁上有 10 条裂缝．裂缝的平均宽度为 0.3mm，采用 II 级钢筋进行加固，预应力筋长 5m，若在计算时不考虑闭合缩短变形，将会产生126MPa 的预应力损失（占张拉控制应力的 50%）。由此说明，闭合缩短变形对张拉量有较大的影响。这一情况，在以前没有引起人们的足够重视，往往实测张拉量虽已达到计算值，而加固筋中的实际预应力较小，再扣除其他预应力损失，致使预应力的效果很小。故在加固工程中，考虑裂缝闭合变形对预应力筋张拉量的影响是很重要的。

原梁因施加预应力所引起的裂缝闭合变形量，为施加预应力前后梁中原筋的变形差。梁中原筋的变形值应等于原筋的平均变形值乘以梁的长度。若施加预应力时原梁仍处在使用阶段，则可利用规范中给出的公式导出原筋在第 i 级荷载作用下的总变形量的计算公式。

张拉时梁的闭合缩短变形的具体计算步骤如下：

（1）根据施加预应力之前梁所承受的弯矩 Ml，计算加固之前原钢筋的伸长量 $\triangle$ S1。

（2）计算由体外预应力筋引起的预应力内力。其计算方法是将预应力视作外力作用在原梁上，求其内力。

（3）求出施加预应力结束后原梁所承受的弯矩 m^2，它等于荷载弯矩 Ml 与预应力弯矩 MP 之差，即 M2=M1-Mp0

（4）根据 M2，判别梁在加固结束后的受力状态，并计算原筋的伸长量。如果 M2 > Mcr，说明裂缝尚未闭合，其原筋剩余伸长量 $\triangle$ S2 可按预应力公式计算；如果 M2 < Mcr，说明裂缝接近闭合，残余裂缝宽度甚小，为方便起见，可近似地取 $\triangle$ S2=0；如果 M2 < 0，说明裂缝已经闭合，原筋已由受拉状态转变为受压状态，取 $\triangle$ S2=0。其中 Mcr 为原梁的计算开裂弯矩，其值可按规范公式计算。对矩形截面，有：

Mcr=0.235hh

5.计算梁的闭合缩短变形 ΔS。

ΔS=ΔS1-ΔS2

六、构造要求

用预应力法加固的混凝土梁、板结构，应遵循以下构造要求。

1.预应力筋的直径一般宜采用 2~30 的钢筋或钢绞线束，当采用预应力钢丝时，宜取 4~8。

2.用预应力法加固板时，应采用柔性钢丝或钢绞线，不宜用粗钢筋。

3.直线预应力筋或下撑式预应力筋的水平段与被加固梁底面间的净距离应小于 100mm，以 30~801nm 为宜。

4.张拉结束后，应对外露的加固筋进行防锈处理。处理的方法有喷涂水泥砂浆法和涂刷防锈漆法。

5.采用横向张拉法时，收紧螺栓的直径应大于或等于 16，螺帽高度应不小于螺栓直径的 1.5 倍。

6.预应力筋的锚固应牢固可靠，不产生位移。

7.在下撑式预应力筋弯折处的原梁底面上.应设置支承钢垫板，其厚度 210mm，其宽度不小于厚度的 4 倍，其长度应与被加固的梁宽相等。支承钢垫板与预应力筋之间应设置钢垫棒或钢垫板，垫棒直径应大于或等于 20mm，长度应不小于被加固的梁宽加 2 倍预应力筋直径，再加 40mm。有时为减小摩擦损失，在垫棒上套一与梁同宽的钢筒。

8.预应力筋弯折点的构造，用预应力法加固连续板时，预应力筋弯折点的位置宜设置在反弯点附近。这样预应力产生的向上托力较为显著，能够起到减小板跨的作用。

9.预应力法加固连续板，连续板预应力筋弯折点的穿筋斜孔可取 45，孔的位置应避开板内钢筋。从斜孔开始，应沿预应力筋方向分别在板面及板底凿出狭缝，其深度主要根据对弯折点向上托力的大小要求而定。狭缝越浅，托力越大但弯折点处的预应力损失亦随之增大。

10.连续板预应力筋的张拉宜采用两端张拉，以减小预应力摩擦损失。

七、计算步骤及设计实例

（一）计算步骤

2.结成一体的加固梁

对于补浇混凝土使预应力筋与原结构结成一体的加固梁，其计算步骤如下。

（1）分别绘制在剩余（未卸除）荷载和全部荷载作用下的内力图。

（2）根据总弯矩值，用查表法或求出受压区高度值。

（3）求出需要加固筋抵抗的弯矩值△和加固筋的截面面积。

（4）验算斜面承载力。

（5）确定张拉控制应力，并计算预应力损失值。

（6）计算预应力内力及其效应。

（7）计算并确定张拉量。

3. 预应力筋外露的加固梁

对于预应力筋外露的加固梁，其计算步骤可概括如下：。

（1）分别绘制在剩余荷载和全部荷载作用下的内力图。

（2）根据总弯矩 M，先按受弯构件估算受压区高度 X 值，再由 X 值求出梁跨中截面处须加固筋承担的弯矩 ΔM，并用 ΔM 估算加固筋的截面面积 Ap。

（3）确定张拉控制应力，并计算预应力损失值。

（4）以张拉控制应力为依据，计算预应力内力。

（5）将预应力作为外力作用在原梁上，按偏心受压构件验算原梁的正截面承载力。若验算结果不能满足要求．可加大预应力筋的面积，重新计算。

（6）验算梁的斜截面承载力。

（7）进行预应力效应计算和张拉量计算。

第三节　改变受力体系加固法应用解析

一、概述

改变结构受力体系加固法，包括在梁的中间部位增设支点，增设托梁（架），拔去柱子（以下简称托梁拔柱），将多跨简支梁变为连续梁等方法。改变结构的受力体系能大幅度地降低结构的内力，提高结构的承载力，达到加强原结构的目的。

通常，支柱采用砖柱、钢筋混凝土柱、钢管柱或型钢柱，托架、托梁常为钢筋混凝土结构或钢结构。按增设支点的支撑刚性的不同，分刚性支点和弹性支点两种；按支撑时的受力情况，分预应力支撑和非预应力支撑两类。

（一）刚性支点

所谓刚性支点，是指新增设的支撑件刚度极大，以致被加固结构构件的新支点在外荷载作用下没有（或小至可忽略）竖向变位；有时尽管新支点有较大的竖向位移，但由于在后加荷载作用下，原结构支座也同样有变位，新旧支座间的相对位移很小，这种新支点亦应属于刚性支点。工程中常见的这些支撑系，这些杆件受轴向力，在后加荷载作用下，新支点的变位与原支座变位的差值不大，一般可作为刚性支点考虑。用刚性支点加固的工程实例较多，如某钢筋混凝土 T 形梁桥，原跨径为 20m，设计荷载为普通汽车，拖挂 60t。后来，为了能通行 400t 重载车，采用增设支点法进行了加固，即在每根 T 形梁下增设门式刚架，刚架的手脚支承在桥墩承台上。这样，原桥由单跨简支梁转变为二跨连续梁。加固后，原桥顺利地通过了 400t 重载车。

（二）弹性支点

所谓弹性支点，是指所增设的支杆或托架的相对刚度不大。当采用受弯构件作为支撑杆，或支撑件的刚度较小，轴向变形较大时，支撑点的位移不能忽略，应按弹性支点计算。在工程中，用弹性支点加固结构的实例亦较多，工程中常作为弹性支点计算的加固件。例如，某铆焊车间的屋面为倒 L 形钢筋混凝土檩条和预应力混凝土槽瓦体系，使用 20 年后，槽瓦的下表面出现了许多纵、横向裂缝，有的槽瓦因保护层不足而使预应力筋外露并锈蚀。由于柳条间距较大，槽瓦跨度较大，导致挠度较大，甚至发生个别槽瓦断裂、掉落事故。后来，在两柳条之间加 1 根钢组合柳条，并在槽瓦底部喷涂砂浆层保护钢筋。

（三）预应力撑杆（支柱）

所谓预应力撑杆（支柱），是指在施工时，对支撑杆件施加预压应力，使之对被加固结构构件施加预顶力，它不仅可保证支撑杆件良好地参加工作，而且可调节被加固结构构件的内力。

预顶力对被加固构件的内力有较大的影响。承受均布荷载的单跨简支梁，在跨中增设预应力撑杆后，撑杆预顶力有对原构件弯矩的影响情况。可见，梁的跨中弯矩随预顶力的增大而减小，预顶力越大，跨中弯矩减小得越多，增设支点的"卸载"作用也就越大。若预顶力过大，原梁可能出现反向弯矩。因此，对预顶力的大小应加以控制。加固规范规定：预顶力的大小以支点上表面不出现裂缝和无须增设附加钢筋为宜。

在撑杆（支柱）中施加预应力的方法有以下两种。

1. 纵向压缩法

采用预制型钢支撑或钢筋混凝土支柱时，使其预制长度略小于实际长度，并在支柱下部预留一孔洞，在加固施工时，先将小托梁穿入支柱预留孔内，另一端用垫块支撑，然后用两只千斤顶顶升小托梁，当顶升力达到要求后，在支柱底部嵌入钢板，拆去千斤顶及小托梁，并浇捣混凝土保护，这种方法可以产生较大的预顶力。纵向压缩的另一种方法，也可采用直接在支柱的底座板和基础顶面之间嵌入钢楔，以产生预顶力，但这种方法产生的预顶力较小。

2. 横向校直法

当用型钢做支柱时，可采用横向校直法产生预顶力。做法是：令钢支柱的支座长度稍大于安装尺寸，并使其成对地向外侧弯曲（折）。安装时，先固定支柱的两端，然后用螺栓装置将支柱校直。支柱由曲（折）变直，受到压缩而产生预应力。预应力值由初始弯曲（制作长度）值控制。

在对被加固梁进行内力分析时，可以把预顶力作为作用在加固梁上的外力来考虑。

（四）多跨简支梁的连续化

简支梁在房屋建筑和桥梁工程中有着广泛的应用。例如，厂房建筑中的吊车梁大都为多跨简支梁，在旧公路及铁路桥梁中，多跨简支梁亦占有相当的比重。简支梁采用连续化的加固方法十分有效。

多跨简支梁连续化，就是设法在原来简支梁的支座处加配负弯矩钢筋，使其可以承受弯矩，这样，简支梁体系变为连续梁体系，减小了原梁的跨中弯矩，提高了受荷等级。在公路桥梁的加固改造中，这种方法得到了较多的应用。

多跨简支梁连续化的方法，有单支座连续化和双支座连续化两种。单支座连续化是将相连续的两个简支梁的支座拆除并更换成单一的支座，双支座连续化则不扰动简支梁的支座，直接加配负弯矩钢筋。

简支梁连续化的加固方法如下：

1. 在铺设钢筋的位置，凿出钢筋槽（深 2cm，宽 5cm）；

2. 清洗钢筋槽，并用丙酮将混凝土表面擦拭干净；

3. 在槽内铺 1cm 厚的环氧砂浆，放入加配的钢筋；

4. 对钢筋施加 1.5~2.0kN/m 的压力，3d 后即可受力使用。

二、刚性支点加固结构计算

（一）加固结构计算步骤

采用刚性支点加固的梁，结构计算可按下列步骤进行。

1. 计算并绘制加固时原构件在剩余的那部分荷载作用下的内力图。

2. 如果须施加预顶力，则根据所希望的加固后的内力图确定预顶力的大小。按原结构的计算简图绘制在支点预顶力作用下梁的内力图。

3. 按加固后的计算简图，计算并绘制在新增荷载及加固时卸除荷载作用下的内力图。

4. 将上述 1、2、3 步内力叠加，绘出梁各截面内力包络图。

5. 计算梁各截面实际承载力，并绘制梁的材料图。

6. 调节预顶力值，使梁的内力图小于梁的材料图。

7. 根据支点的最大支承反力，设计支撑构件。支撑构件多为轴心受力构件，可按相关规范进行设计。

8. 计算预应力撑杆的顶撑控制量。当用纵向压缩法对预应力撑杆系杆施加顶升力时，其顶升量 AL 可按下式计算：

$$\Delta L = L\varepsilon + a$$

式中，L——撑杆长度；

ε——撑杆在预顶力作用下引起的应变；

a——撑杆端部与被加固构件混凝土间的压缩量，取 2~4mm。

三、弹性支点加固结构计算

（一）加固结构内力计算方法

弹性支点与刚性支点不同，弹性支点要考虑支撑结构的变形，即支撑的内力须通过原结构与支撑结构之间的变形协调求出。

通常，结构的内力计算是在假定杆件截面尺寸的基础上进行。但在加固工程中，往往是先确定加固效果，然后据此推算出加固杆件的截面及其刚度。加固杆件的受力大小随其刚度而变化，只有按此推算出的刚度值设计截面，才能较准确地达到预想的加固效果。针对加固结构内力计算的特殊性，按文献中提出的超静定基本体系，求解弹性支撑加固结构内力的方法。

众所周知，当采用力法求解超静定结构内力时，须先确定基本体系，然后根据位移条件列出基本方程并求解。通常，力法要求在去掉多余联系之后的基本体系是静定的。

一原承受均布荷载 q 的简支梁，后因梁上增加了 3 个集中荷载后，需要进行承载力加固。采用的加固方案为在梁的跨中增设框架式弹性支点，视作加固设计。

当用力法求解时，加固结构共有 4 个未知力。因此，按力法求解时须解四元一次方程组，计算工作量较大。

当用超静定基本体系求解时，由于基本体系可为超静定的。基本体系的一部分为简支梁，另一部分为超静定刚架。

在加固设计时，一般以弹性支撑所承担的力（卸载力）为控制条件，以此确定 X。则式中的 X 为已知数，加固杆件的刚度为未知数（隐含在 6 及 AP 中），通过求解式，即可得到支撑结构（这里为刚架）的截面特征。

由于支撑结构大多为单点支撑或呈对称性支撑，所以计算工作较简捷。在用弹性支点加固时，应尽量卸除原结构所承受的荷载，否则会导致加固支撑（或杆件）受力较小或应力过低。因此，必须增大加固杆件所分得的内力，即增大弹性支点的反力，以提高加固杆件的效用。为了实现这一目的，可采用对撑杆施加预应力或增设临时预应力顶撑的办法。

（二）加固结构计算步骤

弹性支点内力计算步骤如下。

1. 计算原梁在原荷载及增加荷载后的内力。

2. 确定原梁所需要的卸载值 AM（或 AN），并由此求出相应的弹性支点反力值 X。

3. 根据 X 的大小及施工时原梁所承受的荷载量，确定是否需要对撑杆施加预顶力，如需要，则确定预顶力值。

4. 用多余未知力代替支撑结构与原梁之间的多余联系，形成基本体系。

5. 根据加固后施加的荷载及预应力撑杆的预顶力（将预顶力视作外力作用在原梁的顶撑点），求出 Ap、$\delta1$。

6. 将 Ap、$\delta1$ 及 X 代入式，求解方程即可得到加固杆件的截面特征值。

7. 根据截面特征值及内力，对加固结构按相应规范进行设计。

8. 计算预应力撑杆的顶撑控制量（方法同刚性支点）。

四、增设托梁拔柱法

在工业厂房或沿街商业建筑的改造中，有时需要拔去某根柱子，以改善或改变使用条件，这时可采用增设托梁拔柱法，即通过增设托梁，把原柱承受的力传给相邻的柱（或增设的柱），其具体计算程序如下。

1. 计算拔柱前原结构的内力。

2. 将被拔柱所受轴向力全部转由托梁（架）承受，并据此进行托梁设计；将被拔柱所承受的水平力全部转由侧向支撑承受，并设计侧向支撑。

3. 按托梁拔柱后新的荷载传递途径计算结构内力。

4. 按计算所得内力，对有关柱子及地基基础进行加固设计。

5. 根据具体施工方案和实际受力情况，对结构施工阶段的强度和稳定性进行验算。托梁拔柱法是一项施工工艺和技术要求很高的工作，因此，在施工前应编制施工组织设计，严格施工要求。

托梁拔柱法施工顺序。

1. 屋盖系统检查和加固处理。对原有屋盖系统的屋面板和搁置点，屋架和其端部，屋盖支撑系统等全面检查，凡不符合规定者予以加固处理。

2. 设置临时支柱。根据现场情况，在待拔柱旁设置安装井架或利用原柱牛脚设置临时支承短柱，或利用原有吊车设置顶升支架。

3. 根据设计，加工制作新增托梁或托架。

4. 加固旁柱及其地基基础，增设支承柱架的牛腿。

5. 顶升屋架，并支承固定于临时支柱。

6. 根据托架截面，切断上部一段短柱。

7. 将屋架安放，固定于托架上。

8. 拆除待拔柱和临时支柱，并安装托架。

五、增设支柱与原梁（柱）的连接方法

增设的支柱上端与原梁相连接，下端与基础或梁（或柱）相连接。连接方法有湿式连接和干式连接两种。所谓湿式连接，是指支柱用后浇混凝土固定的连接方法，它多用于钢筋混凝土支柱；干式连接法，是用型钢直接与原梁柱相连接的方法，它一般用于钢支撑。

支柱上端与原梁的连接构造。支柱或斜撑下端与梁柱的连接构造。对于钢筋混凝土支柱、支撑，可采用钢筋混凝土套箍湿式连接。为保证湿式连接梁（柱）的整体刚度，被连接部位原梁（柱）的混凝土保护层应全部凿掉，并露出箍筋，起连接作用的钢筋套箍应卡住整个梁断面。若采用连接筋，则应与原梁钢筋焊接。套箍或连接筋直径由计算确定，一般不应小于10，节点后浇混凝土的强度等级不应低于C25。对于型钢支柱、支撑，可采用钢套箍干式连接。

增设支点加固法所增设的支柱，支撑下端的连接，当直接支撑于基础时，按地基基础一般构造处理；当斜支撑底脚以梁或柱为支承时，可采用以下构造：

1. 对于钢筋混凝土支撑，采用湿式钢筋混凝土包套连接；对于受拉支撑．应将受拉主筋绕过上、下梁（柱），并采用焊接。

2. 对于钢支撑，采用型钢套箍干式连接。

第四节　增大截面加固法应用解析

一、概述

增大截面加固法，是指在原受弯构件的上面或下面再浇一层新的混凝土并补加相应的钢筋，以提高原构件承载能力的方法。它是工程中常用的一种加固方法。

补浇的混凝土可能处在受拉区，对补加的钢筋起到黏结和保护的作用。当补浇层混凝土处在受压区时，增强了构件的有效高度，从而提高了构件的抗弯、抗剪承载力，增强了构件的刚度，因此,较有效地发挥了后浇混凝土层的作用,其加固的效果是很显著的。

在实际工程中，在受拉区补浇混凝土层的情况是比较多的。例如，对于T形梁，原配筋率较低，其混凝土受压区高度较小，因此在受拉区补加纵向钢筋并补浇混凝土层是提高该梁抗弯承载力的有效办法。又如，阳台、雨篷、檐口板的承载力加固，可在原板的上面（受拉区）补配钢筋和补浇混凝土。当在连续梁（板）的全长上部补浇混凝土时，后补浇的混凝土在跨中处于受压区，而在支座却处于受拉区。

本节讲述如下内容。

1. 构件在受压区补浇混凝土（做叠合层）的受力特征及截面承载力计算方法。

2. 构件在受压区补浇混凝土后的受力及变形特征。本节内容按新旧混凝土结合面的不同，分为新型混凝土截面独立工作和整体工作两种情况。关于在受拉区补配钢筋并补浇混凝土的加固构件承载力计算方法，按加固筋为预应力筋与非预应力筋的不同，在下节叙述。

二、新旧混凝土截面独立工作情况

（一）受力特征

由于加固构件在浇筑后浇层之前，没有对被污染或对沥青防水层的原构件表面做很好的处理，导致黏合面黏结强度不足，因此，当构件受力后不能保证其变形符合平截面假定，不能将新旧混凝土假面作为整体进行截面设计和承载力计算。

（二）承载力计算

由于上述原因，这类构件在加固后的承载力计算，只能将新旧混凝土截面视为各自独立工作考虑，其承受的弯矩按新旧混凝土截面的刚度进行分配。具体如下：

1. 原构件（旧混凝土）截面承受的弯矩为：

$My=KyMz$

2. 新混凝土截面承受的弯矩为：

$Mx=KxMz$

式中，Mz——作用于加固构件上的总弯矩。

Ky——原构件的弯矩分配系数。

Kx——新浇部分的弯矩分配系数。

h——原构件的截面高度。

hx——新浇混凝土的截面高度。

α——原构件的刚度折减系数，由于原构件已产生一定的塑性变形，它的刚度较新浇部分相对要低，因此应予以折减，一般可取 $a=0.8\sim0.90$ 求得新旧截面承受的弯矩，再按规范公式可计算出新浇截面中所需的配筋，最后即可验算原构件的截面承载力。

三、新旧混凝土截面整体工作情况

（一）整体工作的条件

由于新旧混凝土截面独立工作时的承载能力较其整体工作时低，因此对构件的加固，应尽力争取新旧混凝土截面整体工作。若能对原构件的混凝土表面按以下措施之一进行处理，则加固后的构件可按整体叠合构件进行计算。

1. 将原构件在新旧混凝土黏合部位的表面凿毛。具体要求是：板表面不平度不小于4mm，梁表面不平度不小于6mm，并在原构件的浇筑面上每隔一定距离凿槽，以形成剪力键。

2. 将原构件浇筑面凿毛、洗净，并涂覆丙乳水泥浆（或107胶聚合水泥浆），同时浇混凝土。丙乳水泥浆的黏结强度是普通砂浆的2~3倍，其配合比及性能参见文献。107胶聚合水泥浆是在水泥中加入107胶并搅拌后形成。

3. 当在梁上做后浇层时，除按上述两条之一处理原构件表面外，还应在后浇层中加配箍筋及负弯矩钢筋（或架立筋），并注意其连接。加固的受力纵筋与原构件的受力纵筋采用短筋焊接，尤其在加固筋的两端及其附近处必不可少。

采用焊接法将补加的 U 形箍筋焊接在原有箍筋上，焊缝长度不小于 5d（d 为 U 形箍筋直径）。U 形箍筋焊接在增设的锚钉上的连接要求：锚钉直径 d 不小于 10mm，锚钉距构件边沿不小于 3d，且不小于 40mm，锚钉锚固深度不小于 IOd，并采用环氧树脂浆或环氧树脂砂浆将锚钉锚固于原梁的钻孔内。钻孔直径应大于锚钉直径 4mm。另外也可不用锚钉，而用上述方法直接将 U 形箍筋伸进锚孔内锚固。

当构件浇筑叠合层时，应尽量减小原构件承受的荷载，若能加设临时支撑更好。

（二）受力特征

叠合构件各阶段的受力特征：在浇捣叠合层前，构件上作用有弯矩 $M1$，截面上的应力，称为第一阶段受力。待叠合层中的混凝土达到设计强度后，构件进入整体工作阶段，新增加的荷载在构件上产生的弯矩为 M2，由叠合构件的全高 h 承担，截面应力称为第二阶段受力。在总弯矩 $MZ=M1+m^2$ 的作用下，叠合构件的应力图与一次受力构件的应力图有很大的差异，主要表现在以下两点。

1. 混凝土应变滞后

叠合构件与截面尺寸、材料、加荷方式等均相同的整浇梁相比，叠合构件的叠合层是在弯矩 $M1$ 之后才开始参加工作的。因此，叠合层的压应变小于对应整浇梁的压应变。这种现象称为"混凝土压应变滞后"。

混凝土压应变滞后带来的结果是在受压边缘的混凝土被压碎时，构件的挠度、裂缝都较整浇梁大得多。

2. 钢筋应力超前

在第一阶段受力过程中，由于构件的截面高度 $h1$ 较对应整浇梁的截面高度 $h1$ 小，所以在弯矩 $M1$ 作用下，在原构件上产生的钢筋应力 $\sigma1$，挠度 $f1$ 和裂缝 $W1$ 都较对应整浇构件大得多。叠合后构件的中和轴上移，使第一阶段受压区部分变为第二阶段受力过程中的受拉区，于是原受压区的压应力对叠合构件的作用，相当于预应力构件中的预压应力作用，称为"荷载预应力"。荷载预应力可以减小在弯矩 m^2 作用下引起的钢筋应力增量和挠度增量。

尽管在 m^2 的作用下，钢筋应力和挠度增量都小于相应的整浇梁，但终因在 $M1$ 作用下，原构件中的钢筋应力较整浇梁大得多，使得叠合构件的钢筋应力、挠度和裂缝宽度在整个受力过程中，始终较相应的整浇构件大，以致受拉钢筋应力比整浇梁在低得多的弯矩作用下就达到流限。这种现象称为"钢筋应力超前"。

四、承载力计算

如上所述，在受压区补浇混凝土的构件，其承载力不低于一次整浇的对应梁。因此，规范规定，两者取用相同的正截面承载力计算方法，即在受压区补浇混凝土的正截面承载力计算方法与一般整浇梁相同。计算时，混凝土的强度按后浇层取用。详细计算方法见规范，这里不再赘述。

五、使用阶段钢筋应力的计算及控制

由于叠合梁中钢筋应力的超前，有可能使梁的挠度和裂缝在使用阶段就超过允许值，也可能使构件的受拉钢筋在使用阶段就处在高应力状态，甚至达到流限。因此，验算使用阶段的钢筋应力，使其不超过允许的应力，是叠合构件计算中的一个很重要的内容。在使用阶段，叠合构件受拉钢筋应力（TS）可按如下方法计算：

$$\sigma S = \sigma S1 + \sigma s2 \leq 0.9 fy$$

六、构造要求

增大截面法加固时，应满足如下的构造要求：

1. 新浇混凝土的强度等级不低于C20，且宜比原构件设计的混凝土强度等级提高一级。

2. 新浇混凝土的最小厚度为，当加固板为新旧板独立工作时，其厚度不应小于50mm；当加固板为整体工作时，其厚度不应小于40mm；为加固梁时，不应小于60mm。

3. 除必要时可采用角钢或钢板外，加固配筋宜优先采用钢筋。现浇板的受力钢筋宜采用6、8，分布筋宜用b4、b5，梁的纵向钢筋应采用螺纹钢筋，最小直径不应小于12mm. 最大直径不宜大于25mm，封闭式箍筋直径不宜小于8mm。

4. 对于加固后为整体工作的板，在支座处应配负筋，并与跨中分布筋相搭接。分布筋应采用直径为4mm，间距不大于300mm的钢筋网，以防止产生收缩裂缝。

5. 石子宜用坚硬的卵石或碎石，其最大粒径不宜超过新浇混凝土最小厚度的1/2及钢筋最小间距的3/4。

6. 对于加固后按整体计算的板．如果其面层与基层结合不好（有起壳现象），或混凝土实际强度等级低于 C15，则应铲除。对表面的缺陷应清理至密实部位。

7. 在浇捣后浇层之前，原构件表面应保持湿润，但不得有积水。后浇层用平板振动器振动出浆，或用辐筒滚压出浆。加固的板应随即加以抹光，不再另做面层，以减小恒载。

第五节　增补受拉钢筋加固法应用解析

增补受拉钢筋加固法，是指在梁的受力较大区段补加受拉钢筋（或型钢），以提高梁承载能力的加固方法。本节主要介绍增补受拉钢筋的方法、特点和加固构件承载能力的计算方法以及构造要求。

一、增补钢筋方法简介

增补钢筋与原梁之间的连接方法有全焊接法、半焊接法和黏结法三种，此外，在增补筋的端部，还可采用预应力筋与原梁的锚固方法；增补型钢与原梁的连接方法有湿式外包法和干式外包法两种。

（一）全焊接法

全焊接法指把增补筋直接焊接在梁的原筋上，以后不再补浇混凝土做黏结保护，即增补筋是在裸露条件下，依靠焊接参与原梁的工作。

（二）半焊接法

半焊接法是指增补筋焊接在梁中原筋上后，再补浇或喷射一层细石混凝土进行黏结和保护。这样，增补筋既受焊点锚固，又受混凝土黏结力的固结，使增补筋的受力特征与原筋相近，受力较为可靠。

（三）黏结法

黏结法指增补筋是完全依靠后浇混凝土的黏结力转递来参与原梁的工作。黏结法施工工艺如下：

1. 将须增补钢筋区段的构件表面凿毛，使凹凸不平度大于 6mm。

2. 每隔 500mm 凿一剪力键，并加配 U 形箍筋。U 形箍筋焊接在原筋上或焊接在锚钉上。

3. 将增补纵筋穿入 U 形箍筋并予以绑扎，最后涂刷环氧胶黏剂并喷射混凝土。

（四）湿式外包钢

湿式外包钢加固法，是一种用乳胶水泥浆或环氧树脂水泥浆把角钢粘贴在原梁下边角部,并用 U 形螺栓套箍加强,再喷射水泥砂浆保护的加固方法。当被加固梁为楼面梁时,应在楼板的 U 形螺栓相应位置处凿一方形(或长方形)凹坑,以使垫板和螺帽不致露出板面。凹坑深度约为 20~30mm,基本为楼板面层的厚度。当被加固梁为屋面梁时,可直接将垫板和螺帽置于防水层上,这样不仅不影响防水层,而且施工.亦较方便。

(五)干式外包钢

用型钢对梁做加固时,当型钢与原梁间无任何胶黏剂,或虽填塞水泥砂浆,但仍不能确保剪力在结合面上的有效传递,这种加固方法属干式外包钢连接。

受力角钢(或扁钢)绕过柱子时的连接方法:它通过两块与角钢焊接的弯折扁钢来实现角钢受力的连续性,板下扁钢的连续性则是由两根穿过次梁且与扁钢焊接的弯折钢筋来实现的。为消除因角钢(或扁钢)力线的改变而使弯折扁钢(或连接钢筋)变直的可能性,在扁钢与连接钢筋的焊接处增设一根穿过主梁的螺栓,并在角钢下部加焊一块扁钢。

二、受力特征

试验证明:增补筋相对于梁内原筋存在着应力滞后现象,它会使增补筋的屈服迟于梁内原筋,并且当增补筋屈服时,梁出现较大的变形和裂缝。引起增补筋应力滞后的原因较多,其中主要的是:在增补筋受力之前,恒载和未卸除的荷载已在原筋中产生了一定应力。此外,焊接点处的局部弯曲变形,增补筋的初始平直度,后补混凝土与原梁表面之间的剪切滑移变形以及扁钢套箍与梁面间的缝隙,锚固处的变形等对增补筋的应力滞后现象都有一定的影响。

用焊接法锚固增补筋加固梁的另一个受力特点是在焊接点处原筋产生局部弯曲变形,这是由于增补筋相对于原筋存在着偏心距.同时增补筋的拉力差是作用在焊点处原筋上的偏心力所致。

这一弯曲变形,不仅加大增补筋的应力滞后,而且原筋应力在焊点两侧呈现不均匀性,因而降低了原筋的利用率。以上情况,在加固设计时应注意到。

三、加固梁截面设计

(一)承载力计算

根据以上分析,增补钢筋的应力滞后于梁内原筋的应力,因此对增补筋的抗拉强度设计值,应乘以 0.9 的折减系数。

(二)使用阶段钢筋应力的计算

与控制由于增补筋的应力滞后,使得梁内原筋比增补筋先屈服,同时加固梁在接近破坏时的挠度及裂缝都较普通钢筋混凝土梁大，这就可能使梁内原筋在使用阶段就已处在高应力状态，甚至达到流限。因此，应对原筋在使用阶段的应力 σs 进行验算。

此外，当采用全焊接法连接增补筋时，还应对端焊点处的截面承载力进行复核。复核的方法为限制端焊点外侧原筋的计算应力，且端焊点外侧原筋的应力计算值宜符合：

$$\sigma s \leqslant 0.7 f_y$$

式中，σs——梁中原筋在端焊点外侧的钢筋应力计算值，其弯矩值应采用全部荷载下（在端焊点外侧截面上）引起的总外弯矩。

四、构造要求

采用增补受拉钢筋法加固受弯构件，应满足如下的构造要求。

1. 增补受力钢筋的直径不宜小于 12mm，最大直径不宜大于 25mm。用补浇混凝土对增补筋进行黏结保护时，增补筋宜采用带肋变形钢筋。

2. 增补受力钢筋与梁中原筋的净距不应小于 20mm，当用短筋焊接时，短筋的直径不应小于 20mm，长度不应小于 5d（d 为新增纵筋和梁中原筋直径的小值），且不大于 120mm。在弯矩变化较大区段，焊接短筋的中距宜不大于 500mm；弯矩变化较小区段，可适当放宽。每一根增补筋的焊点不应小于 4 点。

3. 当采用全焊接法锚固增补筋时，增补筋直径 dl 应较原筋中被焊接的钢筋直径小 4mm。

4. 当增补筋的应力靠后浇混凝土的黏结来传递时，应将原构件表面凿毛。采用黏结法连接时，凸凹不平度应不小于 6mm，且每隔 500mm 宜凿一条 70mm×30mm 的剪力键，所设的 U 形箍筋直径不宜小于 8mm，U 形箍筋与原梁的连接方法及构造要求详见上节。后浇混凝土用的石子，宜用坚硬、耐久的碎石或卵石，最大粒径不宜大于 20mm，水泥一般用 525# 硅酸盐水泥，混凝土等级应比原梁的高一级。宜用喷射法施工。

5. 用外包角钢加固时，角钢厚度不宜小于 3mm，边长不宜小于 50mm；U 形套箍直径不宜小于 10mm，间距不宜大于 300mm；扁钢不应小于 25mm×3mm。外包角钢的两端应有可靠的连接，并应留有一定的锚固（传力）长度。

6. 用外包钢加固构件时，构件表面应打磨平整，四角磨出小圆角。干式外包钢应在角钢和构件之间用 102 水泥砂浆做底。

7. 用干式外包钢或全焊接增补钢筋加固构件时，最后须采用水泥砂浆或防锈漆加以保护。

第六节　粘贴钢板加固法

一、概述

粘贴钢板加固法，是指用胶黏剂把钢板粘贴在构件外部的一种加固方法。常用的胶黏剂是在环氧树脂中加入适量的固化剂、增韧剂、增塑剂配成所谓的"结构胶"。

近年来，粘贴钢板加固法在加固、修复结构工程中的应用发展较快，趋于成熟。美国已制定了土木工程结构胶的施工规范，日本有建筑胶黏剂质量标准，我国也已将此法收入《混凝土结构加固技术规范》中。

粘贴钢板加固法之所以能够受到工程技术人员的兴趣和重视，是因为它有传统的加固方法不可取代的如下优点。

胶黏剂硬化时间快，工期短。因此，构件加固时不必停产或少停产。

工艺简单，施工方便，可以不动火，能解决防火要求高的车间构件的加固问题。

胶黏剂的黏结强度高于混凝土、石材等，可以使加固体与原构件形成一个良好的整体，受力较均匀，不会在混凝土中产生应力集中现象。

粘贴钢板所占的空间小，几乎不增加被加固构件的截面尺寸和重量，不影响房屋的使用净空，不改变构件的外形。

二、结构胶性能

（一）结构胶的组成

结构胶是以环氧树脂为主剂，选用环氧树脂具有如下优点。

1.环氧树脂具有很高的胶黏性，对诸如金属、混凝土、陶瓷、石材、玻璃等大部分材料都有很好的黏结力。

2.环氧树脂有良好的工艺性，可配制成很稠的膏状物或很稀的灌注材料，使用期及固化时间可根据需要进行适当调整，贮存性能稳定。

3.固化的环氧胶有良好的物理、机械性能，耐介质性能好，固化收缩率小。

4.环氧树脂材料来源广，价格较便宜，基本无毒。环氧树脂只有在加入固化剂后才会固化。单独的环氧树脂固化物呈脆性，因此必须在固化前加入增塑剂、增韧剂，以改变其脆性，提高塑性和韧性，增强抗冲击强度和耐寒性。

环氧树脂的固化剂种类很多，常用的有乙二胺、二乙醇三胺、三乙醇四胺、多乙醇多胺等。增塑剂不参与固化反应，常用的有邻苯二甲酸二丁酯、邻苯二甲酸二辛酯、磷酸三丁酯等。增韧剂（活性增塑剂）参与固化反应，一般用聚酰胺、丁腈橡胶、聚硫橡胶等。

此外，为减小环氧树脂的稠度，还须加入稀释剂，常用的有丙酮、苯、甲苯、二甲苯等。目前，市场上出售的结构胶均为双组分。甲组分为环氧树脂并添加了增塑剂一类的改性剂和填料，乙组由固化剂和其他助剂组成。使用时，按一定比例调配即可。

（二）结构胶的黏结效果试验

钢板能否有效地参与原梁的工作，主要取决于钢板与混凝土之间的抗剪强度及抗拉强度。

1. 黏结抗剪强度

在 C40 级立方试块的两对面上，用结构胶黏合两块大小相同的钢板，待结构胶完全固化后进行剪切试验。结果表明，剪切破坏发生在混凝土上，而不在黏结面上。混凝土的剪切破坏面约相当于黏结面的两倍。东南大学还做了试验，也得到了破坏面发生在试块混凝土上的同样结论。这些都说明了黏结面的抗剪强度大于混凝土的抗剪强度。

2. 黏结抗拉试验

综合国内外的试验资料，大致可以得到如下结论：把两块钢板对称地黏结在 C40 级混凝土立方试块的两个对应面上，然后进行抗拉试验。破坏后发现，拉断面发生在混凝土试块上，而黏结面完好无损，破坏面积大于黏结面。这说明了黏结面的抗拉强度大于混凝土的抗拉强度。

3. 粘贴钢板加固梁试验

（1）经粘贴钢板后的加固梁的开裂荷载可得到大幅度的提高。这是因为钢板处在受拉区的最外缘，可有效地约束混凝土的受拉变形，对提高梁的抗裂性远比梁内钢筋有效。

（2）外粘钢板制约了保护层混凝土的回缩，抑制了裂缝的开展，使裂缝开展速度较普通梁慢。

（3）粘贴钢板加固的梁的抗弯刚度得到提高，挠度减小。

（4）加固梁的截面承载力得到提高。提高的幅度随粘贴钢板截面面积及钢板的锚固牢靠度的增大而提高。

三、粘贴钢板加固梁破坏特征及钢板受力分析

（一）粘贴钢板加固梁的破坏特征

许多试验表明，粘贴钢板加固梁破坏时，黏结在梁底的钢板可以达到屈服强度。在适筋范围内，随着荷载的增加，加固梁在钢板和梁中原筋屈服后，因混凝土被压碎而破坏。

有一部分试验表明，此类加固梁破坏时，黏结于梁底的钢板并未达到屈服强度。这

是由于梁的破坏是由于钢板端部与混凝土撕脱所致。这种破坏没有明显的预兆，端头钢板突然被撕脱，致使梁中原筋应力突增，很快进入强化阶段而脆性破坏。

（二）钢板的受力分析

1. 钢板被撕脱的原因

在上述第二种情况中，胶黏剂的强度较高，为什么在钢板屈服之前会出现被撕脱的现象呢？我们认为有如下因素。

（1）黏结钢板与埋在混凝土中的钢筋相比，受力较为不利。钢板的拉力仅仅依靠单面的黏结应力来平衡。

（2）钢板的合力与黏结应力不在一条线上，它们形成一个力偶，有使钢板产生与梁的弯曲方向相反的变形，起着剥离钢板的作用。

（3）黏结层在不利的剪拉复合应力状态下工作。

（4）胶黏剂质量和施工工艺影响黏结效果。

2. 粘贴钢板的应力滞后

同增补钢筋一样，粘贴钢板在受力过程中，也存在应力滞后的现象。在加固时，原梁钢筋已有一定的应力，而钢板仅在后加荷载作用下才产生应力。因此，在原钢筋屈服时，钢板可能尚未屈服；而当钢板屈服时，后加固梁的挠度及裂缝就偏大。

四、截面承载力的计算

由前述可知，黏结剂的质量对黏结效果和加固计算都有很大的影响，故应认真选择。在加固规范中，推荐使用 JGN Ⅰ型、Ⅱ型土木工程结构胶。

GN 结构胶的强度指标：这里介绍的粘贴钢板加固计算方法，是以 JGN 结构胶作为黏结剂，当使用其他黏结剂时，其强度指标应不低于规定数值。

五、构造规定

用粘贴钢板加固构件，应满足如下构造要求。

（一）粘贴钢板的基层混凝土强度等级不应低于 CI5。

（二）粘贴钢板的厚度以 3mm 为宜。

（三）对于受拉区梁侧粘贴钢板的加固，钢板宽度不宜大于 100mm。

（四）在加固点外的黏结钢板锚固长度：对于受拉区，不得小于 80t（t 为钢板厚度），亦不得小于 300mm；对于受压区，不得小于 60t，亦不得小于 250mm；对于可能经受反复荷载的结构，锚固区宜增设附加锚固措施（如螺栓）。

（五）钢板表面须用 M15 水泥砂浆抹面，其厚度：对于梁不应小于 20mm，对于板不应小于 15mm。

（六）连续梁支座处负弯矩受拉区的锚固，应根据该区段有无障碍物，分别采用不同的粘贴钢方法：

1. 当该区段表面无障碍物时，可在其上表面两侧粘贴钢板加固。

2. 当该区段上表面有障碍物，而梁侧无障碍物时，可在其上部两侧面粘贴钢板加固。

3. 当连续梁上表面、侧面均有障碍物时，可于梁根部按 1：3 坡度将钢板弯折绕过柱子，并在弯折处设垫板，用锚栓紧固；钢板与梁柱角部形成的二角空隙，应用环氧砂浆填实。

六、粘贴钢板施工要求

（一）构件表面的处理方法

1. 将构件的黏合面位置打磨（除去 2~3mm 厚表层），直至完全露出新面，并用无油压缩空气吹除粉粒，然后用 15% 左右浓度的盐酸溶液涂于表面（每平方米用量约 1.2kg），在常温下停置 20mi。接着以有压冷水冲洗，用试纸测定表面酸碱度。若呈酸性，可用 2% 的氨水中和至中性，再用冷水洗净，完全干燥后即可涂刷胶黏剂。

如果混凝土表面不是很脏、很旧，可仅去掉 1~2mm 厚表层，并用无油压缩空气除去粉尘或清水冲洗干净，待完全干燥后用脱脂棉蘸丙酮擦拭表面即可。

2. 对于新混凝土黏合面，先用钢丝刷将表面松散浮渣刷去，并用硬毛刷蘸洗涤剂洗刷表面。然后用有压冷水冲洗，稍干后以 30% 左右浓度的盐酸溶液涂敷，常温下放置 15min。再用硬尼龙刷刷除表面产生的气泡，再用冷水冲洗，用 3% 的氨水中和，再用有压冷水冲洗干净，待完全干燥后即可涂胶黏剂。

对于较干净的新混凝土表面，可用钢丝刷刷去松浮物，用脱脂棉或棉纱蘸丙酮擦拭，除去油污。如黏合面较大，则在刷去松浮物后，应以无油压缩空气除尘，或用压力水冲洗干净，待完全干燥后再用脱脂棉随丙酮除去油污。

3. 对于龄期在 3 个月以内，或湿度较大的混凝土构件，尚需进行人工干燥处理。

（二）钢板粘贴前的处理

1. 钢板黏结面须进行除锈和粗糙处理，然后用脱脂棉蘸丙酮擦拭干净。如钢板未生锈或轻微锈蚀，可用喷砂、砂布或手砂轮打磨，直至出现金属光泽；如钢板锈蚀严重，须先用适度盐酸浸泡 20min，使锈层脱落，再用石灰水冲洗，中和酸离子，最后用平砂轮打磨出纹道。打磨粗糙度越大越好，打磨纹路应与钢板受力方向垂直。

2. 粘贴钢板前，应对被加固构件进行卸荷。如采用千斤顶顶升方式卸荷，对于承受均布荷载的梁，应采用多点（至少两点）均匀顶升，对于有次梁作用的主梁，每根次梁下须设 1 台千斤顶。顶升吨位以顶面不现裂缝为准。

（三）胶黏剂的准备

JCN 胶黏剂为甲、乙两组分，使用前须进行现场质量检验，合格后方能使用。使用时按甲、乙组分说明书规定的配比混合，并用转速为 100~300r/min 的锚式搅拌器搅拌，至色泽均匀为止（10~15min）。容器内不得有油污，搅拌时应避免雨水进入容器，并按同一方向进行搅拌，以免带入空气形成气泡而降低黏结性能。

（四）钢板粘贴

L 胶黏剂配制好后，用抹刀同时涂抹在已处理好的混凝土表面和钢板面上，厚度为 1~3mm（中间厚，边缘薄）。

2. 将钢板粘贴在涂刷胶黏剂的混凝土表面。若是立面粘贴，为防止流淌，可加一层脱蜡玻璃丝布。粘好钢板后，用锤沿粘贴面轻轻敲击钢板，如无空洞声，表示已粘贴密实；否则应剥下钢板，经补胶后重新粘贴。

3. 钢板粘贴好后，应立即用特制 U 形夹具夹紧，或用木杆顶撑，压力保持在 0.05—0.1MPa，以胶液刚从钢板边缝挤出为度。

（五）粘贴后的工作

IJGN 型胶黏剂在常温下（保持在 20t 以上）固化，24 小时即可拆除夹具或支撑，3 天后可受力使用。若低于 15t，应采取人工加温，一般用红外线灯加热。

2. 构件加固后，钢板表面应粉刷水泥砂浆保护。如钢板面积较大，为利于砂浆黏结，可粘一层钢丝网或点粘一层豆石。

第七节　承载力加固的其他方法应用解析

本章前面几节阐述的钢筋混凝土梁加固方法，重点是提高梁的正截面受弯承载力。本节将主要介绍钢筋混凝土梁斜截面受剪承载力不足时的加固方法，以及雨篷、阳台、天沟、檐口板等类构件的特定加固方法。

一、梁的斜截面承载力加固

由于斜截面剪切破坏属脆性破坏，故当斜截面受剪承载力不足时，应及时进行加固处理。在实际工程中，构件较易发生斜截面受剪承载力不足，除了前述的薄腹梁之外，还有 T 形、I 形截面梁。如果梁的斜截面受剪承载力和正截面受弯承载力都不足，则在选择加固方法时应统筹考虑。上述各节所述方法中（如下撑式预应力加固法、增设支点加固法以及粘贴钢板法等），有些对正截面受弯承载力及斜截面受剪承载力的加固都是相当有效的。如果钢筋混凝土梁的正截面受弯承载力足够，但其斜截面受剪承载力不够，则可选用下述斜截面受剪承载力加固方法进行加固处理。

（一）腹板加厚法

对薄腹梁、T形梁及工形梁等腹板较薄的弯剪构件，可在斜截面受剪承载力不足的区段，采用两侧面加配钢筋并补浇混凝土的局部加厚法来提高斜截面的受剪承载力。

后补钢筋应采用钢筋网片的形式，其钢筋直径宜为 6~8mm，补浇混凝土的强度等级应比原梁的强度等级设计值高一级，厚度不应小于 30mm。

新旧混凝土间的黏结力，是保证新补钢筋混凝土有效工作的重要条件。因此，加固工作中应注意下列事项。

1. 应将原梁侧面凿毛、洗净。

2. 用射钉枪在洗净的梁面上每隔 200mm 打入一枚射钉。它既可加强新旧混凝土的连接，又可使钢筋网临时固定。

3. 在钢筋网片绑扎并固定后，涂刷 107 胶聚合水泥浆，然后用喷射法对原梁喷射细石混凝土。

4. 用抹子抹平，压光表面。

（二）加箍法

当原梁的斜截面受剪承载力不足，且箍筋配置量又不多时，宜采用加箍法来加强梁的斜截面受剪承载力。所谓加箍法，是指在梁的两侧面增配抗剪箍筋的加固方法。

由试验得知，梁斜截面上各处的箍筋应力是不等的，在腹中附近与斜裂缝相交处，箍筋应力最大，随之逐渐减小，处于斜截面两端的箍筋应力最小；而在同一根箍筋上，各处的箍筋应力也不均匀，中部大，位于梁上侧和下部的箍筋应力最小。因此，当梁斜裂缝处的箍筋达到极限强度时，梁上侧和下面部位的箍筋应力还较小。此外，很多构件斜截面受剪承载力不足部位处弯矩却很小。例如，在简支梁的端部区段、连续梁的反弯点附近，纵筋的应力都较小，即比较富余。据此，东南大学提出了一种直接在纵筋上补焊斜箍筋以提高斜截面受剪承载力的加固方法。它适用于加固弯矩较小区段的斜截面，具体施工工艺为：

1. 对须加固的梁，卸载或加设临时支撑。

2. 在加固区段，打掉原梁上下纵筋附近的混凝土保护层，并在侧边凿出与斜裂缝大致垂直的狭缝。

3. 将补加的平直箍筋放入狭缝中，并将其两端分别与上下纵筋焊接。这一工序是加固工作的关键，为使补加箍筋真正发挥作用，必须注意补加箍筋的平直度和焊接位置在其两端弯折点的准确度。

4. 混凝土表面处理后，喷射高标号砂浆或细石混凝土。

（三）增设钢套箍法

当斜裂缝较宽时，除采用预应力加固法外，还可采用增加钢套箍的办法将构件箍紧。这种方法不仅可以防止裂缝继续扩大，而且可以提高构件的刚度和承载力。加固时，应设法使钢套箍与混凝土表面紧密接触，以保证共同工作。钢套箍的防腐处理也很重要，可采用先刷漆，后用水泥砂浆抹面的方法。

二、阳台、雨篷、檐板等悬臂构件的加固

（一）沟槽嵌筋法

沟槽嵌筋法是指在悬臂构件的上面纵向凿槽，并在槽内补配受拉钢筋的加固方法。这种方法用于配筋不足或放置位置偏下的悬臂构件加固是较为奏效的。

嵌入沟槽中的补配钢筋能否有效地参加工作，主要取决于它的锚固质量，以及新旧混凝土间的黏结强度。为了增强新旧混凝土间的黏结力，常在浇捣新混凝土之前，在原板面及后补钢筋上刷一层107胶聚合水泥浆或丙乳水泥浆或乳胶水泥浆。

此外，由于后补钢筋参与工作晚于板中原筋而出现应力滞后现象，因此，验算使用阶段的原筋应力是必要的，使其不超过允许应力，并控制加固梁的裂缝和挠度。验算方法及控制条件详见下一节内容。

为了减弱后补钢筋的应力滞后现象，以及保证施工安全，在加固施工时应对原悬臂构件设置顶撑，并施加预顶力。

后补钢筋的锚固，可通过其端部的弯钩或焊上12~14的短钢筋的办法解决。具体操作步骤如下。

1. 将悬臂板上表面凿毛，凸凹不平度不小于4mm。

2. 沿受力钢筋方向，按所需补加钢筋的数量和间距，凿出25mm×25mm的沟槽，直到板端并凿通墙体（当无配重板时，如檐口板，应将屋面的空心板凿毛，长度一般为一块空心板宽）。

3. 在阳台根部裂缝处，凿V形沟槽，其深度大于裂缝深，以便灌注新混凝土，修补原裂缝。

4. 清除浮灰砂粒，用水清洗板面。

5. 就位主筋，并绑扎分布筋，分布筋用4@200或6@250。

6. 在沟槽内和板面上，涂刷丙乳水泥浆或乳胶水泥浆。若原料有困难，应至少刷一道素水泥浆。

7. 紧接上道工序，浇捣比原设计强度高一级的细石混凝土（厚度一般取30mm），并压平抹光。

8.若钢筋穿过墙体,还须用混凝土填实墙体孔洞。工程实例:新乡市某机关六层砖混结构设有净挑1.2m的现浇板式悬臂阳台,拆模后发现阳台板根部上表面有通长裂缝。经检查,其原因是钢筋移位、放置偏下所致。后来采用沟槽嵌筋法进行加固,效果良好。

(二)板底加厚法

如果阳台的配筋足够,但其强度不足,这是由于原配筋的位置偏下或混凝土强度未达到设计要求所致。在这种情况下,可采用加厚板底(提高截面有效高度 h_0)的办法,来达到补强加固的目的。加固操作步骤:

1.凿毛板底,并涂刷乳胶或丙乳水泥浆。

2.在板底喷射混凝土。如果喷射一遍达不到厚度要求,可喷射两遍。如果缺少喷射机具,在增厚不超过 50mm 时,也可采用逐层抹水泥砂浆的办法施工。水泥砂浆强度等级不小于 M10,每次抹厚 20mm 并拉毛,隔 1~2 日再抹厚 20mm,直至厚度达到设计要求。

(三)板端加梁增撑法

当悬臂板中的主筋错配至板下部,而混凝土强度足够时,则可采用板端加梁增撑法进行加固。即在板的悬臂端增设小梁及支撑进行加固。小梁的支撑方法有下斜支撑法、上斜拉杆法、增设立柱法和剥筋重浇法四种。

1.下斜支撑法

下斜支撑法是指在阳台端部下面增设两道斜向撑杆,以支撑小梁的一种加固方法。支撑可用角钢制作,其下端用混凝土固定在砖墙上,上端浇筑在新增设的小梁两端。

小梁的浇筑方法是:将原阳台板整个宽度的外沿混凝土凿掉 100mm,清除钢筋表面的黏结物,并弯折 90°,然后支模,并将小梁的钢筋骨架与凿出的板内钢筋以及斜向支撑(角钢)绑扎在一起,最后浇捣混凝土。这样,小梁和板及斜撑就很好地连成一个整体。

加固后的悬臂板变为一端固定,另一端简支的构件。斜向支撑是加固后才开始工作的,所以在计算其内力时,仅考虑活荷载。混凝土板的内力由两部分叠加而得:一部分为悬臂板在恒载作用下的内力,另一部分为活载作用下按三角形支架求算的内力。设计时将两部分内力叠加,并按规范验算板作为弯拉构件的承载力(通常拉力较小,可按受弯构件计算)。

小梁按均布荷载下的简支梁计算,支座反力为斜向支撑的内力。

2.上斜拉杆法

在阳台悬臂端上部增设两道斜向拉杆,以悬吊小梁的支撑方法即为上斜拉杆法。

斜向拉杆可采用钢筋或角钢制作。拉杆的下端应焊接短钢筋,以增加与小梁的锚固。小梁的制作方法同下斜支撑法中的小梁制作。为美化建筑外观,斜向拉杆可用轻质挡板遮掩。

斜向拉杆上端在墙上的锚固有两种方法:一种方法为在横墙上钻洞,然后用膨胀水泥砂浆将钢筋锚入孔洞内。另一种方法为 U 形钢筋锚固法,其施工工艺为:将锚固钢筋弯折成 U 形,插入横墙上事先打好的孔洞内,U 形钢筋的两条边被嵌人事先在墙面上凿好的两条沟槽内,然后在孔洞内浇捣混凝土,用高强砂浆填平沟槽。待混凝土和砂浆强度达到 70% 设计强度后,在锚固的端头焊以挡板,并与斜拉杆焊接在一起。孔洞与墙边沿的距离,可根据砖墙的抗剪强度和斜拉杆的拉力来确定。原悬臂板由受弯构件变为压弯构件,其内力分析方法以及小梁的设计方法同下斜撑杆法。

3. 增设立柱法

增设立柱法是指用增设混凝土柱子的办法来支撑悬臂板端的小梁。这种方法的优点是受力可靠,因此对于地震区及跨度较大的悬臂板是适宜的,但其缺点是混凝土用量较大,加固费用也高,约比前两种高 25%,且外观上也欠佳。

4. 剥筋重浇法

当现浇钢筋混凝土阳台的混凝土强度偏低,钢筋错动又严重,已无法用上述三种方法加固补强时,可采用剥筋重浇法,对阳台进行二次浇筑加固。具体操作为:

（1）打掉阳台和室内配重板的混凝土,把钢筋剥离出来;

（2）按配重板的负筋间距在墙内打洞,将负筋伸入墙内;

（3）适当降低阳台标高,支模后重新浇筑。考虑到从混凝土剥离出的主筋可能受到损伤,二次浇捣时混凝土强度等级应提高一级,并将阳台加厚 10mm。

第九章 土木工程钢筋混凝土受压构件加固技术应用深度解析

第一节 混凝土柱的破坏及原因分析

一般来说，柱的破坏较梁具有突然性，破坏之前的征兆往往不很明显。因此，我们首先应很好地了解柱的破坏特征和破坏原因，以及进行必要的计算分析，随后对柱做出是否需要进行加固的判断。

一、混凝土柱破坏特征

钢筋混凝土柱的破坏形态可分为受压破坏（包括轴压柱和小偏压柱）和受拉破坏（大偏压柱）两类。

二、轴压柱破坏特征

轴心受压柱的受力过程为，在较大外载作用下首先出现大致与荷载作用方向平行的纵向裂缝，而后保护层混凝土起皮—剥落—混凝土被压碎—崩裂。上述过程随柱中钢筋布置不同而稍有差异。例如，当混凝土保护层较薄，箍筋间距较大时，钢筋外围的混凝土保护层出现起皮、劈裂或剥落后，钢筋很快地被压鼓成灯笼状。这种破坏带有很大的突然性，破坏时构件的纵向变形很小。

三、小偏心受压柱破坏特征

小偏心受压柱的破坏，发生在构件截面中压应力最大的 L 侧。一旦这一侧的混凝土出现纵向裂缝，柱子即已临近破坏，而这时受力较大侧的钢筋可能受压，也可能受拉，但均未达到屈服。如果钢筋受拉，破坏前可能产生横向裂缝，但裂缝不可能有显著发展，以致临近破坏时，受压区的应变增长速度大于受拉区，使受压区高度略有增大。如果受力较小一侧的钢筋处于受压状态，则这一侧在破坏前没有任何外观表现。总之，小偏心受压构件的破坏没有明显的预兆。如果发现受压区混凝土表面有纵向裂缝，则构件已经非常危险，接近于破坏。

四、大偏心受压柱破坏特征

对于大偏心受压柱，在荷载作用下受拉一侧柱的外表面首先出现横向裂缝，随着荷载的增长，裂缝不断开展、延伸，破坏前主裂缝明显。受拉钢筋的应力达到受拉屈服极限，随之受拉区的横向裂缝迅速开展，并向受压区延伸，导致受压区面积迅速缩小，最后受压区的混凝土出现纵向裂缝，发生混凝土压碎破坏。破坏区段内受拉一侧的横向裂缝开展较宽，而受压一侧的钢筋一般也可达到受压屈服极限。但在某些情况下，如受拉区钢筋用量较少，或受压区钢筋设置不当（离中和轴太近）时，则受压区钢筋的应力也可能达不到受压屈服极限。

综上所述，钢筋混凝土柱除大偏心受压破坏具有较明显的外观表现之外，轴心受压和小偏心受压的破坏预兆均不明显，都属脆性破坏。同时，无论何种受压状态，当在受压一侧发现纵向裂缝或保护层剥落时，钢筋混凝土柱已临近破坏，应尽快采取加固措施。

在加固时，判明钢筋混凝土柱的受力特征是极为重要的。如果是大偏心受压，则对柱的受拉一侧进行加固是较为有效的，如果是小偏心受压，则应着重对柱的受压较大一侧进行加固。

五、混凝土柱承载力不足的原因

在实际工程中，引起钢筋混凝土柱承载力不足的原因主要有：

（一）设计不周或错误（如荷载漏算、截面偏小、计算错误等）

例如，某内框架结构房屋，地下 1 层，地上 7 层，竣工三个月后发现地下室圆形柱的顶部出现裂缝，起初只有 3 条，经 10 天后，增加至 15 条，其宽度由 0.3mm 扩展到 2~3mm。再经半个月后，发现裂缝处的箍筋被拉断，柱子倾斜 1.68~4.75cm，裂缝不断扩展。分析后发现，这是由于设计中将偏心受压柱误按轴心受压柱计算所致。经复核，该柱设计极限承载力为 1167kN，而实际承受的荷载已达 1412kN。因此，该柱须加固。

（二）施工质量差

这类问题包括建筑材料不符合规定要求，施工粗制滥造。如使用含杂质较多的砂、石和不合格的水泥，造成混凝土强度明显低于设计要求。例如，某五层办公楼为内框架结构，长 16.1m，宽 8.6m。在三层楼面施工时，发现底层 6 根柱子的混凝土质地松散。经测定，其混凝土强度不足 $10N/mm^2$。经事故原因分析，是采用了无出厂合格证明的水泥所致，另外施工中混凝土捣固、养护不良。

（三）施工人员业务水平低下，工作责任心不强

这类因素造成的质量事故有钢筋下料长度不足，搭接和锚固长度不合要求，钢筋号码编错，配筋不足，等等。例如，某学院的教学楼为十层框剪结构，K59.4m，宽15.6m施工时，误将第六层的柱子断面及配筋用于第四、五层，错编了配筋表，使第四、五层的内跨柱少配钢筋最大达4453mm²（占设计配筋面积的66%），外跨柱少配钢筋1315mr√（占应配钢筋面积的39%），造成严重的责任事故。

（四）施工现场管理不善

在施工现场，常发生将钢筋撞弯、偏移，或将模板撞斜，未予以扶正或调直就浇混凝土的情况。例如，某市一工厂的现浇钢筋混凝土五层框架，施工过程中，在吊运大构件时，不小心带动了框架模板，导致第二层框架严重倾斜（角柱倾斜值达80mm）。再如，某地一幢钢筋混凝土现浇框架，在施工时由于支模不牢，浇捣混凝土时柱子模板发生偏斜，导致柱子纵向钢筋就位不准。当框架梁浇捣完后，柱子纵向钢筋外露。为了保证柱子钢筋的保护层厚度，施工人员错误地将纵筋弯折成了八角形。这些施工事故，如不及时对构件进行补强加固，势必会造成重大安全隐患。

（五）地基不均匀下沉

地基不均匀下沉使柱产生附加应力，造成柱子严重开裂或承载力不足。例如，南京某厂的厂房建于软土地基上，厂房为钢筋混凝土柱和屋架组成的单层铰接排架结构，基础为钢筋混凝土独立基础，厂房跨度21m，全K44m。建成数年后，因产量增加，堆料越来越多，以致产生216~422mm的不均匀沉降，使钢筋混凝土柱发生不同方向的倾斜。柱牛腿处因承受不了倾斜引起的柱顶水平力而普遍地严重开裂，吊车卡轨，最终因不能使用而停产。后来不得不对厂房进行修复，对柱进行加固。

引起柱子承载力不足的原因远不止上述几种。例如，因火灾烧酥了混凝土，并使钢筋强度下降；因遭车辆等突然荷载碰撞，使柱严重损伤；因加层改造上部结构，或改变使用功能使柱承受荷载增加等，都将可能导致柱的承载力不足。

在了解了混凝土柱的破坏特征、破坏原因，并做出须加固的判断之后，应根据柱的外观、验算结果以及现场条件等因素选择合适的加固方法，及时进行加固。

混凝土柱的加固方法有多种，常用的有增大截面法、外包钢法、预加应力法。有时还采用卸除外载法和增加支撑法等。下面将分别对常用的加固方法进行阐述。

第二节 增大截面法加固混凝土柱解析

一、概述

增大截面法又称外包混凝土加固法，是一种常用加固柱的方法。由于加大了原柱的混凝土截面积及配筋量，因此这种方法不仅可提高原柱的承载力，还可降低柱的长细比，提高柱的刚度，取得进一步的加固效果。

具体加固方法有四周外包、单面加厚和两面加厚等加固方法。在原柱四周浇灌钢筋混凝土外壳的加固方法，称为四周外包混凝土加固法。

将原柱的角部保护层打去，露出角部纵筋，然后在外部配筋，浇筑成八角形，以改善加固后的外观效果。四周外包加固法的效果较好，对于提高轴心受压柱及小偏心受压柱的受压能力尤为显著。

当柱承受的弯矩较大时，往往采用仅在与弯矩作用平面垂直的侧面进行加固的办法。如果柱子的受压面较薄弱，则应对受压面进行加固，反之，应对受拉面进行加固；不少情况，则须两面都加固。

外包后浇混凝土，常采用支模浇捣的方法，但我们推荐使用喷射混凝土法。喷射混凝土法工艺简单，施工方便，无须或只需少量模板，对复杂柱的表面尤为方便。喷射混凝土粘结强度高（> 1.0N/mm²），可以满足一般结构修复加固的质量要求。当后浇层较厚时，可以采用多次喷射的办法（一次喷射厚度可达50mm）。

二、构造及施工要求

在加固柱的设计和施工中，应保证新旧柱之间的结合和联系，使它们能整体工作，以较好地使它们之间的内力重分布，充分发挥新柱的作用。加固柱的构造设计及施工应特别注意如下几点。

1. 当采用四周外包混凝土加固法时，应将原柱面凿毛、洗净。箍筋采用封闭型，间距应符合《混凝土结构设计规范》中的规定。

2. 当采用单面或双面增浇混凝土的方法加固时，应将原柱表面凿毛，凸凹不平度26mm，并应采取下述措施中的一种。

①当新浇层的混凝土较薄时，用短钢筋将加固的受力钢筋焊接在原柱的受力钢筋上。短钢筋直径不应小于20mm，长度不小于5d（d为新增纵筋和原有纵筋直径的小值），各短筋的中距≤500mm。

②当新浇层混凝土较厚时，应用 U 形箍筋固定纵向受力钢筋，U 形箍筋与原柱的连接既可用焊接法，也可用锚固法。当采用焊接法时，单面焊缝长度为 10d，双面焊缝长为 5d（d 为 U 形箍筋直径）。锚固法的做法是：在距柱边沿不小于 3d，且不小于 40mm 处的原柱上钻孔，孔深 10d，孔径应比箍筋直径大 4mm，然后用环氧树脂浆或环氧砂浆将箍筋锚固在原柱的钻孔内。此外，也可先在孔内锚固直径 20mm 的锚钉，然后再把 U 形箍筋焊接在锚钉上。

③新增混凝土的最小厚度 260mm，用喷射混凝土施工时不应小于 50mm。

④新增纵向受力钢筋宜用带肋钢筋，最小直径应 ≤ 14mm，最大直径应 ≤ 25mm。

⑤新增纵向受力钢筋应有锚固基础，柱顶端应有锚固措施。框架柱加固中，受拉钢筋不得在楼板处切断，受压钢筋应有 50% 穿过楼板。新浇混凝土上部与大梁的底面间须确保密实，不得有缝隙。

三、受力特征

混凝土柱在加固施工时，由于荷载未卸除，原柱存在一定的压缩变形，另外原柱混凝土已完成收缩和徐变，导致新加部分的应力、应变滞后于原柱的应力、应变。因此，新旧柱不能同时达到应力峰值，从而降低了新加部分的作用。其降低的幅度随原柱在加固时的应力高低而变化，原柱的应力越高，降低的幅度越大。

新加部分的作用还与后加荷载、未卸除荷载之比有关。若加固时原柱稳定，加固后不再增加荷载，则新加部分不会分摊原有荷载，只有在再增加载荷时（第二次受力情况下），新增部分才开始受力。因此，如果原柱在施工时的应力过高，变形过大，有可能使新加部分的应力处于较低的水平，不能充分发挥作用，起不到应有的加固效果。

试验表明，只要新旧柱结合面粘结可靠，在后加荷载作用下，新旧混凝土的应变增量基本一致，整个截面的变形就会符合平截面假定。

对于大偏心受压柱，由于新加部分位于构件的边缘，在后加荷载作用下，其应变发展较原柱快，这部分也弥补了新柱的应变滞后。此外，由于新加部分对原柱的约束作用和新旧柱之间的应力重分布，新加部分承载力的降低较轴心受力较小。

对于轴心受压柱，新旧混凝土间存在着明显的应力重分布。试验表明，应力水平低的新混凝土对应力水平高的原柱会产生约束作用，并且新旧混凝土间的应力、应变差距越大，这一约束作用越大。亦即在原柱混凝土的应变达到 0.002 时，混凝土并没有立即破碎。但这种约束作用，不能完全弥补新柱应变滞后对加固柱承载力的降低。试验还表明，当初始压力是原柱承载力的 0.41~0.71 时，试验承载力比按简单计算（按各自的材料强度分别计算）后叠加的承载力低 0.18~0.21。因此，混凝土结构加固规范说明中指出：在加固时，当原柱的轴压比处在 0.1~0.9 范围，则原柱混凝土极限压应变达 0.002 时，新加混凝土的应力比其强度设计值 fc 小得多，其比值 α 在 0.99~0.53 范围内变化。

考虑到抗震规范对柱轴压比的限制和在加固施 T 时已卸除一部分外载，故折减系数 α 不会太小。为简化计算，加固规范建议工取为定值，轴心受压时取 0.8，偏心受压时取 0.9。

因此，在混凝土柱加固施工时，原柱的负荷宜控制在极限承载力的 60% 内。在此条件下，可采用本章下述的承载力计算方法。如果达不到上述要求，宣进一步卸荷或采取施加临时预应力顶撑法降低原柱应力。

四、截面承载力计算方法

采用加大截面法加固钢筋混凝土柱时，其承载力计算应按《混凝土结构设计规范》的基本规定，并按新混凝土与原柱共同工作的原则进行。

第三节　外包钢加固混凝土柱解析

一、概述

所谓外包钢加固，就是在方形混凝土柱的周围包以型钢的加固方法。加固的型钢在横向用箍板连成整体。对于圆柱、烟囱等圆形构件，多用扁钢加套箍的办法。

习惯上，把型钢直接外包于原柱（与原柱间没有黏结），或虽填塞有水泥砂浆但不能保证结合面剪力有效传递的外包钢加固方法称为干式外包钢加固法。在型钢与原柱间留有一定间隔，并在其间填塞乳胶水泥浆或环氧砂浆或浇灌细石混凝土，将两者黏结成一体的加固方法称为湿式外包钢加固法。

外包钢加固混凝土柱经外包钢加固后，混凝土柱不仅提高了承载力，而且由于柱的核心混凝土受到型钢套箍和箍板的约束，柱子的延性也得到了提高。

二、湿式外包钢

加固设计采用湿式外包钢加固法时，型钢黏结于原柱，使原柱的横向变形受到型钢骨架的约束。同时，混凝土的横向变形又对型钢产生侧向挤压，使外包型钢处于压弯状态，导致型钢抗压承载力降低。此外，如同上节中的外包混凝土加固一样，后加的型钢亦存在应力滞后现象，影响型钢作用的充分发挥。因此，在湿式外包钢加固设计时，型钢的设计强度应予以折减。湿式外包钢加固柱的正截面承载力可以按整截面计算，但对外包型钢的强度设计值应乘以折减系数。《混凝土结构加固规范》规定：受压角钢的折减系数为 0.9。

由于湿式外包钢加固中的后浇层混凝土（或砂浆）较薄，使后浇层与原柱间的黏结受到削弱。在极限状态下，后浇层极有可能先剥落。因此，在加固设计计算中略去了后浇层混凝土的作用。

三、构造要求

混凝土柱采用外包钢法加固，应符合如下构造要求。

1. 外包角钢的边长不宜小于 25mm；箍板截面不宜小于 25mm×3mm，间距不宜大于 20r（r 为单根角钢截面的最小回转半径），同时不宜大于 500mm。

2. 外包角钢须通长、连续，在穿过各层楼板时不得断开，角钢下端应伸到基础顶面，用环氧砂浆加以粘锚，角钢两端应有足够的锚固长度，如有可能应在上端设置与角钢焊接的柱帽。

3. 当采用环氧树脂化学灌浆外包钢加固时，箍板应紧贴混凝土表面 . 并与角钢平焊连接。焊好后，用环氧胶泥将型钢周围封闭，并留出排气孔，然后进行灌浆黏结。

4. 当采用乳胶水泥砂浆粘贴外包钢时，箍板可焊于角钢外面。乳胶含量应不少于 5%。

5. 型钢表面宜抹厚 25mm 的 1 ：3 水泥砂浆保护层，亦可采用其他饰面防腐材料加以保护。

第四节　柱子的预应力加固法应用解析

一、概述

所谓预应力加固柱，是指柱子在加固过程中，对加固用的撑杆施加预顶升力，以期达到卸除原柱承受的部分外力和减小撑杆的应力滞后，充分发挥其加固作用。预应力加固法常用于应力较高或变形较大而外荷载又较难卸除的柱子，以及损坏较严重的柱子。

对撑杆施加预顶升力的方法有纵向压缩法和横向收紧（校直）法。本节的预应力加固法的施工工艺与预应力法基本相同，但两者在受力上有差异：本节是在柱的加固过程中对撑杆施加预顶升力，加固后撑杆与原柱共同抵抗外力，预应力撑杆是为了加固梁，加固后撑杆是独立工作的。因此，它们的承载力及顶升量的计算也是不同的。

通常，对于轴心受压柱，应采用对称双面预应力撑杆加固；对于偏心受压柱，一般仅需对受压边用预应力撑杆加固，而受拉边多采用非预应力法加固。

一般情况下，采用预应力撑杆加固柱子应对加固后的柱子进行承载力计算和撑杆施工时的稳定性验算。

二、构造要求

用预应力法加固柱应符合以下构造要求。

1. 预应力撑杆的角钢截面不应小于 50mm×50mm×5mm，压杆肢的两根角钢用箍板连接成槽形截面，也可用单根槽钢做压杆肢。箍板的厚度不得小于 6mm，其宽度不得小于 80mm，相邻箍板间的距离应保证单个角钢的长细比不大于 40。

2. 撑杆末端的传力应可靠。末端的构造做法：传力角钢最后被焊接在预应力撑杆的末端，且其截面不得小于 100mm×75mm×12mm。在预应力撑杆的外侧，还应加屏一块厚度不小于 16mm 的传力顶板予以加强。

3. 当采用横向收紧法时，应在预应力撑杆的中部对称地向外弯折，并在弯折处用拉紧螺栓建立预应力。单侧加固的撑杆只有一个压杆肢，仍在中点处弯折并采用螺栓进行横向张拉。

4. 在弯折压杆肢前，须在角钢的侧立肢上切出三角形缺口，角钢截面因此受到削弱，应在角钢正平肢上补焊钢板予以加强。

5. 拉紧螺栓直径应 ≥ 16mm，其螺帽高度不应小于螺杆直径的 1.5 倍。

6. 在焊接连接箍板时，应采用上下轮流点焊法，以防止因施焊受热而损失预压应力。

第十章 土木工程砌体结构加固技术应用深度解析

第一节 概述

由砖、石、砌块为块材，用砂浆砌筑的墙、柱、基础等作为建筑物或构筑物的主要受力构件而形成的结构体系称为砌体结构。根据所用砌块不同，可分为砖砌体、石砌体、砌块砌体等。砌体结构在我国应用的历史悠久，应用十分广泛。砌体结构具有便于就地取材、施工简单、造价低、耐火性和耐久性、保温隔热性能好和节能效果明显等优点。但是砌体的强度较低，截面尺寸较大，材料用量较多，结构自重较大，砌体的抗拉、抗弯、抗剪强度较其抗压强度更低，故整体性能和抗震性能差，这些缺点使得砌体结构的应用受到一定限制。此外，砌体基本采用手工方式砌筑，劳动量大，生产效率低，施工质量难以得到保证。由于制造黏土砖要占用大量的土地资源，我国从 2003 年已经开始在大中城市禁止使用实心黏土砖。

随着新型环保、节能、轻质、高强等材料的出现，砌体结构重新焕发出活力，如烧结粉煤灰砖、蒸压粉煤灰砖、蒸压灰砂砖等新型墙体材料大量利用工业废料，节约了能源和资源，又减少了环境污染和对土地的浪费。现代砌体结构的理论研究和新型块体材料的应用为砌体结构的发展开辟了新的途径。

一、砌体结构材料

（一）块体材料

砌体结构所用的块体材料一般分成天然石材和人工砖石两种。人工砖石有经过焙烧的烧结普通砖、烧结多孔砖和不经焙烧的硅酸盐砖；混凝土小型空心砌块和轻骨料混凝土砌块等。块体材料的强度等级以"MU"来表示。

1. 烧结砖

以黏土、页岩、煤矸石、粉煤灰等为主要原材料，经成型、焙烧而成的块状墙体材料称为烧结砖。烧结砖按其孔洞率（砖面上孔洞总面积占砖面积的百分率）的大小分为烧结普通砖（没有孔洞或孔洞率小于 15% 的砖）、烧结多孔砖（孔洞率大于或等于

15% 的砖，其中孔的尺寸小而数量多）和烧结空心砖（孔洞率大于或等于 35% 的砖，其中孔的尺寸大而数量少）。

（1）烧结普通砖。目前我国生产的烧结砖尺寸为 240mm×115mm×53mm。烧结普通砖具有一定的强度、保温隔热性能和较好的耐久性能，在工程中主要用于砌筑各种承重墙体、非承重墙体以及砖柱、拱、烟囱、筒拱式过梁和基础等，也可与轻混凝土、保温隔热材料等配合使用。在砖砌体中配置适当的钢筋或钢丝网，可作为薄壳结构、钢筋砖过梁等。

（2）烧结多孔砖和烧结空心砖。墙体材料逐渐向轻质化、多功能方向发展。近年来逐渐推广和使用多孔砖和空心砖，一方面可减少黏土的消耗量 20%~30%，节约耕地；另一方面，墙体的自重至少减轻 30%，降低造价近 20%，保温隔热性能和吸声性能有较大提高。目前，多孔砖分为 P 形砖和 M 形砖。烧结空心砖和多孔破的特点、规格及等级均有所不同。

烧结多孔砖主要用于砌筑承重墙体，烧结空心砖主要用于砌筑非承重的墙体。

2. 非烧结传

不经焙烧而制成的砖均为非烧结砖，如碳化砖、免烧免蒸砖、蒸压砖等。目前，应用较广的是蒸压砖。这类砖是以含钙材料（石灰、电石渣等）和含硅材料（砂子、粉煤灰、煤矸石、灰渣、炉渣等）与水拌和，经压制成型，在自然条件或人工水热合成条件（蒸养或蒸压）下，反应生成以水化硅酸钙、水化铝酸钙为主要胶结料的硅酸盐建筑制品。主要品种有蒸压灰砂砖、蒸压粉煤灰砖、蒸压炉渣砖等，其尺寸规格与烧结普通砖相同，也可制成普通砖或多孔砖。可用于建筑物承重墙体和基础等砌体结构。因未经焙烧，故不宜砌筑处于高温环境下的砌体结构。

（1）蒸压灰砂砖

蒸压灰砂砖是以石英为原料（也可加入着色剂或掺和剂），经配料、拌和、压制成型和蒸压养护而制成的。用料中石灰占 10%~20%。

灰砂砖的抗压强度和抗折强度分为 MU25、MU20、MUI5、MU1O 四个强度等级。MU25、MU20、MUI5 的砖可用于基础及其他建筑，MU10 的砖仅可用于防潮层以上的建筑。灰砂砖不得用于长期受热(200T 以上)、受急冷急热和有酸性介质侵蚀的建筑部位，也不宜用于有流水冲刷的部位。

（2）蒸压（养）粉煤灰砖

粉煤灰砖是将电厂废料粉煤灰作为主要原料，掺入适量的石灰和石膏或再加入部分炉渣等，经配料、拌和、压制成型、常压或高压蒸汽养护而成的实心 % 粉煤灰砖的抗压强度和抗折强度分为 MU20、MUI5、MUI0、MU7.5 四个强度等级。粉煤灰砖可用于工业与民用建筑的墙体和基础。粉煤灰砖不得用于长期受热、受急冷急热和有酸性介质侵蚀的建筑部位。

（3）蒸压炉渣砖

炉渣砖是以煤燃烧后的炉渣（煤渣）为主要原料，加入适量的石灰或电石渣、石膏等材料混合、搅拌、成型、蒸汽养护等工艺而制成的砖。其尺寸规格与普通砖相同，呈黑灰色。按其抗压强度和抗折强度分为 MU20、MUl5、MU10 三个强度等级。该类砖可用于一般工程的内墙和非承重外墙，但不得用于受高温、受急冷急热交替作用或有酸性介质侵蚀的部位。

3. 砌块

（1）普通混凝土小型空心砌块

混凝土空心砌块是由水泥、砂、石和水制成的，其主要规格尺寸为 390mm × 190mm × 190mm。空心率不小于 25%，通常为 45%~50%。砌块强度划分为 MU20、MUl5、MUl0、MU7.5、MU5 和 MU3.5 六个等级。

（2）轻集料油凝土小型空心砌块

按《轻集料混凝土小型空心砌块》的标准，轻集料混凝土小型空心砌块的规格尺寸亦为 390mm × 190mm × 190mm，按孔的排数分为单排孔、双排孔、三排孔和四排孔四类。砌块强度划分为 MU10、MU7.5、MU5、MU3.5、MU2.5 和 MU2 六个等级。对于掺有粉煤灰等火山灰质掺和料 15% 以上的混凝土砌块，在确定强度等级时，其抗压强度应乘以自然碳化系数（碳化系数不应小于 0.8）。当无自然碳化系数时，应取人工碳化系数的 1.15 倍。

4 石材

石材一般采用重质天然石，如花岗岩、砂岩、石灰岩等。天然石材具有抗压强度高、耐久性和抗冻性能好等优点。石材导热系数大，因此在炎热和寒冷地区不宜用作建筑外墙。石材按其加工后的外形规则程度，分为料石和毛石。其中料石又分为细料石、半细料石、粗料石和毛料石。

石材的强度划分为 MU100、MU80、MU60、MU50、MU40、MU30 和 MU20 七个等级。试件也可采用固定边长尺寸的立方体，但考虑尺寸效应的影响，应将破坏强度的平均值乘以相应的换算系数，以此确定石材的强度等级。

（二）砂浆

砂浆是用砂和适量的无机胶凝材料（水泥、石灰、石膏、黏土等）加水搅拌而成的一种黏结材料。砂浆在砌体中起黏结、衬垫和传力的作用，具体是将单个块材连成整体，并垫平块材上、下表面，使块材应力分布较为均匀。砂浆应当填满块材之间的缝隙，以利于提高砌体的强度，减小砌体的透气性，提高砌体的隔热、防水和抗冻性能。砂浆按其组成成分不同可分为以下三类。

1. 水泥砂浆

水泥砂浆是不掺石灰、石膏等塑化剂的纯水泥砂浆。这种砂浆强度高，一般应用于含水率较大的地下砌体。但是，这种砂浆的和易性和保水性较差，施工难度较大。

2. 水泥混合砂浆

水泥混合砂浆是在水泥砂浆中掺入一定比例的塑化剂的砂浆。例如，水泥石灰砂浆、水泥石膏砂浆等。混合砂浆的和易性、保水性较好，便于施工砌筑，一般适用于地面以上的墙、柱砌体。

3. 非水泥砂浆

非水泥砂浆是不含水泥的砂浆，如石灰砂浆、石膏砂浆、黏土砂浆等。这类砂浆强度低、耐久性差，为气硬性材料，只适宜于砌筑承受荷载不大的砌体或临时性建筑物、构筑物的地上砌体。对砌体用砂浆的基本要求是强度、和易性和保水性。砂浆稠度和分层度分别是评判砂浆施工时的和易性（流动性）及保水性的主要指标。为改善砂浆的和易性可加入石灰膏、电石膏、粉煤灰及黏土膏等无机材料掺和料。为提高或改善砂浆的力学性能或物理性能，还可掺入外加剂。砂浆中掺入外加剂是一个发展方向。脱水硬化的石灰膏不但起不到塑化作用，还会影响砂浆强度；消石灰粉是未经热化的石灰，颗粒太粗，起不到改善和易性的作用，均应禁止在砂浆中使用。砂浆的强度等级是用边长为70.7mm 的立方体标准试块，在温度为 20ct 的环境下，水泥砂浆在湿度为 90% 以上，水泥石灰砂浆在湿度为 60%~80% 条件下养护 28d，进行抗压试验测得，并按其破坏强度的平均值确定。砂浆的强度等级以"M"来表示，并划分为 M15、M10、M7.5、M5 和M2.5 五个等级。

（三）混凝土小型砌块砌筑砂浆及灌孔混凝土

为改善墙体易开裂、渗漏、整体性差等缺点，进一步提高砌块建筑的质量，混凝土小型砌块砌筑用砂浆和混凝土应符合《混凝土小型空心砌块砌筑砂浆》和《混凝土小型空心砌块灌孔混凝土》标准的要求。

1. 混凝土小型空心砌块砌筑砂浆

它是砌块建筑专用的砂浆，即由水泥、砂、水以及根据需要掺入的掺和料和外加剂等组分，按一定比例，采用机械拌和制成，用于砌筑混凝土小型空心砌块的砂浆。其掺和料主要采用粉煤灰，外加剂包括减水剂、早强剂、促凝剂、缓凝剂、防冻剂、颜料等。与使用传统的砌筑砂浆相比，专用砂浆可使砌体灰缝饱满，黏结性能好，减少墙体开裂和渗漏，提高砌块建筑质量。这种砂浆的强度划分为七个等级，其抗压强度指标相应于一般砌筑砂浆抗压强度指标。通常砂浆采用 32.5 级普通水泥或矿渣水泥，高强度砂浆则采用 42.5 级普通水泥或矿渣水泥。

2. 灌孔混凝土

由水泥、集料、水、掺和料和外加剂等组分，按一定比例，采用机械搅拌后，用于浇筑混凝土砌块砌体芯柱或其他需要填实部分孔洞的混凝土，简称砌块灌孔混凝土。其掺和料亦主要采用粉煤灰。外加剂包括减水剂、早强剂、促凝剂、缓凝剂、膨胀剂等。它是一种高流动性和低收缩性的细石混凝土，是保证砌块建筑整体工作性能、抗震性能、承受局部荷载的重要施工配套材料。在有些小型混凝土砌块砌体中，虽然孔内并没有配钢筋，但为了增大砌体的横截面积或为了满足其他功能要求，也需要灌孔。混凝土小型空心砌块灌孔混凝土的强度划分为五个等级，相应于混凝土的抗压强度指标。这种混凝土的拌和物应均匀、颜色一致，应不离析、不泌水。

二、砌体的分类

（一）无筋砌体

无筋砌体由块体和砂浆组成，包括砖砌体、砌块砌体和石砌体。无筋砌体房屋整体性、抗震性能和抗不均匀沉降能力均较差。

1. 砖砌体

砖砌体包括实砌砖砌体和空斗墙。实砌砖砌体可以砌成厚度为 120mm（半砖）、240mm（一砖）、370mm（一砖半）、490mm（两砖）及 620mm（两砖半）的墙体，也可砌成厚度为 180mm、300mm 和 420mm 的墙体，但此时部分砖必须侧砌，否则不利于抗震。空斗墙是将全部或部分砖立砌，并留空斗（洞），现已很少采用。

2. 砌块

砌体其自重轻，保温隔热性能好，施工进度快，经济效果好，又具有优良的环保概念，因此砌块砌体，特别是小型砌块砌体有很广阔的发展前景。

3. 石砌体

石砌体由石材和砂浆（或混凝土）砌筑而成，按石材加工后的外形规则程度，可分为料石砌体、毛石砌体、毛石混凝土砌体等。它价格低廉，可就地取材，但自重大，隔热性能差，做外墙时厚度一般较大，在产石的山区应用较为广泛。料石砌体可用作房屋墙、柱，毛石砌体一般用作挡土墙、基础等。

（二）配筋砌体

配筋砌体是指在灰缝中配置钢筋或钢筋混凝土的砌体，包括网状配筋砌体、组合传砌体、配筋混凝土砌块砌体。网状配筋砌体又称横向配筋砌体，是在砖柱或砖墙中每隔几皮砖在其水平灰缝中设置直径为 3~4mm 的方格网式钢筋网片，或直径 6~8mm 的连弯式钢筋网片，在砌体受压时，网状配筋可约束砌体的横向变形，从而提高砌体的抗压强度。

一种是在砌体外侧预留的竖向凹槽内配置纵向钢筋，再浇筑混凝土面层或砂浆面层构成，是一种外包式组合砖砌体；另一种是砖砌体和钢筋混凝土构造柱组合墙，是在砖砌体中每隔一定距离设置钢筋混凝土构造柱，并在各层楼盖处设置钢筋混凝土圈梁（约束梁），使砖砌体墙与钢筋混凝土构造柱和圈梁形成弱框架共同受力，属内嵌式组合砖砌体。

配筋混凝土砌块砌体是在砌块墙体上下贯通的竖向孔洞中插入竖向钢筋，并间隔一定距离设置水平钢筋，再用灌孔混凝土灌实，使竖向和水平钢筋与砌体形成一个共同工作的整体。由于这种墙体主要用于中高层或高层房屋中起剪力墙作用，故又称配筋砌块剪力墙。

配筋砌体不仅提高了砌体的各种强度和抗震性能，还扩大了砌体结构的使用范围.如高强混凝土砌块通过配筋与浇筑灌孔混凝土，可作为10~20层房屋的承重墙体。

三、砌体的受压性能

砌体是由块材与砂浆黏结而成的一种复合材料，它的受压工作性能不仅与组成砌体的块材、砂浆本身的力学性能有关，而且与灰缝厚度、灰缝的均匀饱满程度、块材的排列与搭接方式等多种因素有关。砌体的受压性能可以通过砌体的受压破坏试验来了解和掌握。

（一）砌体受压破坏特征

现以普通黏土砖为例说明砌体受压性能。根据大量试验观察，砌体轴心受压时从加载到破坏，大致可以分为三个阶段：裂缝的出现、发展和破坏。

第一阶段：从砌体开始受压，随压力的增大至出现第一条裂缝（有时有数条，称第一批裂缝）。其特点是仅在单块砖内产生细小的裂缝，如不增加压力，该裂缝亦不发展。砌体处于弹性受力阶段。根据大量的试验结果，砖砌体内产生第一批裂缝时的压力为破坏压力的50%~70%。

第二阶段：随压力的增大，砌体内裂缝增多，单块砖内裂缝开展和延伸，逐渐形成上下贯通多皮砖的连续裂缝，同时还有新裂缝不断出现。其特点是砌体进入弹塑性受力阶段，即使压力不再增加，砌体压缩变形也继续增长，砌体内裂缝继续延伸增宽。此时的压力为破坏压力的80%~90%，表明砌体已临近破坏。砌体结构在使用中，若出现这种状态可认为是砌体接近破坏的征兆，应立即采取措施进行加固处理。

第三阶段：压力继续增加至砌体完全破坏。其特点是砌体中裂缝急剧加长增宽，砌体被贯通的竖向裂缝分割成若干独立小柱，最终这些小柱或被压碎或因失稳而导致砌体试件破坏。此时砌体的强度称为砌体的破坏强度。

（二）单砖在砌体中受力状态分析

从前面砖砌体受压试验可以知道砌体受压破坏的两个重要特点：一是破坏总是从单砖出现裂缝开始；二是砌体的抗压强度总是低于所用砖的抗压强度。分析出现这种情况的原因，发现单块砖在砌体中并非处于均匀受力状态，而是受多种因素影响处于复杂的应力状态。可以归纳为以下几个方面．

1. 砌体中单砖处于压、弯、剪复合受力状态。砌体在砌筑过程中，水平砂浆铺设不饱满、不均匀，加之砖表面可能不十分平整，使砖在砌体中并非均匀受压，而是处于压、弯、剪复杂受力状态。由于砖的脆性性质，其抗拉、抗剪强度很低。弯剪产生的拉应力和剪应力可使单砖首先出现裂缝。随着荷载增加．进而产生贯通的竖向裂缝，将砌体分为多根竖向小柱，因局部压碎或失稳而使砌体发生破坏，砖的抗压强度并没有被充分利用。

2. 砌体中砖与砂浆的交互作用使砖承受水平拉应力。砌体在受压时要产生横向变形，砖和砂浆的弹性模量和横向变形系数不同。一般情况下，砖的横向变形小于砂浆的变形。但是，由于砖与砂浆之间黏结力和摩擦力的作用，使二者的横向变形保持协调，砖与砂浆的相互制约使砖内产生横向拉应力。砖中的水平拉应力也会促使单砖裂缝的出现，从而使砌体强度降低。

3. 竖向灰缝处应力集中使砖处于不利受力状态。砌体中竖向灰缝一般不密实饱满，加之砂浆硬化过程中收缩，使砌体的整体性在竖向灰缝处明显削弱。位于竖向灰缝处的砖内产生较大的横向拉应力和剪应力的集中，加速砌体中单砖开裂，降低砌体强度。

（三）影响砌体抗压强度的主要因素

影响砌体抗压强度的因素很多，归纳起来主要有以下几点。

1. 块材和砂浆的强度

块材和砂浆的强度是决定砌体抗压强度的首要因素，尤其是块材的强度。

块材的抗压强度较高时，其抗拉、抗弯、抗剪等强度也相应提高。一般来说，砌体抗压强度随块体和砂浆的强度等级的提高而提高，但采用提高砂浆强度等级来提高砌体强度的做法，不如用提高块材的强度等级更有效。但在毛石砌体中，提高砂浆强度等级对提高砌体抗压强度的效果更明显。块材和砂浆的强度等级应互相匹配才比较合理。

2. 砂浆的性能

砂浆的流动性、保水性以及变形性能等对砌体抗压强度都有重要影响。流动性和保水性好的砂浆铺砌的灰缝饱满、均匀、密实，可以有效降低单砖在砌体内的局部弯、剪应力，提高砌体的抗压强度。与混合砂浆相比，纯水泥砂浆容易失水而导致流动性差，所以同一强度等级的纯水泥砂浆砌筑的砌体强度要比混合砂浆低。但当砂浆的流动性过大时，硬化后的砂浆变形也大，砌体抗压强度反而降低。实际工程中，宜采用掺有石灰的混合砂浆砌筑砌体。在其他条件相同时，随砂浆变形率的增大，块材中弯、剪应力加大，同时随砂浆变形率的增大，块材与砂浆在发生横向变形时的交互作用加大，使块材中的水平拉应力增大，从而会导致砌体抗压强度的降低。

3.块材的尺寸、形状及灰缝厚度

高度大的块体,其抗弯、抗剪、抗拉的能力增大,会推迟砌体的开裂;长度较大时,块体在砌体中引起的弯、剪应力也较大,易引起块体开裂破坏。块材表面规则、平整时,对砌体中块材的弯剪不利影响减少,砌体强度相对提高。如细料石砌体抗压强度要比毛料石高 50% 左右。

灰缝越厚,越容易铺砌均匀,但砂浆的横向变形越大,块体内横向拉应力亦越大,砌体内的复杂应力状态亦随之加剧,砌体抗压强度亦降低。灰缝太薄又难以铺设均匀。因而一般灰缝厚度应控制在 8~12mm,对石砌体中的细料石砌体不宜大于 5mm,毛料石和粗料石砌体不宜大于 20mm。

4.砌筑质量

砌筑质量的影响因素是多方面的,如块材砌筑的含水率,砂浆搅拌方式,灰缝的均匀饱满度,块材的搭接方式,工人的技术水平和现场管理水平等。试验表明,当砂浆饱满度由 80% 降低为 65% 时,砌体强度降低 20% 左右。《砌体工程施工质量验收规范》规定,水平灰缝的砂浆饱满度不得小于 80%,并根据施工现场的质保体系,砂浆和混凝土的强度,砌筑工人技术等级等方面的综合因素将施工技术水平划分为 A、B、C 三个等级。一般情况下,施工质量控制等级为 B 级。

四、砌体结构裂缝的类型

砌体结构一般抗压性能较好,抗拉、抗剪能力较差。根据引起砌体开裂的原因,砌体结构的裂缝可以分为以下三类。

(一)温度裂缝

当砌体结构在温度发生较大的变化时,由于热胀冷缩的原因,在砌体结构内会产生拉应力,当拉应力大于砌体的抗拉强度时,砌体会开裂,出现温度裂缝。

(二)地基不均匀沉降引起的沉降裂缝

地基的不均匀沉降,将引起砌体受拉、受剪,从而在砌体中产生裂缝。

(三)受力裂缝

当砌体结构上的荷载产生的内力大于砌体结构的承载能力时,砌体结构中产生的裂缝则属于受力裂缝。常见的受力裂缝有:

1.受压裂缝。其特征为裂缝顺压力方向,顺砖沿同一竖直位置断裂。当这种竖向裂缝长度连续超过 4 皮砖时,该部位的砖接近破坏,当多条竖向裂缝在墙上出现,其间距 240mm 时,此墙体即将倒塌。

2.受弯或大偏心受压裂缝。当轴向力的偏心距较大,在砌体中产生较大的拉应力时,在远离压力的一侧将出现垂直于压力方向的水平裂缝，这种裂缝也容易引起砌体的破坏。

3. 稳定性裂缝。当长细比超过规定限值较多时，砌体会在偶然因素影响下产生纵向弯曲，在弯曲区段的中点，往往出现水平裂缝。

4，局部受压裂缝。当砌体上的大梁支承面较小时，梁端处的砌体受到很大的局部压应力，在梁端下部的局部受压范围内，会出现多条竖裂缝。

以上裂缝的出现，表明砌体的承载能力不足，均应立即加固，以避免事故发生。

五、砌体结构裂缝的处理方法

当发现砌体结构出现裂缝以后，首先要根据裂缝的部位、方向、特征、宽度大小、分布情况等分析裂缝的类型。如果是温度裂缝或沉降裂缝，则应针对原因来根治。例如，温度裂缝则应在砌体中增设温度变形缝，或者在屋面增设保温隔热层等。沉降裂缝则应检测裂缝是否已经稳定，如已稳定，可在裂缝中灌抹水泥浆，并在裂缝两端铺贴钢丝网再抹水泥砂浆面层。如裂缝仍在发展，则应将工作重点放在地基加固上。如果砌体的裂缝属于受力裂缝，则应采取提高砌体的承载力的加固方法。常用的承载力加固法对墙有扶壁柱加固法、组合砌体加固法；对柱有外包角钢加固法、组合砌体加固法。

第二节 墙砌体的扶壁柱加固法应用解析

扶壁柱法是最常用的墙砌体加固方法，这种方法既能提高墙体的承载力，又可减小墙体的高厚比，从而提高墙体的稳定性。根据使用材料的不同，扶壁柱法分砖（石）扶壁柱法和混凝土扶壁柱法两种。

一、砖（石）扶壁柱法的工艺及构造

常用的砖扶壁柱有单面增设的砖扶壁柱，双面增设的砖扶壁柱，单面增设的块石挡土墙的石扶壁柱。

增设的扶壁柱与原砖墙的连接，可采用插筋法以保证扶壁柱与砖墙的共同工作。扶壁柱加固的工艺为：

1. 将新旧砌体接触面间的粉刷层剥去，并冲洗干净。

2. 在砖墙的灰缝中打入 4mm 或 6mm 的连接插筋。如果打入插筋有困难，可先用电钻钻孔，然后将插筋打入。插筋的水平间距应不大于 120mm，竖向间距以 4 皮砖为宜。

3. 在开口边绑扎 3mm 的封口筋。

4. 用 M5~M10 的混合砂浆，MU10 以上的砖砌筑扶壁柱。扶壁柱的宽度不应小于

240mm，厚度不应小于 125mm。当砌至楼板底或梁底时，应采用硬木楔或钢楔顶撑，以保证补强砌体有效地发挥作用。

块石挡土墙的扶壁柱只需顶砌在原块石墙上，因为挡土墙在土压力的作用下，水平荷载能很好地传给石砌扶壁，同时在石砌体中植筋也很困难。如果石墙面有污土、灰尘则应冲洗干净。增设的扶壁柱间距及数量，由计算确定。

二、砖（石）扶壁柱

加固墙的承载力验算考虑到后砌扶壁柱存在着应力滞后，计算加固砖墙承载力时，通常对后砌扶壁柱的抗压强度设计值乘以折减系数 0.9 予以降低。加固后的受压承载力和轴向力的偏心距对受压构件承载力的影响系数，可按《砌体结构设计规范》取用。验算加固砖墙的高厚比以及正常使用极限状态要求时，不必考虑后砌扶壁柱的应力滞后，可同一般砌体按《砌体结构设计规范》进行。

三、混凝土扶壁柱的工艺及构造

混凝土扶壁柱的形式。混凝土扶壁柱与原墙的连接是十分重要的。原带有壁柱的墙，新旧柱间可采用传统的连接方法，与破扶壁柱基本相同。

双面增设混凝土扶壁柱，箍筋的弯折面应隔层交错放置，即箍筋的上下一个箍筋应将弯折面换到右边。

混凝土扶壁柱用 C20~C25 混凝土，截面宽度不宜小于 250mm，厚度不宜小于 100mm。

施工时当柱顶是楼板时，要注意设置混凝土浇筑口，通常可采用以下方案：将扶壁柱的顶部截面加大，在加大截面处的楼板开洞口，从洞口浇筑混凝土。如果考虑建筑空间的需要，不希望柱的截面在顶部加大，可待混凝土初凝后，将多余的混凝土修平。如果结构上的安全不允许在楼板开浇筑洞口，则可将柱顶处的混凝土改为喷射法施工。

四、混凝土扶壁柱法加固墙体的承载力验算

混凝土扶壁柱法加固后的砌体成为组合砖砌体。考虑到新浇混凝土扶壁柱与原墙的受力状态有关，并存在着应力滞后，因此计算组合砖砌体的承载力时，应对新浇扶壁柱引入强度折减系数。

轴心受压组合砖砌体的承载力，通常可取 α =0.90；若加固时原砖砌体有荷载裂缝或有破损，则应视情况取 0.6~0.7。

第三节 钢筋网水泥砂浆面层加固墙砌体解析

钢筋网水泥砂浆面层加固砖墙是指把需要加固的砖墙表面除去粉刷层后，两面附设 4~8mm 的钢筋网片，然后抹水泥砂浆面层的加固方法。此方法通常对墙体双面进行加固，所以经加固后的墙体俗称夹板墙。夹板墙可以较大幅度地提高砖墙的承载力、抗侧移刚度及墙体的延性。目前钢筋网水泥砂浆面层法常被用于下列情况的加固：

因火灾而使整片墙的承载力或刚度不足，因房屋加层或超载而引起砖墙承载力不足，因施工质量差而使砖墙承载力普遍达不到设计要求等。

孔径大于 15mm 的空心砖墙，砌筑砂浆标号小于 M0.4 的墙体；或油污不易消除，不能保证抹面砂浆黏结质量的墙体，不宜采取钢筋网水泥砂浆面层进行加固。

一、钢筋网水泥砂浆面层加固的墙体承载能力计算

（一）正截面受压承载力计算

钢筋网水泥砂浆面层与砖墙形成组合砖砌体，其正截面受压承载力计算方法同《砌体结构设计规范》（GB 50003—2014）中的组合砖砌体承载力计算方法，不再赘述。

（二）斜截面承载力计算

钢筋网水泥砂浆面层加固的墙体，其抗剪承载力与面层和钢筋网有关，加固后组合墙折算成原墙体的抗剪强度，简称折算抗剪强度。折算抗剪强度根据不同的修复和加固条件，取较小值。

二、钢筋网水泥砂浆面层

加固砖墙的构造施工时应将原墙面的粉刷层铲去，砖缝剔深 10mm，用钢丝刷将墙面刷净，并洒水湿润，以保证水泥砂浆能与原砌体有可靠的黏结，水泥砂浆面层的厚度为 30~40mm，分 2~3 次压抹，砂浆强度等级不小于 M10。

原则上，墙面应双面用钢筋网水泥砂浆面层加固，为保证墙两面的加固层共同工作，钢筋网在水平方向和竖向每隔 600~900mm 用直径为 6mm 的钢筋拉结。

钢筋网遇到楼板时，应在楼板上每隔 500~600mm 凿一洞，放入 12 钢筋。纵向钢筋应伸入室内、外地面以下 400mm，用 C15 混凝土浇筑。

钢筋网的钢筋直径为 4mm 或 6mm，钢筋的间距以 300mm×300mm 为宜。

第四节 砖柱的外包角钢加固法

砖柱的加固宜优选外包角钢加固法，这种方法，砖柱的截面尺寸增加不多，不影响建筑物的空间使用，能显著地提高砖柱的承载力，大幅度地增加砖柱的抗侧力。

据中国建筑研究学院试验结果显示，抗侧力甚至可提高 10 倍以上，柱的破坏由脆性破坏转化为延性破坏。

一、外包角钢

加固砖柱的工艺用水泥砂浆将角钢粘贴于受荷砖柱的四周，并用卡具卡紧，随即用箍板与角钢焊接连成整体，去掉卡具，粉刷水泥砂浆以保护角钢。角钢应锚入基础，为此预先应将柱子四周的地面挖至基础顶面。在顶部也应有可靠的锚固措施，以保证其有效地参加工作。其方法可采用顶部或底部打入钢楔。

二、外包角钢加固后的砖柱的承载能力计算

外包角钢加固后的砖柱形成组合砖砌体，其承载能力的计算可按《砌体结构设计规范》（CB 50003—2014）中的组合砖砌体计算方法进行。

第五节 砖砌体裂缝的修复解析

对砖砌体的受力裂缝，应及时做出承载力或稳定性加固的措施。但对于温度裂缝和已经稳定的沉降裂缝，只需进行裂缝修复。

在修复砖墙裂缝前，应观察裂缝是否稳定。常用的观察方法是在裂缝上涂一层石膏，经一段时间后，若石膏不开裂，则说明裂缝已经稳定。对于除受力裂缝以外已经稳定的裂缝可以按以下方法修补。

一、填缝修补

填缝修补的方法有水泥砂浆填缝和配筋水泥砂浆填缝两种。水泥砂浆填缝的修补工序为：先将裂缝清理干净，用勾缝刀、抹子、刮刀等工具将 1 : 3 的水泥砂浆或比砌筑砂浆强度高一级的水泥砂浆或掺有 107 胶的聚合水泥砂浆填入砖缝内。

配筋水泥砂浆填缝的修补方法是：先按上述工序用水泥砂浆填缝，再将钢丝网嵌在裂缝两侧，然后在钢丝网上再抹水泥砂浆面层。

二、灌浆修复

灌浆修复是一种用压力设备把水泥浆液压入墙体的裂缝内，使裂缝黏合起来的修补方法。由于水泥浆液的强度远大于砌筑砖墙的砂浆强度，所以用灌浆修补的砌体承载力可以恢复，甚至有所提高。

水泥灌浆修补方法具有价格低，结合体的强度高和工艺简单等优点，在实际工程中得到较广泛的应用。据参考文献报道，唐山市某石：油化工厂的炭化车间为砖结构厂房，每层设有圈梁。1976 年 7 月唐山地震后，砖墙开裂，西墙裂缝宽 1mm，北墙裂缝宽 2mm，其他部分有微裂缝。后采用灌水泥浆液的办法修补裂缝。修补后，经受当年 11 月 6.9 级地震，震后检查，已补强的部分完好未裂，而未灌浆的墙面微裂缝却明显扩展。再如，某宿舍楼为四层两单元建筑，砖墙厚 240mm，底层用 MU10 砖，M5 砂浆；二层以上用 MU10 砖，M2.5 砂浆。每层板下有钢筋混凝土圈梁。1976 年竣工后交付使用前发生了唐山地震。震后发现，底层承重墙几乎全部震坏，产生对角线斜裂缝，缝宽 3~4mm，楼梯间震害最严重。后采用水泥浆液灌缝修补。浆液结硬后，对砌体切孔检查，发现砌体内浆液饱满。修补后，又经受了 7 级地震，震后经检查发现，灌浆补强处均未开裂。

三、浆液的制作

纯水泥浆液由水泥放入清水中搅拌而成，水灰比宜取为 0.7~1.0。纯水泥浆液容易沉淀，易造成施工机具堵塞，故常在纯水泥浆液中掺入适量的悬浮剂，以阻止水泥沉淀。悬浮剂一般采用聚乙烯醇或水玻璃或 107 胶。

当采用聚乙烯醇做悬浮剂时，应先将聚乙烯醇溶解于水中形成水溶液。聚乙烯醇与水的配比（按质量计）为 2∶98。配制时，先将聚乙烯醇放入 98t 的热水中，然后在水浴上加热到 100 度，直至聚乙烯醇在水中溶解。最后按水泥∶水溶液（质量比）= 1∶0.7 的比例在聚乙烯醇水溶液中边掺入水泥边搅拌溶液，就可以配制成混合浆液。

当采用水玻璃做悬浮剂时，只要将 2%（按水质量计）的水玻璃溶液倒入刚搅拌好的纯水泥浆中搅拌均匀即可。

四、灌浆设备

灌浆设备有空气压缩机、压浆罐、输浆管道及灌浆嘴。压浆罐可以自制，罐顶应有带阀门的进浆口、进气口和压力表等装置，罐底应有带阀门的出浆口。空气压缩机的容量应大于 0.15m³ 灌浆嘴可由金属或塑料制作。它的工作原理是利用空气压缩机产生的压缩空气，迫使压浆罐内的浆液流入墙体的缝隙内。

五、灌浆工艺

灌浆法修补裂缝可按下述工艺进行。

1. 清理裂缝，使其成为一条通缝。

2. 确定灌浆位置，布嘴间距宜为 500mm，在裂缝交叉点和裂缝端部应设灌浆嘴。厚度大于 360mm 的墙体，两面都应设灌浆嘴）在墙体的灌浆嘴处，应钻出孔径稍大于灌浆嘴外径的孔，孔深 30~40mm，孔内应冲洗干净，并先用纯水泥浆涂刷，然后用 1:2 水泥砂浆固定灌浆嘴。

3. 用 1:2 的水泥砂浆嵌缝，以形成一个可以灌浆的空间。嵌缝时应注意将混水砖墙裂缝附近的原粉刷剔除用新砂浆嵌缝。

4. 待封闭层砂浆达到一定强度后，先向每个灌浆嘴中灌入适量的水，然后进行灌浆。灌浆顺序为自下而上，当附近灌浆嘴溢出或进浆嘴不进浆时方可停止灌浆。灌浆压力控制在 0.2MPa 左右，但不宜超过 0.25MPa。发现墙体局部冒浆时，应停灌约 15min 或用水泥临时堵塞，然后再进行灌浆。当向靠近基础或楼板（多孔板）处灌入大量浆液仍未饱灌时，应增大浆液浓度或停灌 1~2h 后再灌。

5. 拆除或切断灌浆嘴，抹平孔眼，冲洗设备。

第六节 工程实例

湘潭市易俗河银杏大厦，六层砖混结构，建筑面积 5000 多平方米，在主体工程施工到第六层时，底层和第二层相继在承重横墙处出现密向裂缝。底层的承重横墙 80% 以上的墙体开裂，竖向裂缝的间距为 800~1200mm，裂缝的 K 度为 600~1000mm，不仅沿灰缝，还将块体压裂而贯通，裂缝的宽度 1~2mm；第二层的承重横墙 60% 以上的墙体开裂，竖向裂缝的间距为 1000~1500mm，亦沿灰缝和块体贯通，裂缝宽度为 0.5~1mm，底层并不时传来块体开裂的声音，底层房屋即将倒塌。幸亏施工队紧急抢救，用 100 多根杉条贴横墙将楼面空心板撑住 . 支撑以后，裂缝得到控制，在采取抢救措施后，裂缝没有发展。建设单位立即报告市建筑工程质量监督站，并相继报市建设委员会、省建设委员会。经调查查明，该土木工程结构出现严重危险现象的直接原因是施工中严重偷工减料，该砌体结构原设计底层为 M5 混合砂浆砌 MU7.5 小型混凝土空心砌块。经抽样检测，该层的砂浆强度等级为 Ml，砌块的强度等级为 MU5.0，大大低于设计要求。经计算复核 M5 砂浆、MU7.5 砌块的砌体抗压强度正好满足安全的要求，而 Ml 砂浆、MU5.0 砌块的砌体抗压强度只能达到需要值的 65%~70%。造成质量事故的间接原因是管理违规，该工程未办理质量监督手续，无人监督。而建设方又缺乏专业技术人员在现场检查。根据问题的严重性，建设主管部门做出拆除重建，并拟在现场召开全省质量安全现场会议。该工程当时已花费 200 多万元，拆除后仅能回收部分预制空心板，回收价值约等于拆除、清场的费用，200 多万元费用将"颗粒无收"。但该工程资金来源是职工集资款，施工承包人无任何偿还能力，准备接受刑事处分了事。在建设单位再三要求下，经建设主管部门同意，由湘潭大学、湖南大学等单位的专家进行加固设计并监督、指导加固的实施。该建筑加固后进行决算的费用为 25 万元。25 万元的代价挽回了 200 多万元的损失，说明危房加固比拆除重建在经济上的效益更显著，加固后经过验收完全符合安全要求，至今已安全使用了 7 年。

下面介绍加固的方案和主要计算。

一、加固方案

在进行加固设计前先审核了整套图纸，并对砌体及砌体以外的混凝土梁柱均进行了检测和计算复核，以防承重横墙虽加固获得安全但其他构件仍存在安全隐患。对发现的问题同时做加固处理。限于篇幅，本例重点介绍承重横墙的加固方案，底层墙由于濒临破坏，采取混凝土组合砌体的方案，即在原 240mm 宽的墙体两侧各现浇 60mm 厚的钢筋混凝土墙，配筋竖向为 8。间距为 150mm，水平向配筋为 6，间距为 200mm，混凝土采用 C20 细石混凝土，墙体两侧的混凝土用直径 6mm 的穿墙钢筋拉结，位置设在破缝的部位，其间距双向均为 900mm。第一层墙体由于破坏严重，在加固计算时略去墙体的承载能力，即荷载全部由两侧的混凝土墙承受。第二层墙体因出现的裂缝较轻，采用在两侧用钢筋网水泥砂浆面层进行加固，在加固计算时考虑原墙体的承载能力。水泥砂浆为 M10，每面 3mm 厚，钢筋网配筋同底层。

二、加固计算

（一）底层墙体加固计算

取 1m 宽的横墙，轴向压力设计值经统计计算为 310kN。横墙的高厚比计算组合砌体墙厚：h=2×60+240=360（mm），横墙长度 S 大于墙高 h 的 2 倍，所以计算中略去了原墙体的承载能力，可见组合砌体的加固效果是十分安全的。按计算，两边的混凝土可以更薄，但小于 60mm 将引起施工的困难，故仍按原来的构造要求确定的方案进行加固。

（二）第二层墙体的加固计算

取 1m 宽横墙，轴向压力设计值经统计计算为 260kN。墙体高厚比计算组合砌体墙厚：

h=2×30+240=300mm

原砌体的抗压强度设计值为 0.7MPa，砂浆的抗压强度设计值为 3.5MPa。

[N]=0.85×（0.7×1000X240+3.5×1000×60+0.9×210×670）=0.429×106

（N）=429kN>N=260kN，以上计算表明，钢筋网水泥砂浆面层也有很好的加固效果，而且施工方便。

参考文献

[1] 牛瑜霞 . 钢结构无损检测与加固方法研究 [J]. 建设科技 ,2023(22):52-54.

[2] 唐争兵 . 住宅建筑工程结构检测与加固技术的分析及应用 [J]. 居舍 ,2023(12):43-45.

[3] 林飞燕 . 某工程地下室上浮导致结构损伤的检测与加固技术分析 [J]. 福建建材 ,2022(12):75-78.

[4] 曾金海 . 既有人防工程的结构检测鉴定与加固措施研究 [J]. 房地产世界 ,2022(18):49-51.

[5] 陈兴林 , 周宇晨 . 某地下室工程地基滑移后加固处理前结构安全检测鉴定 [J]. 工程质量 ,2022,40(5):70-73.

[6] 温茂彩 , 胡建新 , 龙芳玲 . 桥梁工程施工与加固改造技术 [M]. 武汉：华中科技大学出版社，2021.

[7] 陈秀瑛 , 古浩 , 王承强 , 等 . 江苏沿江沿海港口高桩码头加固改造技术与实践 [M]. 南京：东南大学出版社，2020.

[8] 周君蔚 .BIM 技术在结构检测与加固工程中的应用研究 [D]. 长沙：湖南大学 ,2020.

[9] 罗贤超 . 建筑工程结构耐久性检测与设计探讨 [J]. 建材与装饰 ,2019(32):52-53.

[10] 聂军红 , 李佳星 . 解析混凝土结构桥梁检测加固技术的应用 [J]. 黑龙江交通科技 ,2019,42(6):239-240.

[11] 山东建大工程鉴定加固研究院 [J]. 山东建筑大学学报 ,2019(2):1673-7644.

[12] 冯永胜 . 建筑结构的检测与加固方法 [J]. 河南建材 ,2019(2):70-71.

[13] 梁芳 . 码头工程结构检测及加固探讨 [J]. 西部交通科技 ,2018(6):173-175.

[14] 胡浩 , 冯燕博 . 工程结构检测与加固技术 . 教学改革探索 [J]. 科技风 ,2018(15):20.

[15] 申学叶 . 建筑结构检测与加固方法 [J]. 城市建设理论研究 (电子版),2017(24):58.

[16] 张艳琼 . 关于建筑结构的检测与加固措施研究 [J]. 信息记录材料 ,2017,18(8):194-195.

[17] 周建春 , 谢峰震 , 张俊敏 , 魏琴 , 董彦军 . 模拟矿井巷道支护结构受力性能检测评估与加固技术研究 [J]. 煤炭工程 ,2017,49(6):96-98+102.

[18] 苗吉军 , 张蓉芳 , 刘延春 . 工程结构检测鉴定与加固课程教学改革探究 [J]. 高等

建筑教育 ,2017,26(3):55-57.

[19] 蔡少芳 . 既有砌体结构检测及加固改造设计 [J]. 四川建材 ,2017,43(4):44-45+49.

[20] 徐亮 . 现代建筑结构检测与加固施工技术分析 [J]. 城市建设理论研究 (电子版),2016(36):81-82.

[21] 郝坤 . 建筑结构检测与加固技术探讨 [J]. 住宅与房地产 ,2016(33):121.

[22] 陈志刚 , 李骏嵘 , 焦俭 . 杭州退休职工大学新址修缮改造工程加固设计 [J]. 浙江建筑 ,2016,33(10):8-13.

[23] 陈国昕 . 西安黑河输水渠道渡槽工程病害成因分析与处理方法研究 [D]. 西安 : 长安大学 ,2016.

[24] 韦晓东 .CFG 桩在合肥某工程地基处理中的应用 [D]. 淮南 : 安徽理工大学 ,2015.

[25] 宇文兴伟 . 既有砖混结构检测、鉴定与加固设计研究 [D]. 河北工程大学 ,2014.

[26] 陆国高 . 多跨径复杂连续箱梁桥的检测 [D]. 长沙 : 中南大学 ,2014.

[27] 王楠 . 小村庄河东桥病害检测及加固应用 [D]. 青岛 : 青岛理工大学 ,2013.

[28] 徐明春 . 建筑结构检测鉴定加固若干问题的综合分析 [D]. 青岛 : 青岛理工大学 ,2012.

[29] 耿新华 . 某大型煤仓结构火灾反应分析与加固研究 [D]. 郑州 : 郑州大学 ,2011.

[30] 李艳 . 工程结构可靠性鉴定技术研究与应用 [D]. 南昌 : 南昌大学 ,2010.

[31] 柳卓 . 既有混凝土桥梁检测加固技术研究 [D]. 长沙 : 中南大学 ,2010.

[32] 夏树威 . 矿区在役储、装、运建筑结构的检测、鉴定与加固 [D]. 焦作 : 河南理工大学 ,2007.

[33] 艾思平 . 结构检测与加固技术的研究及其工程实践 [D]. 合肥 : 合肥工业大学 ,2006.

[34] 许本东 . 既有建筑物结构检测鉴定技术及加固措施研究 [D]. 成都 : 西南交通大学 ,2005.